应用伦理与哲学文化

甘绍平 ⊙ 著

中国出版集团
研究出版社

图书在版编目（CIP）数据

应用伦理与哲学文化 / 甘绍平著. —北京：研究
出版社，2024.3
ISBN 978-7-5199-1651-0

Ⅰ.①应… Ⅱ.①甘… Ⅲ.①伦理学—文集 Ⅳ.
①B82-53

中国国家版本馆 CIP 数据核字（2024）第 044753 号

出 品 人：陈建军
出版统筹：丁　波
责任编辑：范存刚

应用伦理与哲学文化

YINGYONG LUNLI YU ZHEXUE WENHUA

甘绍平　著

研究出版社 出版发行

（100006　北京市东城区灯市口大街100号华腾商务楼）
北京云浩印刷有限责任公司印刷　新华书店经销
2024年3月第1版　2024年3月第1次印刷
开本：710毫米×1000毫米　1/16　印张：22.25
字数：310千字
ISBN 978-7-5199-1651-0　　定价：88.00元
电话（010）64217619　64217652（发行部）

国家治理研究丛书编委会

主　编

陆　丹　三亚学院校长　教授

丁　波　研究出版社　总编辑

何包钢　澳大利亚迪肯大学国际与政治学院讲座教授　澳洲社会科
　　　　学院院士

编　委（按姓氏笔画排序）

丁学良　香港科技大学社会科学部终身教授

丰子义　北京大学讲席教授

王　东　北京大学哲学系教授

王绍光　香港中文大学政治与公共行政系讲座教授

王春光　中国社会科学院社会学所研究员

王海明　三亚学院国家治理研究院教授

王曙光　北京大学经济学院副院长　教授

韦　森　复旦大学经济学院教授

甘绍平　中国社会科学院哲学所研究员

田海平　北京师范大学哲学学院教授

朱沁夫　三亚学院副校长　教授

任　平　苏州大学校卓越教授　江苏社科名家

仰海峰　北京大学哲学系教授

刘建军　中国人民大学马克思主义学院教授　教育部长江学者
　　　　特聘教授

刘剑文　北京大学法学院教授

内容提要

在当今的中国伦理学界，没有任何一个话题能够像应用伦理学那样引起如此强烈的关注与讨论，因为它构成了哲学领域一个新的学科生长点和一门发展最为迅速、最具生命力的新兴学科。《应用伦理与哲学文化》是一部由29篇独立论文组成的论文集，聚焦于应用伦理学的基本特征、理论形态以及它在国内外孕育和发展的哲学文化背景这两大主题。

就应用伦理学的基本特征这一主题而言：①本研究以对道德、伦理、最基本的伦理规范等内容的分析为铺垫，阐释了作为道德的哲学理论或者说作为人际交往行为的道德规范学问的伦理学与关注社会中涌现的道德冲突、伦理悖论的应用伦理学之间的区别，从所涉问题的来源、形式与内容、论证的方法等视角展示了应用伦理学所具有的与传统的伦理学不同的特点，从而明确了应用伦理学的概念界定，并探讨了以自主、不伤害、关怀、公正、责任、尊重为内容的应用伦理学的基本准则。②在此基础上，作者结合在德国和瑞士近9年的留学和访学的切身经历、现场观察以及掌握的第一手学术资料，从政治伦理、经济伦理、科技伦理、生命伦理等应用伦理学的分支领域的问题入手，阐释了扶贫济困的法律定位、我国《劳动合同法》的伦理意义、生命的价值评估、科技伦理委员会的理念依归等国内外应用伦理学的重大问题，为应用伦理学"面对冲突、诉诸商谈、达到共识、形成规则"的理论特质及实践品格提供了丰富的历史样本与现实佐证。

就应用伦理学在国内外孕育和发展的哲学文化背景这一主题而言：

①本研究详尽展现了应用伦理学在欧美及中国兴起的具体过程，分析了有关学府哲学的内部危机、生态灾难与第二个现代化的呼吁、中国社会价值观念的转型、国家治理中核心理念的建构、雷锋精神在陌生人社会中的意义、历史传统与价值冲突、文化交往与世界和平等议题的讨论对应用伦理学作为一门专业学科的涵养与推动作用，同时也揭示了应用伦理学的出现给道德哲学带来的根本性变革的图景。②探讨了黑格尔的"总念"与中世纪的"共相"的联系，通过对以黑格尔为代表的轻视个体存在的西方传统理性主义哲学世界观与价值观的批判性反思，展示了作者在劳特和张世英教授的启发下所实现的从探讨黑格尔哲学向研究康德、费希特自由意志思想的学术转向。这不仅为作者深入应用伦理学领域打下了重要的理论基础，而且也佐证了哲学、伦理学内部所发生的从专注形而上学及历史理论向应用伦理的转变，从某种意义上讲可以看成是哲学对来自社会的批评与期许的一种及时回应。

通过对应用伦理学的基本特征、理论形态以及它在国内外孕育和发展的哲学文化背景的探讨，展现在当代社会具有强大生命力与竞争力、体现了现代文明的道德诉求与伦理精髓并被人类命运共同体普遍认同的价值范式，这不仅构成了本研究最大的思想旨趣和理论关切，也无疑具有相当重要的社会实践与应用价值。

目　录

走进应用伦理

厘析价值范导

体味精神典藏

走进应用伦理

第一章
应用伦理学的概念界定

一、什么是应用伦理学

谈到应用伦理学，我们首先需要搞清楚伦理学的概念。伦理学就是关于道德的哲学理论，也就是道德哲学。道德就是人际交往的行为规范。严格的、成文的行为规范就是法律；不严格的、没有成为律令的行为规范就是道德。而法律所代表的往往是最基本的道德要求，因而法律就是最根本、最核心的道德规范。与"道德"这一概念密切相关的另一概念就是"伦理"。不论在中文还是在西文里，"伦理"与"道德"都是两个不同的词汇，但值得指出的是，西方从近代始"伦理"与"道德"及"道德哲学"一直都是同义词，基本上代表着同一个概念。哈贝马斯从某种意义上讲已被看成是继康德之后德国最有影响的伦理学家，但他认为伦理理性所要解决的是"善好"的问题，而道德理性要解决的则是"公正"的问题。这与我们通常对伦理（以对公正、合宜的探讨为核心）与道德（以对善的探讨为核心）的理解正好相反。笔者在这里将不对这个问题进行研究，而是沿袭许多人通常的做法，即不对伦理与道德这两个词做出严格的界定。

谈到伦理道德，我们不能不提到西方很久以来一直流行着的一种看法。那就是许多人认为在伦理道德方面，神学家、哲学家、教育学家肯定要比搞经济的、搞贸易的强得多。法国哲学家伏尔泰早在十八世纪就曾以"谁更宽容"为例批驳了这一见解。他指出，当天主教神学家们一百年来为那些有关"如何使圣餐面包和酒变成耶稣的血和肉以及人在神的三位一体中的排列"诸如此类荒诞不经的问题争吵不休的时候，市场上的各国商贩——尽管拥有着不同的宗教信仰与文化传统——却在握手中成交了无数大宗买卖。在他看来，一个成功的商人，单凭其职业特点就先天地拥有了一种与伦理的关系，这种关系比起那些神学的、教育学和哲学意义上的"道德家们"所拥有的要实际和坚实得多。伏尔泰的说法是否正确，这显然不是一两句话就能讲清楚的，故暂不在此进行深究。但需要指出的是，被伏尔泰批驳的那种流行的观念里隐含着一种对个人利益的蔑视。按照这种观念似乎赚钱、赢利是一件违背伦理道德的事情，讲道德就意味着绝弃私欲。其实，很久以来这样一种观念，即赢利本身不应是目的，超出满足自身需求之界限的赢利活动是不自然的、在道德上是不可取的观念，一直就作为一种强势的理论支配着西方从亚里士多德到十七、十八世纪重商主义产生之前的这段以自给自足的自然经济为特征的漫长历史。沿着这一思想进路，自然而然便发展出了一种把伦理道德绝对化，甚至是本体化的趋向：追求道德理想就意味着要做一位"完人"，做完人成了人们终身不懈奋斗的方向。这显然就把人与伦理道德的关系弄颠倒了，似乎道德是一种十分虚无、高远、缥缈、不可企及的东西，似乎人是为了道德而生活，似乎道德本身是人的目的。

　　谈到这里，我们有必要涉及一下有关作为伦理学之基础的本体论的问题。在西方哲学史上从柏拉图到黑格尔的传统理性主义（客观理性主义）是一种影响巨大的哲学思潮，它的核心思想就在于认定宇宙是由某种以必然规律体现出来的客观理性支配的，在这一客观理性从潜在到展现的进程里，一切具体之事物包括人类本身及其所有的创造在内，都是实现这一客观理性的工具。这样一种客观理性哲学与现代人道主义哲学的分歧就在于：这个世界上究竟人是第一位的，还是某种客观的理性、某种先天的观念、某种神秘的伦理、某种强劲的意愿，或者某种自然物是第一位的？这是一个直到今天还能引起许多思考、许多争议的问题。当然在今天看来，对于大部分具有现代意识的人来讲，对这一问题的答案是显而易见的：当然人是第一位的，如果没有人，谈其他任何东西还能有什么意义？然而，并非所有的人都赞同这一回答。传统理性主义的态度就不必提了。就是在当代的生态伦理学研究中，就有人主张自然界以及整个大气圈均拥有其自身的存在价值，保护自然环境并不是为了人类的生存与利益，而是为了自然界本身这样一种被称为生态神秘主义的观点。所以在笔者看来，要想对伦理道德观念有一个正确的理解，首先就必须解决所谓本体论意义上的问题，也就是应当树立这样一种人道的信念：人是第一位的；一切其他的东西，包括伦理道德等复杂的意识形态都是第二位的，是为了人而存在的，是服务于人达到其自身幸福之目标的工具。

美国伦理学家弗兰克纳（William K. Frankena）在《为什么要道德？》一文中讲道：为什么人类社会除了公约与法律之外，还需要一套道德系统？因为如果没有这一系统，则人与人之间就丧失了共同生活的基本条件。于是社会便只有两种选择，要么回到我们所有的人或我们的大多数人的状况比现在要恶劣得多的自然状态，要么回到以暴力威慑来避免任何行为过失的极权主义专制统治。① 由此看来，首先必须承认的是：伦理道德对于整个社会生活的维持，对于所有的人都是有益处的。

---

① 弗兰克纳（William K. Frankena）:《为什么要道德》，载比恩巴赫尔（D. Birnbacher）、赫斯特（N.Hoerster）主编:《伦理学原典》，dtv出版社1991年版，第340页。

伦理道德是所有追求自身最大幸福与利益的人们的行为规则。这些规则一部分是人们主观的发明创造（例如关于人权的道德契约），一部分则是人们在生活实践中发现的，因为生活本身中就有许多逻辑，就存在它自身不证自明的法则。生活中最重要的一个法则就是人与人之间相处共存之时必须遵循的对等定律：我对别人怎样，别人对我也就怎样；别人就是我的一面镜子，在别人对我的反应中就可以看到我对人家的态度。孔子讲的"己所不欲，勿施于人"就是这个意思。从这一生活的黄金规则中自然就可以推导出伦理道德所要求的行为法则及价值标准：第一，世界上应该不会有人乐于自己的身心受到伤害。既然不愿受到伤害，则行为主体也就不应该加害他人。第二，以一种适宜、均衡的态度来处事，不偏激、不过分。正是在这个意义上，孔子甚至讲到"中庸之为德也，其至矣乎"（《论语·雍也》）。第三，对他人要善。欲善待自己就应善待他人，欲获得尊重就应尊重他人，欲受到慷慨的回报就应宽容他人。这样，有了一个不伤害，公正、合宜，再加上一个善待他人，伦理道德的基本内容就建构起来了。它的最高目标就在于使人类能够实现和拥有一种人道的存在。

在人们的一般观念里，伦理道德是行善的同义语。为什么我们这里还要加上一个不伤害以及合宜、公正？诚然，对他人应待之以善，这一点是不难理解的。因为假如我处处只为自己着想，长此以往，别人就都不愿与我合作，那我最终就没有成功的希望。然而如果反过来，要求我事事处处只想到他人，对自己的欲求全然采取压制的做法和态度，这样是否合适呢？我看也是不妥当的。因为显然，上述这样一种要求对于我这个个体是不人道的。要知道任何人（你、我、他）都拥有其不可侵害的尊严与自主自决的权利（自由与人权是自主概念的一种表述），这是一种最高的价值，个人的所有正当的欲求与利益都是从这一价值中派生出来的。这样就不难理解，他人拥有维护自身欲求与利益的权利，作为行为主体的我自然也应有这样的权利。如果现在在我身上出现了不近人情的强制极端的情况，或是出于某种观念，或是迫于某种形势我对自己或与自己相关的家人的正当利益采取了令人难以理解的压抑态度，那么伦理道德对于我自己而言实际上就已经成了一种外在的强制性的力量，成了一种可以说是相当惨烈的苛求。这种力量与苛求显然就已经违背了自主和人道的理念，不能不说是对"人是第一位的"原则构成了严重的挑战。正是在这个意义上我们可以讲，善待自己与善待别人一样，也是一种道德上的要求。正如弗兰克纳所言："道德具有推进个人良好的生活之功能，而不是无端干扰它。道德是为了人而存在的，并非人为道德而存在。"[①] 正是不伤害，以及合宜、公正原则杜绝了走极端的倾向，要求人们做事首先是不伤害他人，并且行事合宜、适度，既善待他人，亦能善待自己。惟有如此，伦理道德对于所有的人才真正算得上是有益的行为规则，是使生活达到成功的一个必要条件。

　　伦理道德是对于任何人都有益的行为规则。正因为此，前面提到的那种认为神学家比商人更道德的泛泛之谈的荒谬性便显而易见了。一个人道德与否，取决于他是否按照道德所要求的行为规则行事，而与他的职业没有关系。假如硬是认为道德与（正当的）职业之间存在着某种联系，那么问题恐怕就不是出在某种职业上，而是出在人们对道德的理解上。神父在教堂里宣扬仁爱之理念，其对听众所产生的道德感召作用自然是功不可没；而作为听众的一位商人走出教堂后能够依照道德的行为规则行商，通过其商业活动满足了社会公众的需求，同时还因聘用了店员而又增加了社会的就业机会，就此而言，我们实在是看不出商人的活动究竟有什么不道德的地方。

---

① 弗兰克纳（William K. Frankena）:《为什么要道德》，载比恩巴赫尔（D. Birnbacher）、赫斯特（N.Hoerster）主编:《伦理学原典》，dtv出版社1991年版，第342页。

伦理道德是对于任何社会都有益的行为规则。道德意识的共有可以增强人与人之间的信任感，在遇到问题的时候人们依照道德的行为模式行事即可减轻决策的负担。这也就有利于社会系统的稳定与整合，有益于社会整体的自我维护。

伦理道德既不应是一种古板生硬的说教，也不应是一种高不可及的理念，而是对生活本身规则的总结，是一种令人愉快的处世艺术和生活智慧。有人会说，没有这种道德智慧的人不是过得也很好吗？的确有这种情况。有的人事事处处都是为自己着想，通过投机取巧过上了富裕生活。但应当讲，这只是暂时的、个别的现象，而绝不代表着一般的规则。一位商人总是以骗为乐，别人就不会再上第二次当。一个人总是损人利己，别人迟早会断绝与他的来往。伦理道德的生命力就在于它的有些内容并不仅仅是人为的东西，而是客观存在着的生活规则本身。1998年德国出了一本名为《道德之快乐》(Lust an Moral)的书，作者德内尔(Klaus Dehner)甚至认为道德并非是一种需要人们竭力维护其吸引力的意识形态，而是人类的一种生物上的必然需求，道德具有生物学上的根源，是人们获得快乐与幸福的重要源泉。

综上，伦理学就是关于道德的哲学理论，是关于人际交往行为的道德规范的学问。而应用伦理学则与社会生活中出现的道德冲突、伦理悖论相关。我们知道，伦理学中的难题，从某种意义上讲，往往并不在于对道德的作用与地位的体认，而在于道德原则的应用。特别是当出现两难（道德悖论）之时，也就是说在同一事例上发生了不同的道德规则相互冲突的情形之时，人们应当采取何种态度，应怎样根据不同的因素与概率进行权衡。例如对于一位私人诊所的医生或一家国营的医院而言，遇到一位没有加入医疗保险且身无一文、家里也一贫如洗的打工仔因受伤或患病而被送到自己面前，对他该不该救治？救治到什么程度？如果救治，费用全要由自己承担。这样的事例一多，医生或医院肯定就无法承受。如果因此而谴责医方，这显然是不公平的。如果拒绝救治，眼看着伤病员的情况恶化，这当然也是不人道的。按照传统的观念，医方应发扬风格，弘扬道德精神，牺牲自己的利益去救治伤患者。毕竟与救命须及时这一点相比，医药费用问题的紧迫性并不是在同一个层次上，还是有时间、有办法经过研究得到解决的。然而从本质上讲，这种每次总是牺牲一方的利益保全另一方利益的做法是不能作为普遍的规则得以持续的。因为它是不合宜的，不合宜的事物无论怎样说都不能算是道德的。如何解决此类问题呢？显然，不能每次总是指望医方发扬风格，在两难的选择中通过"道德"的力量压制自己的欲求以保全病患者，而是应由社会建立一种强制性的结构、一种固定的机制，如医疗保障体系。这样每一个打工仔平时只要从工资里扣除一些钱投保，一旦有伤有病即可依靠整个社会的力量来支撑部分费用。如此一来，前面提到的医方可能遇到的道德悖论便在这一智慧的结构中得以消解。由此可见，对于个体行为来讲，怎样不偏不倚、处事合宜是一种伦理智慧；对于整个社会而言，怎样建立和完善一种整体性的机制、结构，使伦理道德的要求在这种结构中得以体现，从而使个体行为者经常面临的道德悖论得以化解，使每一方的利益都得以保障，这可以说是一种使伦理智慧得以实现的智慧。如果说理论伦理学的任务主要在于对相关的行为准则、价值标准和道德信念，简言之，对伦理智慧进行分析论证，那么最近半个世纪以来兴盛起来的应用伦理学的任务则主要是探讨在变化了的社会形势下，如何使道德要求与道德智慧内化于社会的制度与法规之中，使之成为一种普遍的行为模式与行为程序，使道德在结构与程序中得以实现。因此，可以说应用伦理学是使社会行为伦理智慧化的智慧。

总之，应用伦理学是二十世纪六十年代末至七十年代初才形成的一门新兴学科，其任务在于分析现实社会中不同领域（如政治、经济、科技、环境、生命、性关系、媒体、法律、国际关系等）出现的重大问题的伦理维度，为这些问题所引起的道德悖论的解决创造一种对话的平台，从而为赢得相应的社会共识提供伦理上的理论支持。应用伦理学的目的在于探讨如何使道德要求通过社会整体的行为规则与行为程序得以实现，即面对冲突、诉诸商谈、达到共识、形成规则。应用伦理学要为相关方面的立法和法律修改提供理据。

作为伦理学的一门分支学科，应用伦理学不仅拥有自己的基础理论形态，而且也包括政治伦理、经济伦理、科技伦理、环境伦理、生命伦理、性伦理、媒体伦理、法律伦理、国际关系伦理等众多分支领域。这些应用伦理学分支的任务，在于对各自领域中出现的紧迫的伦理道德问题，提出某种具有说服力的解答方案。

"应用伦理学"有狭义和广义之分。上述应用伦理学之定义是指"狭义应用伦理学"。而从广义上讲，顾名思义，应用伦理学含有将伦理原则和道德观念应用到特殊情境中去之意，因此它既应包括二十世纪六十年代末至七十年代初才出现的，以解决道德悖论、伦理冲突为主旨的当代应用伦理及其分支——所谓"狭义应用伦理学"，也应包括将普遍的道德规范直接应用到具体的行为空间、职业领域的历史悠久的职业道德（又称专业伦理）。

应用伦理学是应用哲学的一个重要组成部分。应用哲学是一个比应用伦理学宽泛得多的概念，它包括法哲学、教育哲学、艺术哲学、科技哲学等，在这些领域里所探讨的许多问题更多带有本体论、认识论的性质。

从应用伦理学定义的狭义与广义之区分可以看出，应用伦理学就其概念本身而言是新鲜的，但应用伦理学之理念却并不新鲜。应用伦理学也可称为实践伦理学，而实践伦理学并非当代的产物。在亚里士多德的《尼各马可伦理学》、托马斯·阿奎那的《神学大全》、休谟的《道德原则研究》中，理论与实例总是结合在一起的。就连理论伦理学最大代表的康德也不例外，他不仅对实现永久和平感兴趣，而且在《道德形而上学原理》中，将绝对命令与四个不同事例联系起来加以讨论。十九世纪功利主义的主要代表人物边沁和密尔对实践问题更是有着精深的研究。

从实践的角度来看，某种伦理理念的传播促成社会制度改良的例证也不胜枚举。十九世纪五十年代美国女作家斯托（Harriet Beecher Stowe）通过她的《汤姆叔叔的小屋》一书传播了一种实践伦理或应用伦理，那就是奴隶制的反道德性。在此之后，美国的一个宪法修正案将这种伦理思想转变成为永久的法律规定。因此，有人认为应用伦理学不是什么新鲜的东西，充其量不过是实践伦理学在当代条件下的复兴。

应用伦理学的产生有其特殊的历史背景。二十世纪六十至七十年代以来，科技的迅猛发展导致了人类社会生活的巨大变迁，引发了诸如人类有可能通过技术创造改变自身的遗传结构、通过环境破坏毁灭后代的前途、通过核战争终结全人类等一系列历史上前所未有的问题。这些问题的新颖性向传统道德理论的适用范围与解决问题的能力提出了挑战。正是在原本自认为普遍适用的道德理论成了问题的地方与时刻，人们产生了对应用伦理学的需求。

因而应用伦理学绝不意味着把传统伦理学理论简单运用于社会实践，而是一种全新的道德权衡机制。在这个机制的作用下，一方面人们可以以不同的道德理论与规范的总体为背景，以最基本、最普遍、最本质性的道德主导原则为基础，基于不同的情况对不同的可能性进行权衡，从而寻求在既定的条件和行为情境下获得最好的结果，解决当下所需解决的伦理问题；另一方面，人们还可以根据实践的发展对某些道德理论与价值规范进行反思、批判、超越与修正。也就是说，在应用伦理学中，应用程序本身是创造性的，它伴随着规范的生成、塑造与改进的进程。应用伦理学重视社会生活实践对道德理论的反作用，认为对理论伦理学与应用伦理学进行严格的区分实际上已经不大可能。可以说当代应用伦理学是伦理学本身的一种崭新的发展形态。

由此可见，应用伦理学具有与传统的伦理学不同的特点。

从所涉问题的来源来看：传统伦理学常以事例来说明、讲解有关的道德原则，而这些事例都是臆想出来的。所以理论的道德哲学常有这样的表述："假如发生这么一件事，那该怎么办？"比如亚里士多德在叙述道德义务的不同类型时便提出如下问题：如果你和父亲被强盗抓住了，有人用钱把你赎回来了，你是先把钱还给解救者，还是先去赎回你的父亲？而应用伦理学所讨论的问题都不是杜撰出来的，而是现实存在的，并且具有相当程度的紧迫性。如生态问题、基因工程问题、安乐死问题等。

从形式的角度来看：传统伦理学（如亚里士多德的理论及中世纪的决疑论）所涉及的往往是独特情形下的个体行为，它要求个体针对道德悖论进行决断。在此种情况下个体的伦理抉择的负担极大，其决断的结果也往往是为保全某方利益而简单地牺牲另一方的利益。有关这一决策的论证理由是个体在匆忙中找出的，自然难以摆脱随意性的特点。而应用伦理学则试图将某种个体行为普遍化为一种一般的行为方式，使它不再仅仅是一种个体的行为选择，而是一种普遍的社会行为模式。这样应用伦理学便不再像传统伦理学那样将决策难题推给个体，而是调动全社会的智慧通过协商和讨论进行权衡，也就是说由全社会来（帮助个体）作出明智的、最后的决断并制定出一种普遍有效的有约束力的行为方式或规则。于是，在应用伦理学中，个体在伦理抉择上的负担就要小得多，个体的任务主要是参与旨在规则的制定与变更的集体讨论。而在行为规则的面前，个人原来不得不应对的道德悖论从某种意义上便自然得到了消解。尽管由于这一规则，道德悖论中的一方的利益有可能受到损害，但这是基于经过反复讨论和深思熟虑的理由，基于合理的共识而制定的。

从内容的角度来看：传统伦理学的适用范围一般仅局限在个人这个狭小的领域，正因为此，历来就存在着一种观念，即伦理道德与宗教信仰一样属于个人的私事。而应用伦理学则主要涉及整个社会的行为关联，如国际关系伦理、政治伦理、经济伦理、媒体伦理、科技伦理、性别伦理、生命伦理、生态伦理与可持续发展等，涉及民族国家性的，甚至于人类全球性的、未来性的责任与义务。所以严格地讲，应用伦理学的研究对象不仅仅是个人的伦理，而且主要是指整体的伦理；应用伦理学的目标是要靠社会结构与制度的调整（结构伦理）、靠决策程序的设定（程序伦理）、靠社会整体的共同行为（团体伦理）来实现的。甚至连最具个体色彩的消费伦理要想真正发挥作用，也要靠社会群体的共同协作才能奏效。例如要实现可持续的发展，就需要依靠国家对必要消费与享受性消费进行区分，对后者通过强制性提高价格的方式进行限制。

从论证的方法来看：传统伦理学的理论论证方式十分简单，即从独立于其他判断的、不证自明的、先验的或永恒的理念（如康德的绝对命令）出发，就可以直接或间接地产生出所有重大的道德判断。将这些以几条基本义务和几项重要规范的形式体现出来的道德判断连接在一起，就能够建构起一套可以解决所有道德问题的伦理学体系。而这些道德判断具有绝对真理性的特点，是最后的、无可辩驳的绝对标准。例如康德的价值普遍主义就认为只有承认这样一种绝对的标准，人们在遇到冲突之时才有可能进行解释并做出决断，否则就只能依赖传统的做法，而陷入道德相对主义。上述的这样一种观点直到二十世纪七十年代一直都支配着伦理学界，而从七十年代兴起的应用伦理学则放弃了原则上与解决问题并无直接关联的对伦理规范进行最后论证的尝试。因为应用伦理学所遇到的问题几乎都与道德悖论有关，都不是通过道德洞察一眼就可以找到正确答案的。应用伦理学所要解决的问题大致有四种类型：

一是体现着价值冲突或规范冲突的伦理问题。如政治伦理中的自由与平等原则之间的冲突（具体例证：二十世纪六十年代美国公民权利运动曾引发了如下的思考：在招工与招生上照顾少数民族的成员，这固然是坚持了机会平等的原则，但是否却又违反了自由竞争的原则呢？）。在医学伦理中，涉及医生对病人讲真话的原则（即病人的知情权）与对病人避免伤害的原则之间的冲突。有人提议通过建立价值及规则之等级体系来解决这类问题，于是出现了"在两难之时，选择'自由'！"的说法。但问题在于，有些人并非认为自由在任何情况下都是最高的价值，道德现象因时因地呈现着相当复杂的特点，"人类是一种复杂的生物，她拥有许多不同的利益，也可以拥有许多不同的立场"①。

二是那类并非一定要做出非此即彼之选择，而是需对不同的利益进行平衡考量的问题。如在生态伦理学的研究中，涉及到如何才能找出当代人利益与未来人利益之间的平衡点，即对当代人在自然资源上用多少是合理的，给后人留多少是正当的这一问题，提出一个更精确的标准或答案，并指出实现这一目标的具体步骤。

三是引起某些道德问题上的争论的主要原因，是由于技术条件的限制，人们无法精确地预知某一事件的后果到底怎样。我们可以以国际关系伦理中涉及到的人们对核威慑在道义上的正确性的怀疑为例来说明这一问题。反对核威慑，这在许多人的心目中是一种道义上的正当反应，然而假如可以肯定通过核威慑绝对能够长期防止战争的出现，那么对这一战略的道义上的谴责实际上就没有什么意义。可是有关核威慑能否防止战争这一问题的最终答案并不在现在，而是在未来。再如有关核能的和平利用问题。许多人反对建立核电站，是因为人们不清楚核废料的放射危险到底有多大。对这样的问题，仅靠一般的道德判断是远远不够

---

① 拜耶慈（K.Bayertz）：《作为应用伦理的实践哲学》，载拜耶慈（K.Bayertz）主编：《实践哲学》，Rowohlt出版社1991年版，第32页。

的，必须依据相关的专业知识。当然有关的科学知识本身也有一个不断完善的过程，这自然又增加了人们的判断难度。

四是有些伦理道德问题之所以产生，是由于科技进步拓展了人类的行为领域。在人们将传统伦理学的某些基本概念与原则运用于这些新的行为类型时，前者便显得过于空泛与粗略，因而亟须人们根据人类的这种新的行为之可能性，对原有的伦理概念与原则进行更精确的定义。例如在传统伦理学中，"不伤害"被许多学者看成是具有核心意义的一个道德原则。而"不伤害"，顾名思义是指对他人不要欺骗、愚弄、损伤等，这一点似乎无须做过多的解释。而应用伦理学则要求对"不伤害"原则的内容作出更精确的界定，即区分出身体上的伤害与道义上的伤害："在一个人身上我们不仅看到了呈现着一系列物理与心理特征的有机体，而且也看到了一个拥有着独特尊严与特殊的（道义上的）权利的生物。"[①] 众所周知，买卖儿童是不道德的行为（即便这一交易在某种特定情况下对该儿童的长远发展并没有坏处）。因为在买卖行为中，儿童不是被作为主体来看待的，而是作为客体来被处置的，这就意味着对他人身尊严的伤害。当我们以这一分析用于评价试管婴儿及克隆人的研究的时候，就会提出这样的问题：培养试管婴儿是对人类繁殖活动过程的干预性行为，它将人作为一种客体来对待，这是否也意味着是对人类尊严的一种伤害呢？克隆技术使人类的繁殖活动更加随意，故德国从1990年便立法明确禁止克隆人的活动及培养人兽嵌合体，认为这类活动以特别严重的方式侵犯了人的尊严。当然这些问题是可以讨论的，这就不仅涉及研究某一行为（从技术上讲）是否会对人产生伤害，而且更重要的是要对什么是伤害进行定义。如果确知某种伤害并不具有身体

---

① 拜耶慈（K. Bayertz）:《作为应用伦理的实践哲学》，载拜耶慈（K. Bayertz）主编:《实践哲学》，Rowohlt出版社1991年版，第34页。

上，而是仅具有道义上的含义，则就还要对究竟什么是人的尊严这一问题进行更深层次的探究。上述这些问题是以前传统伦理学不曾触及过的，应用伦理学需在汲取相关专业知识的基础上，对这类问题进行精确的研讨。

由此可见，所有上述的应用伦理学所遇到的问题都不是凭借简单的道德直觉与洞见就可以解决的，而是需诉诸一种复杂的理性的权衡机制。这也就决定了应用伦理学在方法论上拥有着与传统的方法论不同的特点。应用伦理学的方法是一种受罗尔斯有关正义原则及其具体的社会应用"应基于一种对直觉、原则和理论的均衡考量"之观点启发的所谓"融贯性"的论证方法。奥地利哲学家莱斯特（Anton Leist）认为"对融贯（Kohaerenz）的追求成了应用伦理学占支配地位的方法论"①。融贯性的方法，是指论证不仅仅依赖于一种前提，而是依赖好几个判断或者诸多因素，论证应存在于一种不同元素的相互协调之中，存在于这些不同要素的共同作用之中。所谓诸多因素，一方面是指不同的伦理范式（如康德的理性伦理、亚里士多德的德性伦理、边沁的功利主义、叔本华的同情伦理、哈特曼的价值伦理等），另一方面是指社会中通过不同的群体所体现出来的各种各样的利益要求。论证就在于对这些不同的理论范式及事实因素进行综合性、整体性的考察分析，仔细地权衡各种得失利弊，从而求得一种作为最为合理答案的，且是体现了某种社会共识的道德判断。这种方法决定了哲学家在研究探讨及商议的过程中，必须放弃自己具备导向正确的道德判断的直接通道的观念，相反地，他要认真听取其他专业人士的建议，并且——如果是作为决策研讨会的参与者的话——要有妥协的意识（二十世纪七十年代德国有关实践哲学的讨论中

① 莱斯特（A. Leist）：《理论要求与社会功能之间的应用伦理学》，载《德国哲学杂志》（Deutsche Zeitschrift fuer Philosophie）1998年第5期，第755页。

的一个重要议题，就是如何使哲学家在社会政策的规划、实施与管理方面发挥政治顾问的作用）。应用伦理学的这种方法还决定了哲学家与其他专家一起研究商议后所达成的共识并不一定体现着某种绝对的正确，而或许仅仅是一种相对的合理。它或许并不像传统伦理学所要求的那样能够使问题得到一揽子解决，但又不是那种类似于在上帝与魔鬼之间进行选择的非此即彼的决断，而是可以达到问题的某种近似的解决，是一种将不利因素减至最低限度的最好的可能。当然在遇到不可调和的道德悖论，即必须作出非此即彼的选择之时，哲学家在汲取了拥有着不同知识背景的其他专家的建议之后，经过周密的权衡，最终只能作出放弃或牺牲一方利益或一种道德原则的决断，但是他所提出的理由相对而言应当是具有最强说服力的。从这个意义上讲，如果说传统的伦理学意味着一种靠自己的力量即可解决所有问题的强的道德理论的话，那么应用伦理学则可以说是一种弱的道德理论。

　　总之，应用伦理学是研究如何使道德规范运用到现实的具体问题的学问，是一种使伦理智慧通过社会整体的行为规则与行为程序得以实现的智慧。从根本上说，这种智慧并非来自哲学家个人的学术探讨，而是来源于不同学科的专家、代表着不同利益的当事人经过缜密的思考、周详的权衡与反复的协商所形成的共识。因而，应用伦理学的一个核心思想就是：道德问题的权衡与决断不应只是个人的私事，而是要依靠集体的智慧，才有可能最终形成摆脱了个人偶然性与随意性的明智合理的答案。这一答案一经形成，便以法规的形式固定下来，成为一种整体性的社会行为模式。一句话，把道义上的东西变成法规上的东西。

　　在一个缺乏法制，仅靠道德感召之力量的社会里，作为行为主体的个体在道德问题上势必面临着相当沉重的决策负担，其结果必然是：少数人选择完全牺牲己利甚至自身权益的做法，于是道德在他们身上就成为一种可以说是相当惨烈与悲壮的事情。而大多数人则不能承受这种个人牺牲，又无更妥当的行为模式可供遵循，则结果自然就是大多数人的我行我素、随心所欲，在这种情况下我们当然就不可能对这一社会的普遍的道德水准抱有多高的期望。试想，法律是最基本的道德的体现。如果一个国家的民众连最起码的法治观念都极其贫乏，那民众们又怎么可能会有更高尚的道德理想方面的意识？而在一个法治的社会里，体现着道德要求的各种法律法规极为严密周全，这就大大减少了个人必须面临的道德悖论，大大减轻了他在道德问题上必须承受的决策负担，于是整个社会的运行便处于一种十分轻松的状态，整个社会在道德方面也自然能够保持一种较高的水准。而这一点，恰恰正是应用伦理学应当体现的那种道德智慧的必然结果。

综上所述，应用伦理学作为一门新兴学科，与传统的应用哲学或实践哲学有着一种既彼此区别又密切联系的复杂关系。作为民权运动与科技发展的时代的产物，应用伦理学的产生有力促进了社会政治、经济、文化及价值观念的重大变革，推动了伦理学本身的与时俱进。

二、应用伦理学在美国的兴起

应用伦理学最先起源于美国，随后才传播到欧洲及世界各地。从二十世纪初开始，分析哲学在英美哲学界占据了支配地位。元伦理学从狭义上讲就是分析哲学在伦理学领域的一种表现形式，它不研究某一行为、规则及规则的标准在道德上的善恶内蕴，而仅仅关注道德陈述的语言形式及道德词汇的意义，关注对道德概念与判断的内涵与逻辑的分析。其结果，必然是将事实问题与语言问题混为一谈，用后者消解了前者，使伦理学走进了与实质性的道德和政治问题以及现实生活严重脱节的死胡同。令人疑惑不解的是，在这样一个发生了两次世界大战，经历了那么多严重侵害人权事件的世纪里，伦理学家们却能够心安理得沉浸在对细枝末节问题的矫揉造作式的探究中。很难想象，这种情景能够长期持续下去。可见，社会现实的需求与元伦理学的失效间的这种巨大反差，自然为应用伦理学的产生提供了一个重要契机。

与此同时，美国二十世纪六十年代末期政治文化氛围的变迁及科技的迅速发展导致的一系列社会挑战，也为应用伦理学的诞生创造了重要的实践前提。就政治层面而言，战后所谓资本主义"黄金时代"在一系列社会动荡中走向了终结。二十世纪六十年代美国黑人公民权利运动激发了人们对公民权利的道德基础、少数族群的平等权利等政治—伦理问题的反思，其中有关"公民文化"的讨论则直接为八十年代所谓"公民社会"的探究奠定了基础。二十世纪八十年代末期的学生运动则促进了政府的一些改革，巩固了人们的权利意识。

除此之外，导致哲学家们关注现实社会问题的一个重要因素，是有关越南战争的争论。内格尔（Thomas Nagel）指出，越南战争引发了人们在道德理解上的变迁。美国参与了一场肮脏的战争这一事实，使内格尔对自己所从事的理论问题探究的荒谬性有了更深的感受。这种理论与实际之间的强烈反差造成的震撼，促使他以及越来越多的其他哲学家从二十世纪六十年代末期开始转向对诸如平等、公民的不服从、战争之正义性、堕胎等现实的公共问题的研究。这是美国应用伦理学兴起的所谓第一阶段。

第二阶段是指二十世纪七八十年代。以环境主义、女性主义和和平主义为内容的所谓新社会运动继承了学生革命的政治遗产。运动的积极分子们抛弃了学生运动的乌托邦理想，将改革方案与现实政治紧密地结合在一起，从而赢得了广大民众的支持。公民运动以及公民权利意识直接为应用伦理学的发展注入了珍贵的养料，促进了医学伦理中病人的自主性理念以及政治伦理中公正思想的勃兴。

就科技发展而言，1954年第一例肾脏移植手术的施行标志着器官移植医学的开端，人工呼吸技术的应用导致了病人生命的延长，仅这两项医学进步便引发了对当时流行的死亡标准的质疑以及脑功能消失在道德上的意义的讨论。堕胎术的发展更是激发了对堕胎行为的不同评价。1963年卡逊（Rachel Carson）在《寂静的春天》一书中展示了DDT的使用对生态环境的长远后果，从而拉开了所谓生态学时代的序幕。1972年罗马俱乐部的第一个报告《增长的极限》对资源危机、人口爆炸的警示则更是推动了西方生态伦理运动的发展。

从二十世纪七十年代起，美国出版了大量的探讨政治、社会、科技领域中各类道德问题的论著。1971年罗尔斯（John Rawls）《正义论》的发表，是哲学界出现向实践哲学转向的一个重要标志。从哲学角度关注社会政治、伦理问题的著名刊物《哲学与公共事务》（*Philosophy and Public Affairs*）也于同年创刊。在此前后，一系列由哲学家组建的应用伦理问题研究中心也纷纷成立，如1969年在纽约建立的以生命伦理为特色的"海斯汀（Hasting）中心"，1976年马里兰大学建立的"哲学与公共事务中心"，伊利诺伊理工学院建立的"职业伦理研究中心"，1977年特拉华大学建立的"价值研究中心"，1979年科罗拉多大学建立的"价值与社会政策中心"，1981年俄亥俄州博林格林州立大学建立的"社会哲学与政策中心"等。除了《哲学与公共事务》杂志之外，这一时期还相继出现了《社会理论与实践》（*Social Theory and Practice*，创办于1970年），《社会哲学与政策》（*Social Philosophy and Policy*，创办于1983年），《应用哲学杂志》（*Journal of Applied Philosophy*，创办于1984年），《公共事务季刊》（*Public Affairs Quarterly*，创办于1987年）等登载应用伦理学研究成果的刊物。而1998年美国推出的《应用伦理学百科全书》则体现了应用伦理学作为一门独立学科所占据的重要地位。

三、应用伦理学在欧洲的兴起

正如英美分析哲学长久以来从未受到过欧洲大陆学界足够的重视与

认可那样，英美的元伦理学在欧洲大陆也一直未能产生什么重大的影响。然而，应用伦理学的情况则不同。应用伦理学虽起源于美国，但从二十世纪八十年代后半叶起，便也在欧洲大陆兴盛了起来，成为英美与欧洲大陆伦理学界的一个共同的研究对象。这一新兴学科在欧洲大陆的兴盛与伦理学自身发展所遭遇到的困境是密切相关的。

从伦理学本身的发展状况来看，尽管按照从亚里士多德、托马斯·阿奎那直至休谟的伦理学传统，理论伦理学与实践伦理学并非表现为截然分明的两个领域，然而从近代开始，欧洲哲学的特点就是强调普遍的规则与原则及其抽象的论证。哲学的任务，就在于以某个最高的原则为起点，按照演绎法构建起一个由原理与规则组成的等级系统，整个系统都是可理解、可检验的，具有普遍的适用性与绝对的真理性。

伦理学当然也不例外。在强调道德规则的普遍适用性与绝对必然性的前提下，所有的道德思想都被设定在一个以绝对命令或有用性原则为基点的、由论据构成的等级系统之中，仅靠该系统的演绎结构，就可以直接或间接地产生所有相关的道德判断，并保证这些道德原则与判断的有效性，依靠它们就可以解决所有的道德问题。这样一种以强的道德理论为特色的规范伦理学，在欧洲，特别是在德语区，一直到二十世纪七十年代都占据着支配的地位。

然而，随着二十世纪七十年代以来大量实践问题的涌现（七十、八十年代有关原子能利用的讨论，八十年代关于核威慑的伦理问题的争论，以及后来出现的与全球人口爆炸及未来人类的命运相关的生态问题的争论，关于堕胎、安乐死及"体外受精"的伦理问题的争论，关于基因工程伦理问题的争论，关于全球普遍伦理的争论等），以康德为最大代表的规范伦理学遭遇到了严重的危机：

首先，伦理规范的普遍化要求（即伦理规范在任何情况下都绝对有效、绝对适用）受到了具体实践问题复杂性的严重挑战，在个别特例上某个伦理规范可能失灵（例如"不得杀人的原则"与难产中作为保护孕妇生命之必要手段的堕胎行为间的矛盾）。其次，规范伦理系统解决不了伦理规范之间的冲突问题，例如自由与平等、自主与不伤害间的矛盾对立。对于伦理学这种拘泥于抽象规范而在具体实践难题面前又束手无策的状况，人们不能不有所反应，有所思考。

于是出现了德国哲学家马尔夸特（Odo Marquard）偏激的"告别原则""告别规范"的呼吁（这或许是对以拒斥普遍的道德规范之概念，拒斥在推理中运用本质主义的程序为特征的所谓后现代主义的一种呼应），出现了强调基于具体情境创新规范和运用理智的伽达默尔（Hans-Georg Gadamer）的解释学，出现了以里特尔（Joachim Ritter）及其学派为代表的新亚里士多德主义试图回归西方伦理学源头的努力，其目的就在于改变理论与实际严重脱节的状况，寻求实践的明智，使伦理学能够为人们的现实行为提供可行的方案。

伽达默尔的解释学也好，亚里士多德的实践明智也好，对应用伦理学探讨问题方式的形成无疑具有重要影响。应用伦理学当然离不开原则、规范，但它有别于康德式纯粹规范伦理学，不再拘泥于对具有普遍规范性意义的价值命题的抽象论证，而是非常关切具体的生活情境，善于在伦理之规范、主体之需求、客观之条件等不同内容的并列观照与精细权衡中，做出独特的、仅适用于这一特定事例的价值决断。总之，应用伦理学做出的具体的伦理决断不仅要体现道德规范，而且还要展示决断者的道德智慧——即对不同道德规则的权衡及对应用这些规范后产生的实际结果的考量。

从二十世纪八十年代后半叶起，离开纯粹规范伦理的立场，研究现实的社会问题，探讨技术伦理、科学伦理、生命伦理、伦理法典、伦理委员会等课题，从而在某种程度上实现向应用伦理学的过渡已经成为欧洲伦理学界一道最亮丽的风景。有关应用伦理学的论著在欧洲大量出现。1987年，瑞士的圣伽伦（St.Gallen）经济与社会科学高等学校设立了欧洲第一个经济伦理讲座教授的职位。德国马堡大学"应用伦理学研究中心"、哥廷根"医学伦理科学院"、图宾根大学"科学伦理中心"、波恩"科学与伦理研究所"、波鸿大学"医学伦理中心"、慕尼黑大学"技术—神学—自然科学研究所"、慕尼黑大学"慕尼黑伦理能力中心"、埃尔兰根—纽伦堡大学"应用伦理和科学交流中心研究所"，英国牛津大学"实践伦理学研究中心"，瑞士苏黎世大学"伦理中心"，奥地利萨尔茨堡大学"应用伦理研究所"，荷兰"乌特勒支生命伦理中心"，欧洲生命医学伦理网络、欧洲企业伦理网络及欧洲科技发展后果之研究科学院等也纷纷建立或成立。而波兰华沙大学的环境伦理讲座教席的设立，则是应用伦理学在东欧得到发展的一个重要标志。

四、应用伦理学在中国的兴起

尽管我国应用伦理学的研究是从对国外学术成果的追踪、译介开始的，然而应用伦理学在中国的勃兴也归因于伦理学内部的发展遭遇到的困境及外部社会实践的需求这两大因素。

一方面，中国共产党十一届三中全会开创了一个伟大的思想解放的崭新局面，从而引发了二十世纪八十年代以来我国理论界、学术界一系列重大问题的论争，如人道主义与异化问题的讨论、伦理学基本问题的讨论、道德主体性问题的讨论、功利主义与个人主义反思的讨论以及"潘晓现象"的大讨论。"然而，囿于对国内伦理学教科书体系的过分拘谨，这些讨论结果终究仅停留于某些既有教科书的现成结论之中而无法超越。"[①] 新时期的伦理学因而面临着一场前所未有的理论危机。

另一方面，随着改革开放和现代化事业的飞速进步，社会实践中作

---

① 谭忠诚、陈少峰：《伦理学研究》，福建人民出版社2006年版，第387页。

为西方应用伦理学产生动因的伦理冲突、道德悖论在我国也不断出现：诸如经济伦理中公平与效率的冲突问题、社会保障问题、弱势群体问题，生态伦理中发展经济与环境保护的关系问题、可持续发展问题，生命伦理中知情权问题、医疗资源的公正分配问题，科技伦理中真与善的关系问题，媒体伦理中公众知情权与个人隐私权的冲突问题，政治伦理中作为政治文明之核心的以人为本及人权理念的建构、政府职能转变中的价值冲突问题，等等。

正是在这两大因素的共同作用下，应用伦理学应运而生。一门崭新学科的异军突起，对于面临困境并寻求出路的中国伦理学界所产生的震撼效应之巨大，是可想而知的。

应用伦理学拥有理论与实践双重形态。就理论层面而言，应用伦理学各个分支领域的学术论著译著和教科书的纷纷出版、相关研讨会的相继召开昭示着这门学科的空前繁荣。中国社会科学院、北京大学、复旦大学等研究机构与高校还成立了专门的应用伦理研究中心。中国社会科学院应用伦理研究中心还与国际经济伦理研究中心、香港浸会大学应用伦理学研究中心、台湾"中央大学"应用伦理学研究中心以及国际上的一些应用伦理学的研究机构建立了学术合作关系。

就实践层面而言，在生命伦理学领域，我国已开始建立了伦理委员会；在立法程序上，在为解决社会利益冲突而制定各项政策法规之前，也采取了听证制度。这说明应用伦理学在我国已呈现出其实践形态。应用伦理学的研究已成为一项共同的国际事业，我国应用伦理学的研究已经出现与国际学界齐头并进的景观。

在中国谈论应用伦理学，人们关注的焦点并不仅仅在于它对伦理学学科发展的理论意义上，而且还在于它与中国社会价值观念的变迁以及民主社会的建构之间的那样一种互为因果、相互作用的关系上。从某种意义上讲，应用伦理学产生于中国社会政治、经济、文化及价值观念重大变革的历史背景，与此同时，应用伦理学的勃兴反过来又对社会价值理念、社会政治的民主生态以及中国道德哲学本身的与时俱进起到了积极的推动作用。

中国的改革开放实现了从计划经济向市场经济的转变，从而相应地引发了有关从计划经济的价值观念向市场经济的价值观念转变的讨论。这一讨论的一个成果就是权利、民主意识得到了前所未有的凸显与认同。随着2004年人权入宪，人权理念、以人为本的观念构成了当代中国伦理学反思的重要概念。而这一进展又为早在二十世纪九十年代初就已开始的有关开放社会的讨论注入了新的活力，因为所谓开放的社会最根本的特征，就在于它是突出每一位作为个体的公民的民主社会，每位公民的权益、需求、意愿与价值都得到前所未有的尊重。

一方面是对人权价值的认同，另一方面是开放社会的建设，这两个因素构成了中国应用伦理学产生与发展的重要历史背景。而应用伦理学研究本身，又强有力地推动了中国社会关于人权问题的探讨和公民社会的建设进程。

应用伦理学强化了对人权问题的探讨。从应用伦理学的视角来看，应用伦理学的核心问题就是人权问题，因为几乎所有的应用伦理学前沿问题都与人权的价值诉求相关，几乎所有的应用伦理学领域的争论都是有关权益之间冲突的争论。生命伦理学中：人类胚胎与孕妇或病人之间生命权的冲突、克隆人的权益问题、病人的知情权、个体的死亡权；女性主义伦理学中：女性的平等权；政治伦理、经济伦理学中：弱势群体的权益诉求；媒体伦理学中：公众知情权与公民隐私权之间的矛盾；生态伦理学中：当代人与未来人之间的权益冲突；等等。从某种意义上讲，人权的价值诉求是应用伦理学最核心的价值诉求，人权的道德视点是应用伦理学最根本的道德视点，人权原则构成了应用伦理学全部论证的根基，人权的价值构成了应用伦理学全部规范的终极标准。

应用伦理学促进了开放的民主社会的建构。从开放的民主社会的视角来看，这一社会的概念决定了：任何一种社会行为方案的设计与实施，都要以每位公民的自主意识的认可为前提。换言之，任何社会行为方案都应该是经过某种严格程序，从公民的个体意志中提炼出来的。而应用伦理学的一整套面对冲突、诉诸商谈、达到共识、形成规则的运行机制，恰恰体现了开放的民主社会对道德哲学的本质要求。可以毫不夸张地说，应用伦理学恰恰正是开放的民主社会的道德理论。作为开放社会的道德理论，应用伦理学在价值取向上是以自由、民主、公正、人权为核心的，它所关注的是现实生活中人们自主的意愿、实现民主的方式以及调解人与人之间在权益上的矛盾与冲突的途径。

与国外应用伦理学发展经历相类似，在我国，"应用伦理学"最初基本上还只是一个相当笼统的概念，它只不过是关于诸如医学、经济、政治、生态、科技、媒体及国际关系等不同领域的现实伦理问题研究的一个总称。在这期间，应用伦理学的各个分支领域里取得的研究成果远远超过了人们对作为一个总体的应用伦理学之学科性质与地位的思考、总结与探索。这一点与应用伦理学诞生的动因是密切相关的：应用伦理学的产生，一方面既是导源于伦理学本身发展的内在逻辑，另一方面更是由外在的社会实践的需求，由实践中产生的大量的伦理问题的紧迫性使然。而解决社会实践问题的需求便决定了：在应用伦理学发展的一定阶段，人们关注的只能是分析实践问题的伦理维度、探索解决道德悖论的途径与方法，而暂时还无暇顾及到作为一门学科的应用伦理学的理论建构。

但是，自2000年5月第一次全国应用伦理学学术研讨会召开以来，有关应用伦理学学科性质、基本特征的争论，开始渐渐成为我国应用伦理学领域学术探索的一个新亮点。为此，《中国社会科学》《哲学研究》《哲学动态》《中国哲学年鉴》《中国人民大学学报》《自然辩证法研究》

《道德与文明》《复旦学报》《河北学刊》《光明日报》等纷纷开辟园地，甚至专栏针对这一问题进行讨论。与国外学术界形成鲜明对照的是，在我国决然否定应用伦理学作为一门独立的学科之地位的声音十分微弱，大部分学者均肯定应用伦理学是二十世纪六十年代末至七十年代初才形成的一门新兴学科，是伦理学的一个新分支，甚至是伦理学的当代形态，它实现了对传统伦理学的扬弃与超越，使伦理学研究的范式发生了根本性的转换。

然而在究竟如何把握应用伦理学的本质特征这一问题上，我国学者大致分成了两派。一派以"经商谈程序而达成道德共识"来概括应用伦理学的本质特征，所以被称为"程序共识论"或"程序方法论"。另一派则以某种基本价值观来概括应用伦理学的本质特征，所以被称为"基本价值论"。

"程序共识论"通过对商谈程序的强调而揭示应用伦理学作为民主时代、公民社会的道德理论的重要地位，进而凸显商谈程序中所蕴含的尊重所有行为主体的自主意志、不伤害任何一个人的人权这样一种启蒙运动、现代化时代以来全人类共同追求和奉行的所谓根基性的价值诉求。一句话，商谈程序所呈示的根本的价值观就是人权的价值观。这样一种价值观，是在一个理念与信仰高度多元化社会里惟一能够得到普遍认同的东西，是惟一可以被称为"共鸣的"或共同的道德底线。强调这样一种底线价值观，当然不可能会陷入道德相对主义或激进的道德多元论。

针对有关"人权的价值理念似乎仅仅强调了自由、民主、权利，而忽视了相应的义务、责任与团结"的诘难，"程序共识论"指出没有义务、责任、团结的道德精神，任何一个社会都无法赢得持续生存。人权的价值观念并不排斥义务、责任与团结，相反地，前者恰恰构成了后者得以产生与存在的逻辑前提。换言之，义务、责任与团结并不是来自于外在的强制，而是来自人们自我选择的权利，来自人们的自主意志，来自人们自身相互依存的需求。这一点正是现代社会中的义务、责任与团结，优于依靠传统习俗、宗教信念，甚至是人身依附关系这样一种外在的手段获得与维系的所谓前现代社会的义务、责任与团结之处。

正是基于对商谈参与者自主理念的尊重，"程序共识论"坚持任何一个有关道德冲突、伦理悖论的解决方案，都是参与商谈的行为主体在无外力强制的前提下所达成共识的结果。所以一旦涉及具体决断，应用伦理学的目标只能是达成共识。

同时，针对在商谈程序中赢得的道德共识不可能保证百分之百的正确无误及安全可靠的情形，应用伦理学还可以充分利用当代民主制度自动纠错的功能与机制，让人们有机会针对自己认为是有误的民主决断向有关主管机构进行申诉，或者在公共领域进行抗议性宣示。如果这种申诉与宣示具有说服力，则有误的民主决断或道德冲突的解决方案自然就会通过下一次商谈程序得到纠正。

在并不否认民主、人权，不伤害这些所谓根基性的价值诉求，不否认人权的价值观念是指导一切社会与政治行为的准绳的前提下，"基本价值论"主张应用伦理学也应对建构一个社会或共同体所需要的具有世界观意义的共鸣性的道德理想抱积极的态度。具体说来，就是应承担起激发成熟公民自觉承担其社会义务的基本德性之任务，保持对义务与责任的整体性、生命意义与秩序整体的推崇，而这就又离不开以对一种包揽无遗的、普遍的宇宙观的最终论证为内容的所谓"终极关怀"提供的精神源泉的深度支撑。

这也就是说，应用伦理学不应满足于充当一种狭隘的工具性道德或一种现代化的行为技术伦理，不应仅仅局限于讨论当代人类面临的各种具体问题，而且还应顺应"哲学的价值观转向"之趋势，在更深层次上关注当代人类生存状况的改善，把理论哲学和伦理学所确立的根本生存理念、一般价值原则和基本活动准则应用于人类及其生活的不同方面，给人类如何生存提供基本的规范和总体的导向，把人类普遍幸福的实现作为终极的指引。

应用伦理学家不应是顺从公共舆论的应声虫，不应丧失其思想的独立性。况且多数人的共识未必就是正确的，现行的制度和法律也未必都是合理的，故不能说达成道德共识是应用伦理学的惟一目标。批判地审视现行制度和法律，反思积淀在文化和多数人意识深层的共识也是应用伦理学的本职，甚至可以说改变共识才是应用伦理学最重要的任务。哲学家应拥有强烈的历史使命感，善于质疑一个时代所取的基本假定，针对大多数人视为理所当然的想法，进行批判性的思考，争取使自己的见解成为明天多数人的共识，从而在市场经济社会中发挥应有的价值导向作用。而这也正是哲学作为一种值得从事的活动的理由。

在程序共识论与基本价值论之间的这场争论并非偶然。伴随着社会政治、经济、文化的全面转型，中国正经历着一场前所未有的价值观念多元化的进程。各种新旧道德理论、本土和外来的伦理流派都把中国当作展现自身实力的重要舞台，不同学术观点的交汇与竞争共同展现了当代中国伦理学的一幅色彩斑斓、光怪陆离的复杂图景：以心性学说为核心、伦理纲常为依归的儒家道德理论顽强地固守着自己的地盘；功利主义一刻也没有放松自己对人们道德心理根深蒂固的影响；麦金太尔（Alasdair MacIntyre）的社群主义（communitarianism，又译共同体主义）在东方文化传统中发现了合宜的结合点；女性主义的呼吁在社会上引起了强烈的反响；欧美深层生态伦理学则与中国天人合一的学说交相呼应，试图刷新整个人类的道德理念；哈耶克（F.A.v.Hayek）的自由主义、罗尔斯的契约主义、哈贝马斯的商谈伦理也并不担心在中国没有足够的拥护者。

而有关"应用伦理学本质特征的论争"，与应用伦理学各个分支领域重大问题上的争论一样，正是我国伦理学界学术观点日趋复杂和多元化发展状况的体现。由于对应用伦理学本质特征的不同理解而产生的所谓"程序共识论"与"基本价值论"，其背后都有或者自由主义、契约主义，或者德性论、社群主义理论的强大支撑，因此，现在就想对这两种观点进行协调，使之统一于某种"权威的定论"之中，既不现实，也无可能。然而，有一点却是"程序共识论"与"基本价值论"都强烈认同的，那就是应用伦理学的批判性功能。

在程序共识论看来，应用伦理学并不表现为试图创立一种包揽无遗的、普遍的宇宙观的努力，而是一种应对道德难题的论证或处置程序以及一系列由这一程序本身所体现出来的主导价值。应用伦理学的任务在于为伦理冲突的解决提供可以接受的方案，而此方案的合理性并不是绝对的，是可以改变的，是可以纠错的。因此从本质上说，应用伦理学应当是一种具体的道德实践，一种富有反思性、批判性的权衡机制，其中怀疑与争论、批评与反击、抗议与颠覆、宽容与妥协、公开性与透明性、自我修正的本能、向一切非议开放的精神构成了它的原始推动力。

在基本价值论看来，强调批判性的、总是处于自我反省中的价值导向正是应用伦理学的一大特点。应用伦理学的生命力在于反思、批判和构建的精神，它始终对现实世界、事实世界持审视、批判态度，不断致力于现实的再建构、再规范。应用伦理学的批判、反思是双向性的：一方面，在批判现实和潮流的同时，批判反思引导潮流、形塑现实的思想观念；另一方面，又要经常反省自己的思想出发点。应用伦理学既不承认凡流行的都是合理的，也不认为有什么不容修正的万古不变的教条。

从这个意义上讲，"应用伦理学是一种努力，通过向他人提供理由来促使他们改变或继续持有其道德信念，还是一种努力，通过改变法律或社会规则来对公共及制度上的政策产生影响"。① 人们有理由相信，有关"应用伦理学本质特征的论争"以及应用伦理学各个分支领域中众多重大问题上的争论，也会随着这种反思、批判进程，随着人们更加深入地思考与反省，随着不同的道德理念的碰撞与竞争，不断呈现出新的发展形态。

① 特克尔（S. N. Terkel）、杜瓦尔（R. S. Duval）主编：《伦理学百科全书》（*Encyclopedia of Ethics*），Facts on File出版社1999年版，第11-12页。

第二章
应用伦理学的基本准则

美国医学伦理学家比彻姆（Tom L. Beauchamp）和丘卓斯（James F. Childress）在其著名的《生命医学伦理原则》中提出了医学伦理的四项基本辩护准则：第一，不伤害（nonmaleficence）；第二，行善（beneficence，又译"有利"），其含义与关怀（care）接近；第三，自主（autonomy）；第四，公正（justice）。应当说，这不仅是生命医学伦理的基本准则，而且也是适用于应用伦理学所有分支领域的伦理原则。如果再加上"责任"和"尊重"两个概念，那么就有了应用伦理学的六大基本准则。这些准则并不是应用伦理学家们心血来潮杜撰的结果，而是对当代应用伦理涉及的重大实践问题基本性质的某种哲学概括。

一、基本准则与程序共识

伦理道德是人们相互交往的行为规范。在传统社会里，这种行为规范或者体现在圣人身体力行的示范上，或者是统治者直接制定的，从而成为普通大众遵守的规则。然而随着社会历史的变迁，这种道德生成模式已经逐渐被世界观的多元化与生活风格的个体化图景所取代。与此相适应的是，道德原则的产生模式也就发生了巨大的改变。以前的道德规范主要来源于自上而下的颁布与灌输，而当代社会道德的权威及有效适用性则来源于人与人之间达成的共识。

共识分事实上的共识与理性论证基础上的共识两种。事实共识大体上属于传统社会的范畴：在传统的社会，人们生活在地域狭小的封闭村落里，彼此都互相认识，拥有着相同的生活方式，每位个体都是在一个谁也无法超越的巨大的传统中成长起来的，将大家维系在一起的便是由传统所规定的共识，这一客观既定的共识就构成了社会共同体的精神基础。由于这种共识并不体现着自由的赞同，而是一种传统确定的结果，因而在传统社会里几乎不存在对道德规范进行讨论的可能性，于是社会中的道德似乎也就没有那么多的分歧。

而理性论证基础上的共识则属于现代社会的范畴：现代社会是原子式的个体与族群的聚集体，社会联系不再像过去那样通过传统理念与血缘纽带，而是通过以利益为核心的人与人之间的相互需求得到维系的。在这样一种大的社会中，个体与个体、族群与族群之间，都存在着各自不同的生活方式及价值系统。这样也就导致了：对于任何一种道德信念，都可能会有相反的意见；对于任何一种解决问题的方案，都可能会有另外一种选择。

当然，这一局面并不证明人们在现代社会里不能形成共识，恰恰相反，这一社会现实只能表明：在传统社会里占支配地位的是事实共识，而只有在现代社会才有对理性论证基础上的共识的需求，才有实现这种共识的可能。理性共识并不像事实共识那样取决于传统观念与宗教神谕，而是一种旨在达到主体间的相互理解的交往行为的结果，是在没有外在强制因素影响的对话中，通过对论证与反驳的权衡，依靠理性的信服力建构起来的。正如拜耶慈（Kurt Bayertz）所言："在伦理上有重要性的并不是主体间一致的纯粹事实，而是其理性的论证。只有这样的共识才有权拥有道德权威，即它是一种旨在达到主体间的理解与公正的利益均衡的交往过程的结果。"[①]

在现代多元化的社会里，理性共识首先并不体现在实质性的规范上，而是体现在规范与价值之多元性的"中立的"处置程序——交往对话上。换言之，人们或许很难对一个公正的结果达成一致，然而人们可以期待，对产生这一结果的程序的公正性达成一致，从而和平相处而又不丧失各自的差异性。

这样一种"中立的"程序上的共识的优势就在于，一方面它尊重并认可每一个体或族群拥有自己的道德信念、按照自己有关"善好生活"的观念理解和安排自己生命征程的自由，也就是说它允许不同的生活方式以及有关善好生活的各种不同的方案可以并列共存，互不侵扰；另一方面，它又能够使各种不同的理念在一个共同的客观的道德基点上得到审视，从而为道德观念冲突的解决开辟一条出路。因而，程序共识在多元化社会中构成了当代伦理学的基础。

但民主的商谈程序并不只是空洞的程序，而是"在规范上拥有丰富内容的程序"（哈贝马斯语）。所谓"在规范上拥有丰富内容"就是指基本的价值观，这个基本价值观的根本特征便是尊重商谈程序中所有参与者的自主意志，就是尊重人性、人的价值与基本权利。

在一种民众的价值立场、思想观念日趋多元化、多样化、复杂化的以市场经济、民主体制为特征的现代社会里，究竟能否存在一种所谓共同的基本价值观呢？这是一个特别需要认真深入探讨的重要话题。

众所周知，我国正处在一个空前的社会变革时期。随着社会主义市场经济制度的确立和发展以及由此而来的社会关系和社会生活的深刻变化，我国在社会经济成分、组织形式、就业模式、利益关系和分配方式

[①] 拜耶慈（K.Bayertz）:《作为社会与哲学问题的道德共识》，载拜耶慈（K. Bayertz）主编:《道德共识——以对人类繁殖的技术干预作为范型》，Suhrkamp出版社1996年版，第28页。

等方面呈现出多样化的格局。经济基础的变革必然导致人们思想活动的独立性、选择性、多变性、差异性的日益增强，也不可避免地会引起人们思想道德、价值观念的复杂化与多样化。社会意识形态领域自然呈现出各种思想大量涌现、多样并存，各种社会思潮相互交错、相互激荡的复杂局面。

应当看到，一方面，空前剧烈的社会变革能够催生出新的价值理念与道德规范，例如能够激发和增强人们的主体意识、权利意识、责任意识等与时代发展要求相适应的健康有益、积极向上的道德理论和价值观念。其中自由价值就颇有影响力和竞争力。它以个体自由为出发点和核心理念，强调个人自由的优先性和基础性，强调对人的主体地位的尊重，主张人们在权利和人格上的平等，主张社会批判精神；坚持民主政治，将实现权力机构间的制衡作为保障自由的先决条件。

另一方面，市场经济自身的弊端，社会转型期出现的一些体制缺陷与漏洞也为拜金主义、享乐主义、极端个人主义、道德相对主义甚至道德虚无主义的滋长提供了土壤。这些具有消极影响的社会思潮严重扰乱了社会的道德风尚，严重影响了市场经济的健康发展和和谐社会的构建。

对于应用伦理研究具有重要意义的是，必须防范道德相对主义甚至道德虚无主义思潮的危害。道德相对主义是一种伦理学理论，它认为道德观念与道德标准取决于个人的主观意志或文化环境，全然否定道德的客观性、真理性和普遍性。按照道德相对主义，这个世界上没有绝对的对与错，也不存在客观的是非标准。许多信奉极端个人主义的人，同时也极力主张道德相对主义，他们把自己的主观随意看成是判断好坏对错的尺度，从而造成了善恶不明、美丑不辨、荣辱不分的社会乱象。道德相对主义的必然后果是道德怀疑主义与道德虚无主义。

道德虚无主义是一种全盘否认一切人类社会道德价值的理论。德国哲学家尼采是这种理论的重要代表人物。他否认人类的一切道德价值，认为"弱肉强食"是自然界和人类社会发展的规律，道德在"弱肉强食"面前是无能为力的。任何道德只是束缚个人自由意志、自由发展的枷锁，因此应当抛弃。一些信奉道德虚无主义者，极力推崇尼采的"权力意志"学说，认定自己生活在一个金钱与权力至上的时代，为了达到攫取权力的目的，采取任何卑劣的手段都无可非议。显然，这种道德虚无主义在理论上是反科学、反理性的，在实践中是反进步、反社会，甚至是反人类的，其危害极其巨大。

道德相对主义以及道德虚无主义在伦理学、应用伦理学中的学理化、精致化表现，就是某些人所鼓吹的所谓无本质的伦理学或无本质的应用伦理学。特别是在应用伦理学研究领域，一些人对于应坚守一种"共同的价值基准"的学术立场持反对的态度。他们认为应用伦理学直面的是众多复杂的伦理悖论、道德难题，为了应对这些道德难题，相互差异着的规范伦理学理论提出了各自不同的解答方案，如有功利主义的回答，有契约主义的回答，还有关护伦理的回答等。但这些回答仅代表了不同规范伦理学各自的立场，而对同一个问题并没有拿出一致的解答方案，故根本就无法为人们遇到的伦理问题提供任何有益的指导。基于对规范伦理的反感，这些人主张应用伦理学有别于规范伦理，就在于前者并不重视抽象的原则与规范，而是专注于个别具体事例与情境中的独特的明智权衡，因而应用伦理学应该是一种"与实践相涉的伦理学"，其特点就在于对上述不同的伦理学理论一概置之不理，其作用就在于促使人们的"道德感知力精细化"[①]，从而使他们在问题情境中懂得更好地运用自己的理智。

诚然，不同的规范理论的确在价值导向上相互差异，例如：功利主

---

① 图尔恩赫（Urs Thurnherr）：《应用伦理学》，Junius 出版社 2000 年版，第 38 页。

义永恒适用的理想型的价值标准是——最大多数人的利益；契约主义永恒适用的理想型的价值标准是——权利与义务的对等关系；德性论永恒适用的理想型的价值标准是——体现在关护他人上的那样一种美德。康德的伦理学尽管是形式主义的伦理学，强调道德的形式化的性质，及其普遍的、绝对的、无条件的适用性，但康德还有一个自我目的的公式——决不把人只当成手段，而同时应当成是目的。且自我目的公式是从可普遍化原则中推导出来的必然结果。什么事物可普遍化呢？把人当成自在自为的目的这一原则就可以普遍化。尊重人，把人当人看这一点是无条件的可普遍化的，任何时候、任何地点、任何场合，对于任何人都具有约束力。于是，康德的伦理学虽然是形式主义的伦理学，却是有强烈的价值内涵的。哈贝马斯的商谈伦理也是如此，表面上没有强调某种价值，只注重中立的程序，但实质上该程序并不是空洞的，而是体现了一种基本的价值观，即尊重商谈参与者的自主意志。

可见几乎每种伦理学在某种意义上都是价值伦理学，区别仅在于价值诉求是不同的，价值概念的内涵是不同的。问题在于，尽管相互差异的规范伦理学说（如强调"最大多数"价值诉求的功利主义、凸显"对等性"价值诉求的契约主义、重视非对等价值诉求的关护原则、责任伦理及康德形式化的道德法则）在论证基点上彼此不同，在价值诉求上存在种种差异，但不可否认它们在一点上却是一致的，即它们多少都体现出一种与时代精神相吻合的确定的观察问题的道德视点。所谓道德视点就是凸显人的地位与价值的视点，就是以人为本的视点，就是坚持与强调人的价值与权利原则的视点：功利主义尽管不注重人之个体，但毕竟摆脱了古代及中世纪仅仅是把宇宙本体或上帝视为价值论与伦理学的核心的立场，把人摆放到了伦理学中正确的位置上；契约主义重视个人，重视每一位个体在构建契约时作为对等平衡的行为主体的地位；以关护原则见长的德性论和注重每位个体价值的康德的义务论，它们不仅涵盖自主的行为者，而且也囊括所有的人类个体，特别是指那些没有行为能力的人类成员。换言之，毫无疑问，人性、人的价值与权利的原则是各种富于生命力的伦理学说中得到普遍认可与接受的、稳定的、拥有无条件约束力的道德原则。

为什么人性、人的价值与权利的原则能够得到各种规范伦理学说的普遍认可与接受呢？这就需要我们来分析各种规范伦理所代表的这些价值诉求、价值内涵究竟从何而来，是如何得到论证的。许多人主张动物权利，原因是动物能够感受痛苦。我们同情其痛苦，故赋予其道德权利。可见在这里，同情是价值得以论证的根据。但是实际上人类对于异己的痛苦的反应往往是不同的，有同情者，也有非同情者；同情立场的持有仅是一种可能而并非一种必然。在情感领域，不存在必须。即便是在拥有同情感的人群中，由于从同情感中无法自然而然地导出道德权利与义务，也就是说，无法导出一种道德的必须，因此同情以及出自同情的行为也就不可能成为道德基石，上升为一种稳固的道德立场。

那么什么事物能够超越同情，成为价值得以论证的根据或根基呢？只有一个：理性。我们应有什么样的价值准则、价值诉求，取决于我们的理性论证。如果价值是我们的理性论证出来的，那么首先能够得到论证的价值诉求就是人的权利。原因在于每一位能够进行理性论证者，肯定会将对自己基本权益的保障放在首位，例如，身心的完整性、自由权、生命权、财产权以及受救助权等。也就是说，每一位能够进行理性论证者身上，都存在着如上这些合理的自我兴趣，因而他们自然就会以对他人利益与兴趣的认同，来换取自己利益与兴趣的保障。这种对基本的利益、兴趣及行为能力的相互保障就是人权。可见，人性、人的价值、人的权利与道德有着密切的联系。所谓道德就是为了保障权利而履行相应的义务。道德就是为了保障权利而履行义务的规则系统。与此同时，遵守道德，对于每位要求得到自保、要求己利得以实现的理性的人而言，都是绝对有益的。这样一来，每一位拥有理智的人都会将道德要求看成是一种道德律令，遵守道德对于每一个人都是必须的。这与他（她）想做一个什么样的人，想具备何种道德素质，有无同情心，怀有何种理想信念、生活态度、自我理解及感受偏好等没有任何关系。于是我们就得到如下结论：基于理性的价值诉求，首先就是人性、人的权利的价值诉求。人性、人权价值诉求基于理性必定能够得到确证。

瑞士应用伦理学家图尔恩赫（Urs Thurnherr）深刻地指出，那些否认"道德原则"的存在价值的人所鼓吹的所谓"与实践相涉的伦理学"，其实就是一种"舍弃之伦理"（die Ethik der Resignation），它要舍弃的就是伦理学理论的基本立场。它不去回答伦理学上有着现实重要意义的问题，而是从整体上对哲学的伦理学进行诋毁，从而呈示出一种"反智的""对理论的敌意"。通过对"与实践相涉的伦理学"或称"舍弃之伦理"的批判，图氏强调了哲学的伦理学、道德原则所拥有的不可取代的地位。他将道德原则形象地比作人们寻求方位时用的罗盘，并深刻地指出："有关的原则之所以指出了本质性的规范的方位，是因为在它们那里合宜地容纳了对于人类构成了善与正当的那些东西。我们坚守了这些相关的原则，我们也就实现了一丝人性。这种人性正是我们在道德领域应当置于我们的个人意向与偏好之上的那个事物。""没有一种规范伦理学理论及其特殊的道德原则的概念或最高的善的概念，人们也就没有理性的方位设定。"① 由此可见，图尔恩赫不仅认可人类拥有一种共同的价值基准，而且也明确认定人性、人的价值与权利诉求构成了这种共同价值基准的本质内涵。

---

① 图尔恩赫（Urs Thurnherr）：《应用伦理学》，Junius出版社2000年版，第43页。

二、应用伦理学基本准则释义

（一）自　主

所谓自主是指人们运用自己的理性，而不是听任于异在权威或传统诱导的行为方式。这是一个主要来源于康德哲学，体现着启蒙运动之精神需求的道德准则。

自主之所以在应用伦理学准则中被列在首位，是同应用伦理学在一个开放、民主的时代里首先体现为一种程序方法这一特点密切相关的。

如前所述，在价值观念多元化的社会里，共识首先并不体现在实质性的规范上，而是体现在"中立的"程序——交往对话上。之所以说以交往对话为表现形式的程序是客观中立的，是因为从表面上看这一程序本身只是形式，它并不涉及具体的内容，它向所有的道德理念开放，而并不关照或鄙视某一特定的价值理念。

但是，"程序"这一概念本身有着不同的表现形式，它既可以表现为交往对话，也可以表现为抽签。为什么对于道德冲突的解决，人们不采取抽签的办法，而是采取交往对话的办法，是因为抽签程序与人们的道德自主性不相容。

由此可见，只要人们深入考察就会发现，以交往对话为表现形式的程序共识并不是价值中立的，其本身就是某种内容的表达，即对个体自我决定的道德优先权的表达。程序共识的原则，尊重并鼓励人们在交往对话中表达自己的意志，坚信在对话中达成的任何一项意见一致都是人们自主决定的结果。就此而言，程序从原则上讲与其内容是不可分割的，程序既不是纯形式的，也不是中立的。正如澳大利亚女哲学家库瑟（Helga Kuhse）所言："我们应当尊重其他人按照其自己的决断来行动的自由，这并不再是一种程序上的原则，而是一种富有内容的关于'善好生活'的观念，在这种生活中，'自主性'超出了其他在道德上有意义的考量。"① 总之，如果说程序共识（或程序伦理、共识伦理）是当代伦理学的基础的话，那么自主准则则是程序伦理或共识伦理的基础。

作为一种重要的道德价值的自主准则的确立，是人类思想发展史上的一项伟大成就。它是个体从外在规定的、强制性的意志中解放出来的结果，是文艺复兴以来欧洲国家在以"反思性""公开性""自由"等概念为标志的精神、文化、政治发展进程中，逐渐培育起来的、成熟了的个体自主性的一种表达。

现代化时代的基本信条就在于：自由、自我决定是人之所以为人的本质特征。因而，每个人作为人类命运共同体中平等的一员，都是自己的道德生活的作者，拥有独立地进行价值判断的权利，所有的公民都应拥有自主地规划其自身生活的同等机会。当人们将自己作为道德个体来理解时，便从直觉上设定，自身的行为与判断是他人无可替代的。尊重行为主体的意志自由，是文明社会、民主时代最核心的价值理念，因此也就构成了应用伦理学有关道德冲突、伦理悖论的一切讨论的前提、基础与出发点。

自主准则的适用范围是有限的，它只涉及具有理性判断能力的行为主体，它只是在这一特定的范围之内才能作为普遍适用的原则，它只体现了对拥有自主能力的人的自主意志的尊重。

可是人类的范围并不局限于拥有理性判断能力的行为主体，因而自主准则并不适用于那些没有自主能力的人类胚胎、胎儿、婴儿、精神病患者、植物人和未来人，并不能够体现对这类人的利益的尊重。例如在克隆人问题上，如果遵从自主准则，结果或许是所有参与决策的拥有理性判断能力及自主意志的人都会赞同克隆人类，因为这一行为对现已活

---

① 库瑟（H. Kuhse）：《新再生技术：伦理冲突与共识问题》，载拜耶慈（K. Bayertz）主编：《道德共识——以对人类繁殖的技术干预作为范型》，Suhrkamp出版社1996年版，第111页。

着的人有利。假如自主准则是道德的惟一标准，那么克隆人类的行为便自然是合乎道德的了。

由此可见，在涉及未来人类及潜在的或无自我意识的人类个体时，自主准则的局限性就表现出来了。因此，自主准则并不是道德的惟一源泉，它本身在某种特定的情况下也必须经受一种道德上的评价——原因就在于并非只有自主意志的拥有者的利益才应得到尊重，道德要求人们，对自己行为所涉及的所有的人的利益，都应以同样的方式加以考量与顾及。

（二）不伤害

所谓不伤害是指不得侵犯一个人包括生命、身心完整性在内的一切合法权益，否则就会因此而受到社会的否定性评价以及相关主管机构的惩罚与制裁。

要在各自独立的、拥有自主道德判断能力与权利的公民之间迅速达成某种实质性的有关集体生活目标的价值共识，几乎是不可能的。但能够想见的是，人们可以在以交往对话为表现形式的中立的程序上达成共识。除此之外，人们在具有某种消极性意味的"避免相互作恶"这一点上也能够取得一致，用哈贝马斯的话来讲，"只有就对最大的恶的否定这一点，我们才可以在分歧巨大的诸多价值导向上，期待一种广泛的共识"①。也就是说，相互不伤害、相互尊重各自的自由权利、相互尊重每个人作为人所拥有的平等地位，这是所有的人除商谈程序之外首先能够达成的最基本、最低限度的共识。

与自主相比较，不伤害是一个在最大范围之内拥有最广泛适用性和有效性的应用伦理学准则。它能够为所有的当事人（现实的及潜在的）

---

① 哈贝马斯（J. Habermas）：《人性的未来——走向一种自由优生学？》，Suhrkamp出版社2005年版，第150页。

所接受，或者说，它不可能为任何当事人所反对。而自主准则却无法满足这一前提。不仅自主准则，连传统伦理学中最典型的关怀准则也不能满足这一前提。如果我们将"所有的人都应对处于困境者给予帮助"作为普遍的道德规范的话，那么社会中的强势群体就不一定会认可这一规范，因为他们担心这样一来会给自己带来不利。由此看来，如果说伦理学的规范分为鼓励、允许和禁止三种，而属于鼓励及允许规范的自主准则与关怀准则都无法满足成为所有的人首先能够达成的最基本、最低限度的共识的先决条件的话，那么最后只有属于禁止性规范的"不伤害"才是惟一符合这一先决条件的道德准则。

　　将不伤害视为道德的核心理念及应用伦理学基本的价值原则的做法，虽然从表面上看似乎是"降低了"道德的要求或水平，但实际上却是多元化时代里人们以理性的方式所能期待的最好的东西。在这里，不伤害原则与国家的功能及特点有着某种相似性："自由的国家被理解为是一中立的平台，它对个体的相互分歧着的利益间的冲突进行调节，借此为这些利益的最大实现空间提供保障。与此相类似，道德也应被看成是一种机制，它对个体提供保护，防止他们自身合法利益受到他人的侵害。因此国家与道德的相似性就在于，两者首先是有着一种消极性的功能。这就意味着对道德的范围的一种巨大限制。与将道德看成是对整个人类行为进行调节的规则体系，看成是行为的普遍指针的观点（如功利主义的观点）相较，在这里道德的任务被简化为禁止加害。"[1]

　　尽管我们将不伤害看成是比"自主""关怀""公正""责任""尊重"等应用伦理学准则更基本的价值准则，但正如所有其他伦理学准则那样，不伤害在实际应用中也必须得以具体化，才能应对应用伦理中的道

---

[1] 拜耶慈（K. Bayertz）:《道德共识——对一种伦理学基本概念的思考》，载拜耶慈（K. Bayertz）主编:《道德共识——以对人类繁殖的技术干预作为范型》，Suhrkamp出版社1996年版，第68—69页。

德悖论、伦理冲突。如在堕胎问题上，若孕妇要求堕胎，则禁止堕胎便会对孕妇造成伤害；而允许堕胎，又会对胎儿造成伤害。在这样的问题上，就不能仅仅诉诸不伤害原则，而必须对这两种伤害的情形进行分析与权衡，遵循两害相权取其轻的价值取向，寻求一个最为合情合理合宜的解决方案。比彻姆和丘卓斯在《生命医学伦理原则》一书中，拒绝在堕胎问题上对不伤害准则做特殊化处理，结果便是原则上他们决不支持堕胎、不支持对早期人类生命有所伤害的所有理论。这种在堕胎问题上的沉默态度虽然保障了他们论著中学术理论的"周全性"，但对于医学伦理的研讨，却留下了一个很大的空白。

（三）关　怀

所谓关怀，就是将对他人的关爱、关照或顾及视为行为的基准这样一种价值取向。关怀准则的本质就在于对他者利益的考量。换言之，关怀作为一种善的德性，体现了行为主体作出的一种超越自身利益的道德选择。关怀作为拥有高度概括性特点的道德准则，是人类伦理学理论资源中的基本要素之一。

关怀并不是思想实验中的行为，而是人类的一种现实、具体、直接、深刻的情感能力与情感体验。在这方面，休谟的观点似乎最具代表性。休谟认为，道德并非与遵守某种普遍有效的法则相关；并非理性，而是感受与情感促使我们合乎伦理地行动。所谓道德能力，就体现在人的这样一种友善的内在品格、德性和素养上，是将他人的苦乐视为自己的苦乐这样一种情感能力。

在"关怀是人类的一种情感能力"这一判断上，当代关怀论者们是没有异议的。他们都认为康德有关"道德判断一定是理性判断"的认识过于狭窄，指出在道德论证中情感选择是不可能被置之度外的，不仅如此，为了理解人的道德性，除了需要人类理性之外还需要一种人类情感。来自情感的答案是以人为基准，而非以抽象的公正之普遍原则为基准。情感在伦理判断的构成中起着一种显著的作用。

但是，也有关怀论者指出，关怀作为人类的一种重要的道德品格，并不能混同于人类一般的、自发的生理或心理感受，它并非是一种非理性的态度，而是一种由理性刻下印痕的态度，因此甚至可以叫作"情感理智"，即一种由理性蕴涵于内的情感。如果说代表理性的是人的头脑与手的话，则代表情感理智的便是人的心。正是在这个意义上，奥地利女哲学家纳格—道卡尔（Herta Nagl-Docekal）认为关怀准则本身就是一种可以与人道、义务等并归一类的普遍原则。

关怀准则的最佳范型是母爱，或者父母对其子女的情感。母爱式的关怀有别于契约主义式的关照与顾及，后者以理性的对等利益的维护与交换为基础，而前者则是以关怀者对被关怀者无私的、非对等的、非对称的情感投入为特征。

之所以能够如此，是因为这样一种关怀准则不是将行为主体视为独立自主的个体，而是着眼于人是一种相互关联的存在，着眼于行为主体与社会及所处环境的具体联系。关怀准则的视角不是自我中心的视角，而是包含着对共同体与历史传统的关注的所谓社会的视角。它要求每位行为主体都主动从自身中散发出一种对他者的关怀情感，从而为自己的生存于世承担起一份责任。因为正是这种情感依赖与关怀行动构成的网络结构支撑着人类的生存与生活。而这种网状结构不仅折射出人际关系的基本向度，而且也决定了关怀是人类道德的本质特征之一。

从历史角度来看，关怀（善）大体上讲属于传统伦理学的准则。按照以亚里士多德为代表的传统伦理学理论，伦理学最核心的问题就在于追问"我们应过一种怎样的生活？"，也就是说，塑造人的善良的道德品格构成了这样一种伦理学最根本的内容。

从人际范围的角度来看，在像家庭、近亲、朋友这样一种近距离的场合之内，关怀无疑是一种对个体活动起主导作用的道德原则。换言之，关怀是一种近距离、小范围的德性，尽管这种说法仅具有相对的意义——它仅适用于对个体行为模式的描述，而不适用于对社会整体行为模式的解释。

从应用伦理学分支领域发展的角度来看，生态伦理以及女性主义伦理学内部本身尽管学派林立、意见纷争，尽管也强调代际公正与男女平等，但这两个应用伦理学领域中倡导关怀准则的呼声特别引人注目：一些女性主义者坚持认为关怀是女性的道德；而深层生态伦理学则主张超越人类视角将道德关怀扩展延伸到动植物，乃至整个生物圈，从而实现人类道德观念的所谓"彻底变革"。

关怀准则也有自己的局限性。首先，主导着人们近距离关系的关怀准则浸润着善意、同情等复杂的情感因素，而过于依赖情感诉求则极易导致道德上的随意性及相对主义。仅就这一点来看，关怀准则就不适于作为建构广博的人际社会关系的首要道德原则。其次，关怀准则将母爱视为前提性的范例，因此其价值取向是非对等性的，其道德诉求是单向度的。关怀准则要求行为主体从自身出发，单方面地实现道德付出，而不期待任何合理的回报。这种无私性固然值得感佩，但其弊端也十分明显，即它不将行为主体自己也看成是目的，而仅仅视为满足他人需求的手段。说得严重一些，如果没有公正之准绳，则以关怀为导向的伦理学准则就不可能划清与自我牺牲的界限。

（四）公　正

所谓公正既是人们的一种期待一视同仁、得所应得的道德直觉，也是一种对当事人的相互利益予以对等认可与保障的理性约定。与关怀准则一样，公正作为拥有高度概括性特点的道德准则，也是人类伦理学理论资源中的基本要素之一。公正是人们在社会共同生活以及处理冲突的过程中所遵循的基本伦理规范。

公正有两个层面的含义。一个是作为道德直觉的公正。在现代化时代，社会交往成为人们生活的基本内容。在广阔的社会公共领域，关怀理念当然不可能不起作用，但在直面复杂的人际关系以及多样的利益冲突的情境下，支配人们行为的普遍有效的首要准则自然是公正。公正理念根植于人们的一种先验的道德直觉，即在同样的境遇下，同样都是人就应得到同等的对待，亦即"一视同仁"；同时，所得的与所付出的应该相称，即所谓"得所应得"。在社会生活中，人们不仅期待形式上、程序上的公正，而且也要求实质与结果上的公正。总之，公正被视为社会建构的第一德性。

公正的另外一个含义体现在作为理性博弈之结果的相互性、对等性上。我们知道，历史上出现的伦理学派中，最能体现公正价值诉求的是契约主义。契约主义将道德视为人们为了维护自身利益的一种规则体系。契约主义者假定存在着一种原初状态或自然状态，在此状态中拥有理性能力的行为主体自由、自主地签订社会契约，目的就在于使所有当事人的相互利益得到同等的认可与保障，一句话，使公正准则得以体现。

可见，通过契约所呈现出来的公正准则是一个含义极其丰富的伦理准则，从上述对契约主义的描绘就可以体认到公正准则实际上还折射出诸如自主性、相互对等性等重要的价值诉求。首先，人们通过签订契约来实现公正目的的行动不是被迫的消极行动，而是为了保全自身权益而采取的自觉自愿的举措。其次，公正实际上是"相互性""对等性"概念的另一种表述。如上所述，人们之所以自主地签订契约，目的在于保全自己的权益。而保全自身权益的前提则是对他人权益的认可与尊重。换言之，相互的认可与对等的尊重是人类权益存在的基础。于是，从人的保全己利这一本能欲求中，可以推导出相互性、对等性之道德规则来。而相互性、对等性的实质恰恰就是公正，相互性、对等性概念与公正概念是互通的。

当然这里所讲的公正是与作为道德直觉的公正完全不同的另一层面的公正，它并不是道德直觉的体现，而是人们出于自保的考量通过理性博弈作出的合宜的价值选择。因此，前一层面体现着正义感的公正可以称为道德直觉之公正，而后一层面体现着相互性、对等性的公正则可称为理性博弈之公正。

作为理性博弈的公正受到了关怀准则的倡导者（包括社群主义者）的质疑与批评。在他们看来，这种公正论有两个缺陷。第一，在理性博弈之公正的视角下，每个人都被看成是抽象的、独立的、理性的行为主体，其与此相应的价值诉求——如自主、权利等——得到了极度的彰显。但每个人其实都是具体的、独特的，不可能独立于历史环境的制约与实际的社会生活网络的关联，因而，除了对自己自主权利的正当主张之外，还应有与其社会联系相对应的责任、参与、团结等伦理意识。

第二，理性博弈之公正论过于强调道德规则的理性制定与对等尊重，而忽略了体现在同情与关怀上的道德情感、道德品格在道德体系中所拥有的本质性地位。在现实社会生活的许多情境中，人们的道德行为并非由固定的规则所引导，而是取决于主体内心的情感投入、对善好的生活的认知以及个体的"伦理自我"的完善。

正是由于公正论过于强调自主、权利与平等，在公正视角的框架内，情感、关联性以及直接的利他主义有被边缘化的可能，因此许多伦理学家强烈呼吁应将关怀准则补充进公正准则，将公正视角与关怀视角整合在一起，从而克服两者各自的缺陷与偏颇，以便能建构一种既包含公正、权利理论，又容纳关怀、善的理论的完整普遍的道德学说体系。

启蒙运动与现代化运动的最大成就，就在于对人的个体自由与基本权利的认定与坚持，现代公正理念是在自由与权利概念基础上建立起来的。

从人际范围的角度来看，在一个超越了家庭、近亲、朋友这样一种场合的广大的社会领域里，对于个体行为而言，真正能够产生持久、稳定和决定性影响的道德原则是公正。当然这种说法仅具有相对的意义——它仅适用于对个体行为模式的描述，而不适用于对社会整体行为模式的解释。

从应用伦理学分支领域发展的角度来看，以前医学伦理往往是以"关怀"为主要价值诉求，要求医护人员本着希波克拉底誓言的精神竭尽全力维护患者的生命安全与身体健康。然而当代生命与医学伦理在坚守关怀准则的同时，也特别强调患者的知情权以及对不同医疗方案的自主选择权。奠定在自由与权利基础上的公正准则被提升到了非常重要的地位。

（五）责　任

所谓责任是指某行为主体，为了某事，在某一"主管"（包括良心、上级、权威、组织、国家、上帝等）面前，根据某项标准，在某一行为范围内负责。

从西方历史上看，"为某一特定的任务负责"之概念本身仅具有功能性的特点，并没有道德上的内涵。"责任"一词在西方直到十八世纪还只是一个法律原则，到了十九世纪下半叶，该概念才广为流行。进入二十世纪以后，特别是第二次世界大战以后，通过与传统的伦理学概念（如罪责、义务、德性）的竞争，责任才令人瞩目地跃升为当代应用伦理学的一个关键性准则。

"责任"准则的崛起，是以人类社会从所谓决定论的世界图景向人类自我决定的世界图景的转变为前提的。在一个决定论观念统治的世界里，人类的一切都受制于某种神秘的客观意志，因而对自己的行为也就无需承担什么责任。然而在一个现代化、以合理性为原则的世界里，人类的主体意识已经觉醒。人们已经认识到，全部物质与精神文明均是人类自己创造与选择的结果，人类有着影响自然界的发展和把握自己命运的能力。

人类改变世界的能力也有其界限，那就是人类行为所导致的有可能连人类自己也无法支配的后果。责任总是与行为后果联系在一起的，人们必须为他的行为的（可预见的）结果负责，甚至还要为不可预测的后果负责。

为不可预测的后果承担责任，正是在二十世纪后半叶科技时代的挑战面前人类所应有的一种精神需求与精神气质。责任伦理大师约纳斯（Hans Jonas）指出，在文明时代里，科技的创新能力与摧毁性的潜能发展之快远高于这个时代的伦理的进步，从而产生许多目前无法解决的问题：如自然生态空间的毁坏、气候的恶化、土地的沙漠化、土地与食品的毒化、动植物物种的消失等。

因此，当代科技文明的危机迫使人们阐发出一种伦理，一种责任意识：它要求人类通过对自己力量的自愿的驾驭，通过对自己进行自愿的责任限制，而阻止人类成为灾难的祸首，阻止已经变得如此巨大的力量最终摧毁自己（或者我们的后代）；它要求人类的政治、经济、行为要有一个新的导向；它甚至要求人们对道德观念从某种意义上重新加以定义——道德行为的根本任务并不在于"实践一种最高的善（这或许根本就是一件狂傲无边的事情），而在于，阻止一种最大的恶"①；并不在于实现人类的幸福、完美与公正，而在于保护、拯救面临威胁的受害人。道德的正确性取决于长远的、未来的责任性。

科技时代责任准则有别于传统的责任概念。传统的责任概念是一种担保责任或过失责任，它以追究少数或惟一的过失者、责任人为导向，因为它将责任很快划归为法律责任。这种传统的对责任的理解被称为以

---

① 约纳斯（H. Jonas）：《责任之原则——工业技术文明之伦理的一种尝试》，Suhrkamp出版社1984年版，第78—79页。

直线式因果关系为特征的"机械模式"。这种传统的以追究过失为表现形式的责任概念，无法适用于当今错综复杂的社会运行系统。在这个繁复的交叉重叠的社会网络系统里有可能隐藏着巨大的危险，而这种危险又很难简单地归溯为一种单线的、单一原因的责任。

因此，在当今人类对自然的干预能力越来越巨大、后果越来越危险的科技时代，我们有必要发展出一种新的责任意识。它以未来的行为为导向，是一种预防性的责任，或前瞻性的责任，或关怀性的责任。

新的责任意识与旧的责任意识的区别在于：旧的责任模式是聚合性的，以个体行为为导向；而新的责任模式则是发散性的，以许多行为者参与的合作活动为导向。旧的责任模式代表着一种事后责任，它专注于过去发生过的事情，是一种消极性的责任追究。新的责任模式代表着一种事先责任，以未来要做的事情为导向，是一种积极性的行为指导。因为在当今的科技时代，许多干预自然进程的行为后果都是既危险又无可挽回的，仅靠"追究责任"则一切都为时过晚。

科技时代责任准则体现了一种远距离之伦理。以前没有一种伦理学曾考虑过人类生存的全球性条件及长远的未来，更不用说物种的生存了。因此，以前的西方伦理学，不论从时间还是从空间的角度来看都算是近距离的伦理学（或近爱伦理），它所涉及的均是人与人之间的直接关系。约纳斯指出，在当今科学技术高度发达、经济生活之相互依赖日益明显、生态条件之联系越来越紧密的时代，旧的近爱伦理并不是不适用了，而是不够用了，在义务的目录或种类中要增加新的内容。即除了人与人之间关系意义上的义务之外，还要有对人类的义务，特别是对未来人类的尊重、责任与义务。因此，约纳斯觉得有必要开创一种远距离的伦理学：从时间上看，不仅目前活着的人是道德对象，而且还没有出生，当然也不可能提出出生之要求的未来的人也是道德的对象。

科技时代责任准则体现了一种整体性伦理。在西方传统中，伦理论证的类型以及普遍的道德规则几乎都是与个体的行为和生活相关。而现代社会是一个越来越复杂的巨大系统，个人的行为空间越来越窄，而人类团体性、整体性的行为则已扮演着越来越重要的角色。与此相适应，行为及责任主体的概念也就由个体扩展到团体，即不仅个体是责任主体，而且团体或整个社会也是责任的主体。作为团体或社会的行为主体也同样能够满足作为责任主体的行为者应当满足的所有先决条件，具备作为责任主体的行为者应当具备的所有基本特征。特别需要指出的是，团体及社会责任与个人责任有关，但决不可简单地化归、还原为个人（特别是主管个人）的责任。

（六）尊　重

所谓尊重，从政治哲学的角度来看，是指国家与社会对所有个体成员的尊严——基于该成员所拥有的人之普遍性特征——所表现的认可。

随着全球文明进程的深化及现代化事业的普及和自由、民主、人权、公正理念的传播，由国家机器造成的对公民肉体上的侵害现象在许多国家已不再是人们关注的焦点。今天，人们更关注的是以前鲜有顾及的国家机构对公民精神上、心灵上的伤害现象。人类的生存质量既取决于物质生活条件，也取决于精神、情感生活水平。而这两者是既有联系又有区别的：没有相应的物质生活条件，连生存都成问题，则根本就不可能有尊严。然而，物质生活条件的保障并不自然而然就意味着人活得很有尊严。

以色列哲学家马伽利特（Avishai Margalit）通过《优雅的社会》（*The Decent Society*）一书，揭示了在当代文明社会里，许多个体及族群虽已基本解决了物质生活问题，但其精神、情感生活质量却十分低下，经常受到国家机构的侮辱，因而虽活着却没有尊严这一严峻现实。所谓侮辱，指的是国家机构没有把公民当人看待，不承认当事人也拥有心灵因而是一个行为主体，而是将其视为动物、机器、物体或数字，从而使当事人由于不能拥有一种与其他社会成员同等的权益及道德上同等的"相互伙伴的地位"而被排除在人类命运共同体之外，侵害了人的归属性。

该著作由于倡导国家机构应以一种优雅的方式同社会中因同一性而结为一体的族群成员打交道，呼吁建立一种优雅的社会（也就是其国家机构不侮辱人的社会），因而以一种独特而鲜明的手法将尊严、尊重、优雅等其价值在现代文明社会中日显重大的准则的内涵予以了展示。

值得指出的是，这里所说的尊重，并不是指个体与个体之间的相互尊重这样一种所谓"微观伦理"的问题，而是指政府机构、作为整体的社会组织对公民是否尊重这样一种"宏观伦理"的问题。人们关心的不只是尊重准则所包含的道德价值的内涵，而且是社会公民不被政治机构所侮辱这样一种道义上的权利如何能够在政治上得以保障以及如何使这种保障得以机制化。

人为什么拥有尊严和值得尊重？康德认为人的尊严存在于其理性和道德行为的能力之中。他将这种能力称为"自主性"和"人性"。正是由于这种普遍的特性赋予了人以特殊的尊严。人正是因为其人的地位而与所有其他社会成员一起享受到了一种相互的认可。

当然这并不意味着那些不具备理性特征的人（胚胎、婴儿、植物人、精神病患者）就不享有人类尊严。如上所述，人类有别于其他动物，就在于人拥有自由意志。人的自主性、自由意志构成了人类尊严的根基。但只要是人类的成员，那他（她）便拥有人的尊严，不论他（她）的意识目前发展到了何种程度，不论他（她）目前是否已经达到了对作为其本质的自由意志的自觉。有自我意识的人之所以认为尚未具备自我意识的人也拥有尊严，是因为前者坚信后者作为人类的成员具备潜在的自我意识，换言之，具备发挥这种自我意识的能力。

德国哲学家霍耐特（Axel Honneth）在阐述社会历史进程时有一条基本思路：古希腊至中世纪政治学说的任务在于论证和规定什么是善

好生活。而近代的社会哲学背离了这一传统，它将社会生活理解为为自保而战的那样一种状态。也就是说，社会哲学由传统的以追求善好生活为目标的学说转变成了近代以来以追求公正和权益为目标的学说。

这种为了自保而进行的战斗出于两种原因，第一种是纯粹经济利益上的原因：人们之所以揭竿而起是为了争取其生存所必需的最起码的经济条件。第二种是纯粹道德上的原因。每个人除了肉体上的完整性之外，还需有一种心理上的完整性。人们在相互交往时期待得到认可，是维护这种心理完整性的前提条件。只有在这一条件下，只有获得自信、自尊、自我价值感，一个人才有可能将自己无限制地理解为自主性的个体，才会对自己产生出一种积极的态度。相反地，如果得不到认可，那就会严重地伤害这一行为主体的道德需求，他就会因这受辱感而投身到一场为认可（Recognition/Anerkennung）所进行的战斗中去。

这样对历史上发生的社会冲突，便有了两种理解与解释模式，一是经济利益冲突模式，另一则是认可理论冲突模式，后者并不能取代前者，而是对前者的扩展。但显然认可理论冲突模式，或者说"为认可而战"的理念，的确为社会发展进程提供了一种新的解释框架。

第三章
应用伦理学的理论形态

作为伦理学实践品格的写照，应用伦理学从某种意义上讲已经构成当代伦理学的基本形态，同时它也鲜明地体现了国际哲学发展的最新趋向。它并没有像流行时尚那样昙花一现，而是随着社会与科技的进步在深度与广度上赢得了举世瞩目的理论拓展与实践繁荣。哲学伦理学本身充满理论争议，一门新兴学科在初创期更是如此。人们可能会问：伦理学本身就是实践哲学，"实践"区别于"理论"，意指"应用"，于是所谓应用伦理学就可以称为"实践的实践哲学"。那么作为伦理学的实践哲学与作为应用伦理学的实践的实践哲学究竟有何区别呢？简单说来，实践哲学对社会问题的关照是间接的，其反应也是抽象的。而实践的实践哲学则具有对社会问题关联的直接性及其反应在法规上的具体性和可操作性，比如应用伦理学主要并不关注"具体社会中人的死亡的问题"，而是探讨"对临终患者终止治疗的合法性"；主要并不关注"女性与男性关系的本质"等泛泛问题，而是确定"公共部门岗位女性比例的合宜性"。

谈到应用伦理学，人们首先容易想到其外在的表现形态，这就是伦理诊所以及伦理委员会，这表明应用伦理与所谓理论伦理不同，已经超出学术研究的狭窄范围，进入广博的社会领域而成为公共生活的一部分。应用伦理学不仅体现了哲学发展新的生长点，而且也构成哲学与社会实践直接勾连的突破点。作为一种直面冲突、诉诸商谈、达成共识、形成规则，为立法提供理据的程序伦理，应用伦理学所倡导的伦理委员会是人们通过广泛的民主对话与精细的专业协商形成有关特定具体问题的道德共识的重要场所。任何一种科研项目与技术方案，如果能够经得住从伦理道德的角度来检视与拷问的伦理委员会的严格程序，其正面的道德属性就能够得到一定程度的担保，基本上可以消除传统上个人决断的任意性，避免危害社会的严重后果的出现。伦理委员会商讨的结果往往远离书斋中天马行空的奇思妙想，与专业杂志里发表的严谨论证的学术论文也不一定有直接的关系，而是具有实践意义和可操作的行为方案，这种行为指南不是偶发的、随机的，而是越发呈现出规律性与系统性，甚至应该具备一种前法律或准法律的状态，这样便与法律一样具有权威性与严肃性。伦理委员会的成员应当拥有怎样的权利与义务及责任，伦理委员会做出的决议具有怎样的法律地位？这种决议以及做出决议的委员会的成员应当受到怎样的法律保护？伦理委员会的经费来源如何保障，从而使委员会本身独立于相关方，其决议或结论能够保持独立性？没有法律保障的事物就没有可持续性。有的国家专门订立《伦理委员会法》，为伦理委员会的运作提供坚实的法律依据。

但是，应用伦理学不仅拥有实践形态，作为一种学科或专业领域，它也具备典型的理论形态。不认可其理论形态，它也就无法作为一种自足的学术体系得到建构。如果认可应用伦理学是具备自身理论系统的独立学科，那么以应用伦理为本业的学子，在专业课的学习中不仅要涉猎伦理学基础理论、中西伦理学史，而且要钻研应用伦理学本身所特有的基础理论。这就是所谓应用伦理学的理论形态，或者说规范性的应用伦理学，有别于实践性的应用伦理学。当然这样就又涉及许多复杂的学术问题。

应用伦理学，实际上就其概念本身而言仍然存在许多讨论。有人依据一种自上而下的逻辑进路，认为应用伦理学意味着原有道德理论对实践的简单应用，但情况往往不是这样。德国第一位经济伦理学讲座教授霍曼（Karl Homann）就不愿称他的经济伦理为应用伦理学的一个分支。在他看来，原有的规范理论无法简单应用到经济领域中去，他要用当代经济理论，特别是结构经济学以及社会学的系统理论来改造传统伦理学。因为传统伦理学，例如德性论与义务论，均只关注作为当事人的行为主体主观的道德动机，却不考虑当事人道德行为得以实现的历史背景前提及制度性框架条件，也不顾及处于对等地位的作为他者的行为主体对当事人道德行为的反应或反馈。因而传统伦理学在现代社会具有空洞无力的弊端，陷入自说自话的一厢情愿。所以他宁愿使用领域伦理或部门伦理，不用应用伦理学的概念。这反映了一种情况：应用伦理学在出场，伦理学理论本身在现代境遇下也在发展，也需要更新。正如拜耶慈（Kurt Bayertz）所言："借由应用伦理学成为直接的问题解决的工具，道德也得到了布置，也就是说成为人类设定或'建构'的结果。"①

不同于将伦理原则简单应用到实践问题的应用伦理，有人依据一条自下而上的逻辑进路，提出一种所谓生发性的应用伦理学。其特征在于尽量聆听、观照相关部门领域里专业人士的观点、想法，伦理学家与他们一起共同塑造行为规范。但这种做法的风险巨大。一般来说，领域里的专业人士与伦理学家不一定具备共同的价值立场。前者往往会把伦理规范视为对专业领域发展的外来阻碍，他们会尽力寻求包括科学无禁区等在内的各种理由来规避这种令人不悦的干扰。因此他们完全可能借由

① 拜耶慈（Kurt Bayertz）：《论应用伦理学的自我阐释》，载弗里森（Hans Friesen）、贝尔（Karsten Berr）主编：《在论证与应用之张力间的应用伦理学》，Peter Lang出版社2004年版，第62页。

对专业知识的权威性占有，反过来对伦理学家进行压制，从而穿透基本
的伦理道德底线。

有人强调伦理经典文本的价值，提出应重视经典对于解决重大现实
问题所起的作用，同时也推进经典理论在社会实践中的创造性转化与发
展。由于经典所触及的是人的本质性的问题，所关照的是生命存在最坚
硬的内核，因此运用阐释学视域融合的基本原理，通过理论素养的掌
握，在经典中为时代问题找寻答案，不失为应用伦理学必须关切的一个
方面。问题在于，应用伦理学领域许多现实问题来自科技创新的无人
区，其新颖性与非常态性完全超出了传统伦理学的理论视野，因而对其
应对能力提出了难以回避的挑战。从这个角度看，应用伦理学反要起到
一种填补传统伦理学理论空白的作用。同时，应用伦理学面对的道德悖
论、伦理冲突体现了不同的伦理原则之间的差异对立，这就决定了对一
种原则的遵循必然意味着对另一种原则的让渡与牺牲，这就需要进行非
常认真的权衡与论证，最后的解答不取决于道德真理的终极性，而是取
决于人们协商讨论，甚至是妥协的结果。

我们考虑还是应当结合应用伦理学直面道德冲突、寻求解答方案的
任务，来确定应用伦理学的基本特征，那就是一种直面冲突、诉诸商
谈、达成共识、形成规则，为立法提供理据的程序伦理。它是伦理学的
一种新的发展，与规范伦理学、描述伦理学、元伦理学一起四足而立。

就应用伦理学所呈现的理论形态而言，笔者认为有四个关注点。

一、程序伦理

伦理学既探讨哪种道德原则是正确的，也研究如何论证其正确性，
亦即按照何种程序来验证这些道德原则的正确性。在康德看来，一种原
则是不是道德原则，要看它能否为每一位个体自觉遵循，即看它能否普
遍适用。康德提出了一个形式化的标准，体现了一种个体独白式的在思

维中的检验程序。与这种独白式的纯粹思想实验的程序不同，现实的程序运行则发生在诸行为主体之间。而在比如现实的对话程序中，不仅独白式的思想实验程序仍然起作用，对话活动本身更是一种社会的实际交往实践。

所谓程序伦理"论证了伦理学对自我组织的程序的依赖性，这种程序必须得到确立，如果人们不被异在决定或者一切都听任于个体自主性的话"①。换言之，程序伦理"完全地或者大体上放弃了对道德判断原则内容上的确定，仅仅是规定或者建议某种程序，借由这程序能够来发现、产生或验证这些原则"②。从某种意义上说，霍布斯的契约伦理与哈贝马斯的商谈伦理均为程序伦理的表现范例。

应用伦理学作为一种程序伦理，是民主时代的道德理论，体现了民主在道德哲学中的运用。民主社会的特点是规范与方案并非依靠权威与势力自上而下推行，而是要借由公开讨论中论据的交流与竞争。"当代社会是反思性的并且因此而得到反思的社会。其中几乎所有的事物都成为交往与反思的对象。应用伦理学几乎可以理解为是这种交往与反思过程的一个部分。"③应用伦理学在时代的挑战下应运而生。这个现代化时代的特点是社会的功能性分化以及由此而来的个体化、多元化、流动化。这一方面导致与社会和科技迅猛发展相适合的价值观念的多样性。多样性本身并没有负面的意涵，也不会导致道德约束性的削弱。恰恰相

---

① 克莱纳（Larissa Krainer）、海因特尔（Peter Heintel）:《程序伦理》，VS Verlag fuer Sozialwissenschaften出版社2010年版，第10页。

② 比恩巴赫尔（Dieter Birnbacher）:《分析的伦理学导论》，Walter de Gruyter出版社2007年版，第84页。

③ 拜耶慈（Kurt Bayertz）:《论应用伦理学的自我阐释》，载弗里森（Hans Friesen）、贝尔（Karsten Berr）主编:《在论证与应用之张力间的应用伦理学》，Peter Lang出版社2004年版，第52页。

反，"应用伦理学必须顺应把多样性作为我们社会的一种基本价值"[①]。另一方面规范性的要求越来越明显地是由相关的行为个体自主提出。多样性关联着自主性。"多样性本身是一种伦理价值，这一价值在民主社会的应用伦理学中恰恰是通过自主性的意义而变得重大。"[②] 这个民主时代的公民不同于传统社会的臣民，他们生活在自由的市场、民主的体制以及法治开放的环境里，是不同的角色集于一身的行为主体，是具备尊严、隐私和高度自主性的不可随意取代的社会个体。只要道德问题涉及到自己，他们便拥有自我决定的能力与权利。"就此而言，答案并非来自于伦理学，而是来自于相关的当事人对情境的应对。"[③] 这样就导致应用伦理学通过商谈程序呈示了全新的伦理范式。因此商谈伦理、程序伦理的研究应成为应用伦理学理论建构的题中之义。

程序伦理是伦理学在现代社会中的一种发展。在这样一种社会里，不仅伦理学，而且政治、法律都出现了形式化、程序化的特点。因为只有程序标准才最适应高度变化了的社会条件以及公民所承载的复杂多元的世界观信念。这样，现代程序伦理所确立的所谓得到普遍认可的正当性的事物，必须是自由平等的个体通过某种程序在相互和普遍利益的权衡上能够达成一致的事物。

作为商谈的程序伦理所确立的原则在于，程序本身便是道德的一种体现，任何事物只有通过商谈这样一种程序，才能证明自身的道德合法性与正义性。通过某种程序（如表决）获得解答方案，肯定不会令每一个人满意，但它因为避免了暴力手段并反映了某种程度的公意而仍然具有其合理性。程序的优点，一是在程序中每一个人都具备平等的地位，每个人的意志可以得到展示，中立的操作程序体现了对行为主体自

① 菲特（Andreas Vieth）：《应用伦理学导论》，WBG出版社2006年版，第14页。

② 菲特（Andreas Vieth）：《应用伦理学导论》，WBG出版社2006年版，第9页。

③ 菲特（Andreas Vieth）：《应用伦理学导论》，WBG出版社2006年版，第9页。

主意愿的尊重。因此程序伦理是建构在自主原则价值底蕴之上的。程序"这样一种解决避免了对某种特定价值立场的固化，而是把具体事件上行为方式的决断留给当事的个体及其自主的认同"[①]。自由、自主构成了伦理学最为基础的原则，它是人类脱离自然界因果律支配并配享人所特有的尊严，从而有别于其他生物的根本性的特征，也是道德规范得以建构与论证，并且当事人对自己行为后果承担伦理责任的先决前提。从自主原则本身的角度来看，它不仅是一种自我决定的道德原则，同时也是作为论证程序的建构原则。从这个意义上讲，程序主义与自主的道德原则之间，与其说具有密切的联系，不如说它们就是一体两面。二是程序的理念与实践清晰地反映并折射出公正优先于善好这一自由主义政治哲学的鲜明立场。按照这一立场，国家与社会应仅仅致力于一种渗透自由权利、机会均等以及理性精神的框架性法律秩序的建构，在这一公正的界限范围之内，拥有各自不同宗教世界观的公民可以依照自身的价值预设追寻自己有关善好生活的目标，这个目标属于私人的范畴。当法律上平等的行为者们在践行各自生活观念的过程中发生行为冲突时，也只有程序上的解决这唯一的途径。这一能够经得起主体间规范性检验的中立程序集中体现了公正原则的价值诉求，它也构成公民不同的善好生活理念相互竞争的基础与起点。具体而言，主观性质的观念冲突，惟有依靠普遍有约束力的法律秩序得以解决。上述所有这一切，均体现公正优先于善好这一立场。尽管共同体主义坚持主张善好优先于公正，并且认为某一特定共同体的归属性以及对其历史文化传统的认同，可以为所在的民众有关幸福的价值愿景与奋斗目标的凝聚提供论证的依据和塑造的养料，但是它却无法令人信服地说明：在一个宏大的陌生人的社会里，

① 拜耶兹（Kurt Bayertz）:《论应用伦理学的自我阐释》，载弗里森（Hans Friesen）、贝尔（Karsten Berr）主编:《在论证与应用之张力间的应用伦理学》，Peter Lang出版社2004年版，第69页。

拥有着平等的自由意识、完全不同的族群出身、相互各异的生活观念的人们依靠哪种合法有效的方式可以实现对共同的善好生活的理念达成最终一致。三是通过程序可以结束无穷无尽的讨论争辩，依靠一种结论来解决现实中的具体问题。

在应用伦理学领域，程序不仅体现为伦理委员会通过商谈对话寻求矛盾冲突的解决之道的活动内容，而且也呈现为咨询、审核、登记、批准、考核等形式上的规则。例如在医疗实验过程中需要通过一定的知情同意的程序来保障受试者的自主性权益。对于国家重大科研项目的主持参与者，可以提出必须经过伦理培训及统一考核才能持证上岗的要求。各种程序的运用不仅体现为对所有当事人自主意志的尊重，而且也保障了决断的公开性、责任的可追溯性、利益均衡的公平性，提高了决策的透明度、社会的接受度与普遍认同性。

二、价值理念

应用伦理学渗透着强烈的价值理念或价值意涵。应用伦理学重视商谈程序的首要地位，这一方面体现了在以自由、自主性为导向的民主法治时代里现代伦理学的建构逻辑法则，另一方面也并不排斥人类其他的一些共同的基本价值观念的效力。应用伦理学是"产生于对普遍接受的规范或价值的应用，以普遍接受的道德导向为方位。不会使大多数的道德信念受到撼动"[①]。应用伦理学作为一门新兴学科的出现绝不是对后现代理论所推崇的所谓"告别原则"之立场的证实。恰恰相反，实际上人类解决问题的所有方案都拥有价值意涵，从某种意义上说"所有决断，

---

① 拜耶慈（Kurt Bayertz）：《论应用伦理学的自我阐释》，载弗里森（Hans Friesen）、贝尔（Karsten Berr）主编：《在论证与应用之张力间的应用伦理学》，Peter Lang出版社2004年版，第61页。

除了一些完全任意的，在某种程度上都是原则决断"①。因此，"在应用伦理学的商谈中也不仅是关涉到避免冲突的伦理，而且也涉及到一种共同生活的规范性基础，在此基础之上不同的生活规划建构性地相互协调在一起"。②

如果说不伤害、自主、公正、关怀算是应用伦理学初期比较推崇的伦理观念的话，那么人权、尊严、隐私、责任则属于新近出现的，也能够体现应用伦理学特色的道德范畴。中国科技伦理五大基本原则"增进人类福祉、尊重生命权利、坚持公平公正、合理控制风险、保持公开透明"与上面阐释的八大伦理观念或道德范畴的精髓是完全一致的。值得注意的是，德语世界新近出版的应用伦理学手册及教科书也都呈现了一种凸显核心道德价值的趋势。施托克（Ralf Stoecker）等主编的《应用伦理学手册》(*Handbuch Angewandte Ethik*）把个体生命与私人领域、道德权利与自由列为应用伦理学的单独主题加以探讨。施魏德勒（Walter Schweidler）在其《简明应用伦理学导论》(*Kleine Einfuehrung in die Angewandte Ethik*）中，将个体性与人的尊严作为重要范畴来研究。克内普菲勒（Nikolaus Knoepffler）的《应用伦理学》(*Angewandte Ethik*）更是直接把人的尊严、人的权利与义务作为应用伦理学的出发点与系统奠基。

基本价值观念发挥作用有两种途径。

其一，这些主导性的价值在商谈程序中起着一种确定方位的作用，发挥基本导向的功能。"在伦理学，至少是在应用伦理学中，首要的并非关涉到伦理（普遍的）约束性，而是涉及实践导向。情境中个体在价

---

① 赫尔（Richard M. Hare）语，参阅拜耶慈（Kurt Bayertz）:《作为应用伦理学的实践哲学》，载拜耶慈（Kurt Bayertz）主编:《实践哲学》，Rowohlt出版社1994年版，第19页。

② 菲特（Andreas Vieth）:《应用伦理学导论》，WBG出版社2006年版，第7页。

值体验方面的纷扰必须得到排除。"① 但是在一种完全的商谈程序中，即便坚持主张主导价值的伦理学家也必须严格服从程序的规则，他并非程序的掌控者，而自己像其他人一样仅仅握有一票。对程序的严格恪守，完全排除了个别伦理学家仅仅出于自身的道德信仰与理想，试图向社会推行一种建立在包揽无遗的普遍宇宙观基础上的形而上学的深层关注与终极关怀的可能性。总之，主导价值在多大程度上发挥效力，这从根本上说并不取决于它们自身，而是要看商谈程序得出的最终结果。也就是说，"一种程序伦理对结果本质上是开放的"。②

其二，由上可知，完全的商谈程序蕴含着一种风险，即所有的程序参与者尽管均认可程序的中立与正当性，但对能否产生符合自身道德信念的结果却没有任何把握。"在一个民主社会里的伦理论辩之后，解答方案是以妥协的形式呈现出来的。由于生活理念的多样性以及由此导致的有关社会共同生活的不同观念，这样的妥协便显得是坏的妥协。它们也常常真的是这样。许多调解结果或许甚至是不道德的或非理性的。但这样的妥协反映出，在行为领域不仅伦理层面关系重大，而且其他层面也是如此：法律条件、决断的经济后果，但首先还有社会与文化传统。"③ 限制商谈结果所蕴含的这种不可预测的风险及其破坏性效能的办法，在于为程序增加约束性条件，让结果无法超出此界限的范围。最著名的例证是，德国《基本法》明确规定，不论《基本法》以后会得到怎样性质的改变，有关人的尊严、人的权利不容侵犯的原则以及联邦德国作为民主和社会国家等规定条款不受任何程序决断结果的影响。这就呈现出了不完全的程序伦理的样态，即程序的结果被限定在某些规范性约

---

① 菲特（Andreas Vieth）:《应用伦理学导论》，WBG出版社2006年版，第9页。
② 比恩巴赫尔（Dieter Birnbacher）:《分析的伦理学导论》，Walter de Gruyter出版社2007年版，第84页。
③ 菲特（Andreas Vieth）:《应用伦理学导论》，WBG出版社2006年版，第14页。

束之内。一般而言，应用伦理学领域的程序伦理是不完全的程序伦理，任何商谈的结果都不可能违反国家宪法及法律法规的严格要求。

与此同时，作为现代社会的伦理学，应用伦理可以充分利用现代民主所拥有的自动纠错的机制与功能。商谈程序得出的任何决断如果被社会实践证明为有误，民众就可以在公共领域进行抗议性宣示，或者向有关主管机构（如宪法法院）做出公开的申诉，从而引发社会舆论的关注乃至批评，促使伦理委员会在后续的商谈程序中对有误的决断进行更正。

三、融贯主义

应用伦理学运用的既可以是一种融贯主义的方法论，也可以是一种比较务实的方法。如前所述，应用伦理学之所以特别重视商谈程序，主要是因为这一学科必须直面价值冲突的处理与调适的问题。"应用伦理学本质上所应对的是冲突。"[1] 在遇到道德冲突、伦理悖论之后如何进行价值排序，如何依据具体的境况予以审慎地评估，追求各种价值目标的协调平衡，达到契合所有各方利益诉求的道德共识，这些属于应用伦理学探究的重要内容。

融贯主义方法体现为所谓的"反思性平衡"。运用这一方法，就意味着应用伦理学从规范伦理学所蕴含的不同伦理流派、价值原则、道德规范、情感直觉等汲取丰沛养料，并把这些零散的、多种多样的，甚至部分是相互矛盾的伦理要素与道德信念，通过认定、协调最终融合在一起，构建成作为新的整体图景的一种有秩序、有关联和统一的道德系统，其中不同的道德要素可以彼此相对和谐，且做到相互支撑与印证，从而共同塑造为一个应对和解决伦理冲突、道德悖论的广泛的理论框架背景。

---

[1] 克内普菲勒（Nikolaus Knoepffler）:《应用伦理学》，Boehlau出版社2010年版，第13页。

这一道德系统并不要求在所有的层面、所有的点上都具备令人信服的力量，甚至"融贯可以不必归溯为形式上的无矛盾性"①，因为应用伦理学的优势在于对现实冲突的调节能力。"作为权宜之计，应用伦理学通过为行为提供伦理导向服务而从其解决问题的能力上关联其资格。"②

当原则与原则发生冲突之时，可以依据某种经过论证的价值排序。例如救助病人与尊重其自主意志都是伦理学的原则，当医生注意到，病人知情权的落实会严重损害其治疗效果，就会将救助置于尊重自主优先的地位上。手术前全面消毒以防感染是一项有益的原则，但在紧急手术时这项原则的严格性就有可能弱化，从而让位于抢救生命这项更高阶位的律令。不杀人是一项普遍的道德禁令，但这并不排除某些极端情况下、某些特殊条件下击毙行凶者和消灭入侵者的正当性，这些行为也完全可以得到伦理上的辩护。

当理性与情感发生矛盾时，诉诸情感这样一种选项在某种情况下也可以得到论证。应用伦理学不放弃对直觉的运用。"人们可以将这一点描绘为应用伦理学的自我阐明，即理由对于伦理判断之塑造的辩护可以并非是终极性的。作为事实人们可以确定，应用伦理学里情感在对行为选项的辩护中起着一种重要的作用。一般而言情感在决断的做出、商议与论证中发挥重要的角色（作用）。"③

当然，能够运用融贯论的方法，是一种非常理想化的状态。因为它要求所有的商谈程序参与者能够形成共同的融贯的伦理理论扇面，也就是不同行为主体应当出于相同伦理理由达成同一结论。这与哈贝马斯商谈伦理的要求是一致的。商谈伦理主张经过程序达成的共识不仅体现在具体结果上，而且也要体现在所依据的理由上，所有商谈参与者需出于

① 菲特（Andreas Vieth）：《应用伦理学导论》，WBG出版社2006年版，第58页。
② 菲特（Andreas Vieth）：《应用伦理学导论》，WBG出版社2006年版，第59页。
③ 菲特（Andreas Vieth）：《应用伦理学导论》，WBG出版社2006年版，第55页。

同一理由在同一规范上达成一致。

但这种苛刻性要求往往难以满足，故应用伦理学还需要运用一种比较务实的方法。这就体现在，它高度认可道德原则立场的差异不可调和的情形，同时也致力于促使秉持各异的伦理观念的商谈程序参与者能够在实际的具体解答方案上取得共识。例如人类中心主义与生态中心主义在立场上势不两立，但在保护动物上完全可以取得相同的意见，尽管各自依据不同的理由。

与此同时，通过应用伦理学融贯论的方法或者务实的方法得出的道德共识，拒绝任何成为终极道德真理的严苛要求，而是认可自身所具有的阶段性、临时性、妥协性、可改性，甚至可逆性的特征。这也反映了人类本性结构及其社会生活样态的高度复杂性。"从应用伦理学作为对伦理问题的（相互）协商的一种活动的具体性中首先可以得出：应用伦理学接受对问题解决的临时性特征。就此意义而言应用伦理学实际上所关涉的是伦理问题。对于它来说根本性的对绝对论证的追求实际上是陌生的。尽管许多哲学家把这一点看成是应用伦理学的缺点。"①

应用伦理学追求道德共识而非道德真理，这样便使得道德思维变成了利益均衡的活动，在真理性与正确性的位置上取而代之的是合宜性及可行性，因而在公正与善好之间关系的问题上将公正（程序规则，程序正义）置于比善好（实质性规范内容）优先的地位上，从而从表面上挑战了亚里士多德所主张的善好生活观念构成正确行为得以评价的标准的立场。这里需要消除一种误解，以为应用伦理学只重视程序，而忽视善恶是非观念。实际上，在常态社会里，在一般实践问题上，我们之所以能够做到道德对错一目了然，恰恰就是因为我们拥有一套稳定的道德观念与恒常的价值标准。我们正是基于善好的理论背景而能够对行为是否

---

① 菲特（Andreas Vieth）：《应用伦理学导论》，WBG出版社2006年版，第47页。

正确而做出判断与评价的。但是对道德真理与规范性正确上的信念与认知，无法直接应对道德冲突问题。应用伦理学所直面的是道德冲突与伦理悖论，因而，我们不可能拥有对解决之道正确性的可靠信念。比较可靠的仅仅在于商谈程序提供的寻找正确解答的论证方式。这就解释了应用伦理学为什么要用道德共识的概念来取代道德真理。

四、个体保护与机制伦理

与描述伦理学、规范伦理学、元伦理学相比，应用伦理学出场最晚，它是在现代社会的历史背景下产生并发展起来的。现代社会以社会领域的功能分化为其主要特征。手工业的职能分工导致劳动效率的明显提高以及物质产品前所未有的丰富，从而促进了商业与工业的分离。这就解决了前现代社会一直困惑不已的生活在集体中的人口如何幸存的问题。在生活资源存量不足的时代，土地、矿产等为财富的主要载体，其数量是被限定的，你多一点就意味着我少一点，整个社会被困于零和游戏的状态。仁爱、中庸、节制、放弃、牺牲被推崇为首要的道德行为规范。然而幸存及人均寿命延长问题的解决从根本上说不能依赖仁爱与节制的道德，而是要靠科学发现、技术发明、劳动分工、生产提高。幸存问题的解决直接导致现代社会出现了另一大基本特征：个体化。劳动力有机会从乡村走向城镇。由于每个人在功能分化的社会里承担不同的角色，这样就逐渐催生了当事人主体意识的萌发。个体第一次感受到自己摆脱了先前的宗族、村落依附，而成为独立自主的行为主体，拥有自由权利、人格尊严与独特价值。伴随着社会功能的分化，市场经济为工商业活动提供了重要的运作形式与呈现舞台。工业产品需要在市场中才能得到交换，个体只有在市场里才能找到自己的工作。以竞争为导向的市场经济使劳动资源获得合理调配，劳动力的潜能与积极性得到极大的激发。但市场的无序竞争导致了国家干预的出现。所以人们就有了通过自愿契约结成国家的需求。国家是契约的产物，具有对个体权益予以保护以及对经济秩序、政治秩序、社会秩序进行调节的功能，其手段则是法治框架。现代社会法律制度是由民众通过民主程序制定的，不论从操作程序还是实质内容看，法治都是社会公民自主意识的体现；同样，不论从操作程序还是实质内容看，法治都要呈现公正的原则精神。因此现代社会强调公正先于善好。由此，功能分化、个体化、市场经济、契约国家、法治框架便展现了现代社会有别于结构简单的传统社会所拥有的复杂景观得以描绘的不可或缺的基本要素。

于是，应用伦理学便反映并且同时也深化、强化了现代伦理学运作的两个基本特点。一是从道德价值的角度看，从道德行为的作用对象或客体来看，现代社会更重视个体的地位。权利、自由、尊严、隐私都是以个体为承载单位。人都是个体，没有什么所谓集体生命，集体也是由个体组成的。个体之人的生存当然离不开社会集体提供的各种支撑。个体与集体在物质利益上发生冲突时，依据两害相权取其轻的原则，个体可以做出让步与牺牲，当然同时集体应当依据公正原则做出必要的补偿。当个体生命与众多生命发生冲突之时，个体本身是否做出牺牲，取决于其自主意志，集体无权对其做出胁迫与强制，也不能根据个体生命与众多生命之间进行数量层面的计算与权衡，主动地将个体置于不利的地位。当个体的意志与公共利益发生冲突之时，个体的精神自由拥有优先性。人的尊严决定了刑讯逼供不论能够给社会公众带来多大的益处也不得施行。总之，国家的宪法设计与制度安排归根结底是为了保障每一位公民的正当权利与利益诉求。

二是从道德功能的角度看，从道德行为的执行者或作用主体来看，现代社会更重视整体的力量。现代社会的特点在于整体性的破坏力量远大于个体的破坏力量，整体机制的效能远高于单个个体的零散作用。像环境污染、气候变迁、核武器的使用、基因改造、人工智能技术可能造成的社会灾难，都不是任何个体所能应对的。如此量级的全球性挑战，不仅对于每一个人的所谓良心能力是一种无法承受的苛求，而且也极易导致主观主义和相对主义倾向在全社会的盛行。应用伦理学所涉及的都不是特定情形下某个人独特的个体行为，而是关涉到总体的行为方式，即政治的、机制的、公共的集体行为方式。从某种意义上讲，应用伦理学本身从运作来看也是一种集体性的活动。"在当今规范性的赢得导向的过程不能再是指望充满激情的思想家的个体作为，而是要机制性地建构在持续性上。"[①] "因此原则上的反思不可避免。"[②] 仅仅以与个体具体情境决断相关的亚里士多德的明智与中世纪的决疑术作为方法论是远远不够的。

　　所谓应用伦理学重视整体的力量表现在两个层面：首先，道德发挥作用的主体是作为团体的整体。在现代社会，道德要求的实现不能指望个体行为动机与单独的作为，而是要依靠社会中不同层级的集体、企业、组织、机构、国家，乃至国家联盟这样一些具有力度的整体性的行为主体的有效作为。其次，伦理道德的要求要渗透到全社会的制度框架中才能发挥巨大作用。在竞争激烈的市场经济的条件下，伦理道德主要不呈示在作为个体的行为动机以及品格素质的层面，而是体现为系统结构的伦理设计，表现在制度规则的道德含量上。应用伦理学所直面的所有领域的道德悖论、伦理冲突的解决，都要依靠由道德共识所凝聚的法律规范组成的、渗透着伦理道德精神的框架结构对所有行为主体一视同仁地普遍范导与严格制约。

---

① 拜耶慈（Kurt Bayertz）:《论应用伦理学的自我阐释》，载弗里森（Hans Friesen）、贝尔（Karsten Berr）主编:《在论证与应用之张力间的应用伦理学》，Peter Lang出版社2004年版，第54页。

② 拜耶慈（Kurt Bayertz）:《作为应用伦理学的实践哲学》，载拜耶慈（Kurt Bayertz）主编:《实践哲学》，Rowohlt出版社1994年版，第23页。

五、结束语

应用伦理学以道德共识取代道德真理的态度或立场，自然会让人们提起不仅是应用伦理学，而且一般伦理学或理论伦理学一定要回答的一个问题：有没有绝对的道德价值与伦理原则？

出于人的精神主权的考量，有关这样一种问题的解答最终应当取决于每一位当事人自己的态度。正是基于这样一个出发点，应用伦理学所运用的融贯主义方法论中的一个比较突出的特征，就是不认可某种道德信念的优先权的存在。从历史上看，近代哲学并没有在确定某种伦理学的价值基石方面取得为所有的人一致认可的结果，从当今的现实来看，在一种可预见的未来似乎也不存在获得这种结果的机会。因此应用伦理学融贯主义的"这种模式在无法提供一种普遍得到接受的基础的条件下，开辟了一条道德论证的道路"[①]。许多人认为，应用伦理学在满足社会的某些伦理需求上固然取得了不容否认的成果，却是以对哲学或道德的某种出卖为代价，因为从某种意义上来讲它是用利益均衡取代了价值坚守。程序的规则与利益的均衡毫无疑问有益于具体冲突的解决，却让伦理蒙上了妥协的色彩，使道德丧失了自有的尊严。

笔者不认同这种批评的合理性。应用伦理学之所以坚持通过程序规则以及利益均衡以达问题与冲突的解决这样一种伦理路径，是以对现代化时代价值观念多元化、多样化的历史背景的认知为前提的。价值多样性不仅是一种现实状态，而且也是我们的先辈浴血奋斗的一项文明成果。"因为这种多样性是对个体的道德自主性以及其在自由民主中受到

---

① 拜耶慈（Kurt Bayertz）：《作为应用伦理学的实践哲学》，载拜耶慈（Kurt Bayertz）主编：《实践哲学》，Rowohlt出版社1994年版，第66-67页。

法律和政治保护这一点予以认可的一个结果。"①

　　就此而言，从笔者个人的观点来看，一种作为应用伦理学价值基石的所谓绝对性的伦理原则实际上又是存在的，例如包括人的自由、自主在内的人的基本权利、人格尊严、人的身心健康等，尽管这种价值立场也许会被深层生态主义斥为狭隘的人类中心主义，尽管这种立场根本就不可能是以上帝的意志、事物的本质、理性的法则等作为存在的根源，而是以对人的利益的维护为致思依归。科诺普弗勒（Nikolaus Knoepffler）也认为"存在着绝对的价值或原则和规则，它们拥有绝对有效性的要求因而在其应用中不必再借由一种多数决原则来得到辩护，它们甚至能够违逆多数而得到要求。……存在着绝对的价值和原则，它们在其应用中可以违逆多数而得到辩护，甚至是必须得到辩护"②。笔者认为正是对某些绝对价值或原则的坚守，才有可能破除对应用伦理学具有相对主义与主观主义色彩的误解，并赋予应用伦理学以其应有的道德权威性，从而使其与纯粹政治操弄划出严格界线。

　　如果对某种绝对道德价值与伦理原则的认同者占绝大多数，就可以在一个国家或地区形成相关的法律规定（例如出于人的尊严的考量不得刑讯逼供），为了使这种终极价值永远处于不可动摇的地位，甚至可以确定这样的法律规定以后任何情况下也不受多数决的否定。

　　然而法律的有效性最终取决于其在社会实践中的运用结果。相关公务人员出于自身良心的考量，在某种特定条件下为了更大的社会公益或者对更多人命的挽救，在利益权衡之后有可能弱化对某些法律限定的严格恪守，当然当事人此举也就要为此付出高昂的法律代价。但是主审法

① 拜耶慈（Kurt Bayertz）：《论应用伦理学的自我阐释》，载弗里森（Hans Friesen）、贝尔（Karsten Berr）主编：《在论证与应用之张力间的应用伦理学》，Peter Lang出版社2004年版，第70页。
② 克内普菲勒（Nikolaus Knoepffler）：《应用伦理学》，Boehlau出版社2010年版，第61页。

官同样也有可能出于利益权衡之故对违法的公务人员做出一种比较温和的判决，从而使得理论上处于终极地位的价值在实际的坚守运用中出现相对化的情形。类似于法官判案，既有对原则的恪守，又有判断力和实践明智的运用，把规范与情境同时作为人们思考和解决问题的前提，这或许正是应用伦理学自身体现出来的一种本质性特征。

第四章
政治伦理

——从扶贫济困的法律定位谈起

政治伦理是一门古老的学科，其中各种各样的理论从古至今一直都是围绕着对自由、平等与正义的论证来展开的。随着应用伦理学的兴起，有关社会财富的正义分配的问题已然成为政治伦理学的一个核心内容，这一内容具体表现为如下的争论：国家有没有权利通过征收累进税的方式将富人合法获取的财富的一部分提取上来，然后作为社会救济金再转发给贫困的人，从而使本属道德范畴的扶贫济困的行为法规化，即以强制性的方式实现社会的道德理想？这是一个相当典型的应用伦理学性质的争论，因为它恰恰涉及作为应用伦理学最根本特点的有关伦理道德的制度化、结构化、法规化的问题。同时它又是应用伦理学中的一个跨学科的争论，因为它不仅涉及政治伦理，而且也涉及经济伦理（宏观层面）、生态伦理和国际关系伦理等诸多领域。

一、古典功利主义的解答

关于国家是否有权将本属道德范畴的扶贫济困的行为法规化的问题，在古典功利主义理论（如边沁、密尔）中是找不到现成答案的。因为从内容的层面来看，古典功利主义的最高标准是最大多数人的最大幸福，它所强调的是绝大多数人的利益，是社会整体的利益。在这种条件下，社会中的穷困阶层的状况便只能指望通过整个社会普遍富裕程度的不断提高而相对地（相对于其过去）得到改善。正是在这个意义上，哈耶克指出，市场上的贫富不均是正当的，富人们因而有积极性为赢利做出最大的努力。他们的收入若不被视为是正当的，则我们也就不可能有这么多可供分配。

从操作的层面来看，为了达到增进最大多数人的最大幸福的功利主义之目标，国家就必须给予个体以最大的行为自由，而征收累进税的措施实质上是对富人追求利益与幸福之行为的一种限制。由于任何限制性的国家行为从本质上讲都是不符合功利主义的目标的，故将扶贫济困的道德行为法规化的做法很难得到功利主义的理据上的支持。

问题就出在功利主义最大程度地追求幸福这一单一的价值观上。其实，就是密尔也承认不幸福的苏格拉底的生活比一只快乐的小猪有着更高的价值，说明除了幸福之外，人类还追求其他的东西。所以就有了功利主义者格洛弗（Jonathan Glover）将传统功利主义的单方面的幸福目标改为复合的功利主义的努力，即也承认自主、自我发展的价值。但这实际上就意味着向功利主义的告别。

二、罗尔斯的"差异原则"的解答

如上所述，古典功利主义的着眼点是社会整体的幸福，而并没有顾及社会整体中强势群体（富人）与弱势群体（穷人）之间的差异。罗尔斯反对功利主义的这种无差异的立场，认为社会正义与否，取决于贫富状况之间的差异，而与社会整体的情形无关。贫富差异是一种客观存在的事实，少数人的贫穷是不能以多数人的富裕来抵消的。因此，罗尔斯主张一种使弱势群体出于自然或社会原因造成的不利状况得以改善的

"正义论"。

但罗尔斯的论证是以一种假定的"无知之幕"为出发点的，即每个人的行为动机都是为自己追求最多的社会财富。而在初始状态下大家都不知道在竞争展开之后，自己的结果如何。由于主客观条件的差异，每个人都有成功的可能，也有失败的危险。故大家都赞同社会财富的分配政策应尽可能地有利于弱者（差异原则）。一旦自己失败，也不会输得太惨。

显然，罗尔斯差异原则的正义性体现在竞争者相同的出发点上，因为大家都处于同一起点，即无知之幕，故大家都赞成差异原则。差异原则对于所有的人都是公平的。然而无知之幕是虚构的，不是现实的状况。现实的情形是每个人的家庭出身、天赋能力、知识水平、客观条件等都不一样，而且对于许多人而言可以百分之百地预期自己的发展结果肯定是乐观的。在这种情况下，差异原则对于这些人显然是不公平的。长此以往，那些处境良好者便会感到差异原则对自己不利，就不再同意这种分配模式。总之，罗尔斯的正义论的正义性来自无知之幕下的竞争者公平的处境。但无知之幕是虚构的，所以罗尔斯并没有使有利于弱势群体的"差异原则"中的正义性得到有力的论证。因而有人甚至讲，罗尔斯的差异原则恰恰是对社会不平等的合法性的一种表达。

罗尔斯的差异原则，从本质上讲并没有什么很强的法理上的依据。差异原则并不是出于正义的理由，而实质上是出于"人道"的理由来论证的。[①]他并没有把"善好"与"正义"区分开来，他所坚持的只是一种德性义务，而不是一种法律义务。

三、共同体主义（Kommunitarismus）的解答

共同体主义对国家是否有权将本属道德范畴的扶贫济困的行为法规

---

① 米勒（D.Miller）:《社会正义》，牛津大学出版社1989年版，第48页。

化这一问题的回答，无疑是肯定的。共同体主义并非是一个封闭的学派，其内部既包含有左派，也包含有传统主义者。但这些人的共同特点则在于反对自由主义，认为过分的个人主义会使民主制度陷于失败，因而主张自下而上地恢复在自由主义与个体主义的当代思维中受到严重削弱的国民的团结感和集体性的"共同意识"（Gemeinsinn）；主张个体须从孤立的原子式的自我认知中解脱出来，把自己重新理解为一个整体中的一员，在国民的整体性的意识中找到自己的自我认同及由此而来的义务理念。共同体主义并不要求政府给予更大的自由、国民权利，而是要求更多的道德，要求更多的国民的情感联系、家庭性的兄弟友情与博爱，要求共同利益高于自我利益。

共同体主义正确地揭示了绝对自由主义与个人主义的弊端，揭示了"没有国民的道德，则民主也就无法长存"（孟德斯鸠）这一真理，但他们试图重建团结及共同意识的方法的可行性却是令人质疑的。因为共同体主义将国家共同意识的恢复寄托在对家庭式的归属感的追溯上，把国家比拟为家庭："在这一本质性的方面，正常运转的共和国就像家庭一样，只要人们的共同历史构成了把人们相互联系起来的一部分。家庭联系或古老友情的强度是从人们共同的经历中汲取营养的，共和国是通过时间、通过重大变化而联系在一起的。"① 诚然，在家庭中，任何人都希望不仅自己而且整个家庭成员都能得到好处，因而家庭的团结感是极其密切且温馨的。然而现代国家与基于相同的血缘联系的家庭根本就不是一回事。在国家范围内，虽然人与人之间也都存在着许多的联系与合作，但这种合作从本质上讲是间接的、抽象的、匿名的，只具有功能性的特点，而不具备个体针对性的特点。现代社会之广大使民众难以产生

---

① 泰勒（Ch.Taylor）:《不在一个点儿上：自由主义与共同体主义间的争论》，载霍耐特（A.Honneth）主编:《共同体主义：关于当代社会道德基础的一个争论》，Suhrkamp出版社1993年版，第111页。

出强烈的博爱之情感，在匿名的社会联系中很难形成对己利的自觉放弃。至于共同体主义特别强调的国家的共同历史能够使国民分享共同的善好的理念并进而能使大家紧密结合成为一种命运共同体的说法，更是一派片面之词。因为某一个国家的历史不仅能使人回想起人们的共同联系，而且也能使人回想起许许多多的分离，再加上文化与生活方式上的差别及宗教、世界观与政治信仰上的差别，对国家历史的追忆给人们造成的分离感有时甚至比归属感更为强烈。因此，单靠"复兴爱国主义"（麦金太尔），就想造就国民对某种生活方式的共同评价，并使他们乐意为了某种共同的价值而放弃自己的利益，这只不过是一种不切实际的幻想。

四、法律理论学派的解答

法律理论学派（代表人物是康德、黑格尔、叔本华、柏林、诺奇克、哈耶克）则明确反对国家将道德行为简单地作为法律行为来实施的做法。

法律理论学派的出现，反映了西方伦理学史上"善好"与"正义"在受重视程度上的变迁。传统上对伦理道德的认知往往是与"善好"的概念相关，所谓道德行为往往是指有益于他人的积极性的行为（道德理想）。与此形成鲜明对照的是，在近代伦理学中产生了一种基本的防卫性的导向，其主要特征表现在防御从个体之间的相互竞争和国家暴力中所产生的强制与危害。于是对个体的自由权利的论证便变成了近代伦理学的首要任务，强调正义成了近代伦理学的基本特点。所以有一种说法：在医学伦理学里常常提到的不伤害、关怀、自主及正义四个基本准则中的前两条主要属于传统道德理论的内容，而后两条则主要是近代以来对道德的理解的一种表达。当然这并不是说近代伦理学不主张"善好"的概念，而是说它认为在比较小的范围内（如亲朋好友），道德主要是指团结、同情、互助、奉献，即相当于基督教伦理中的近爱；而在一个非常广博的社会领域里，（正如在第三点中已经提到过的那样）只有正义这一概念才能比较准确地反映人与人之间的最基本的道德关系。

法律理论学派的基本出发点与功利主义和共识理论学派（霍布斯、洛克、罗尔斯、哈贝马斯）的不同。功利主义认为国家行为的合法性来源于对绝大多数人的幸福的考量，而共识理论学派则认为来源于所有当事人的赞同。换言之，如果符合绝大多数人的利益和共识，国家就有权将扶贫济困的行为法规化。功利主义与共识理论学派所强调的侧重点虽然不同，但两者都将法律的（及道德的）约束力还原为利益范畴，还原为事实上的民众的意志，将合法性看成是来自人类的某种利益状态或赞同状态的结果。

而法律理论学派则主张国家行为的合法性来源于预先设定的法律原则。法律上的最高原则就是禁止强迫他人的意志，即禁止对有判断及决策能力的人在运用这种能力之时阻碍他，只要他并没有以暴力或欺骗的手段强迫别人的意志。这是一种对个体自决权的特殊的道德尊重，具有法律上强制性的约束力。叔本华曾区分出不损害（禁止强迫）属于法律原则，而助人则是道德的原则，并且认为国家是保护人的意志不受强迫的强制性的机构，它的任务仅仅在于保障个体和整体不受敌人的侵害。

据此，法律理论学派有两个基本的行为准则：

第一，法律先于道德。在道德先于法律还是法律先于道德的问题上，法律理论学派显然是主张后者，也就是说即便是一件好事，也不能强迫人家去做。康德虽然也认为人基于绝对自主性有义务从主观倾向及自然偶然性中摆脱出来，按照社会有关自由与平等的法则来行动，但这最终要看他自己是否愿意这样做。因为人应作为目的，而决不能仅仅作为手段来对待。把他作为自我目的来看待，就意味着尊重其意愿，只要他并无损害他人之意愿的行为。如果强迫某人从事为道德所要求的某一行为，这虽是出于善良的目的且有益于受益者，但却妨害了被强迫者的意志，也就是说不是把他作为目的，而是作为行为手段来看待了。受益者所获得的好处是无法抵偿对被强迫者身上造成的损害的。因此，法律禁止任何强迫他人做好事的行为。对于法律的保障要优于对个体或集体之益处的促进。[①] 只有在个人的自主性被认可为最高的价值之时，才谈得上道德的优先。按照法律理论学派的观点，甚至可以说法律保护任何自己并不使用暴力或欺骗之手段强迫他人意志的人，其中包括不道德者，只要他不是罪犯。[②]

第二，行为者自负其责。在法律理论学派看来，正如密尔所指出的那样，"只有某人的行为连累了别人，他才对社会负有责任"[③]。我只对我给别人造成的损害负有责任，而对别人因自然偶然性（如不幸、伤残、天赋、能力等）造成的损害并没有什么责任，包括道义上的责任。因为我并无改变世界的强制性的义务。我没有被问及过是否乐意出生，所以也就没有义务来改变社会，尽管在这里任何一点点改良都是出于善意。

根据这两条原则，法律理论学派否定了凡是道德上所要求的便是国家的任务、国家可以强制地予以执行的传统观念。在这一学派看来，物质上对弱势群体的帮助、支援在道德上是值得称赞的，但体现在国家通过税收支撑起来的社会福利措施中的那种强制性的帮助却是不合理的。我们在对这样一种政策进行伦理评价之时，不仅要看到受益的一方，而且也要看到因被迫付出而在利益上受损的另一方。如果富人是以不正当

---

① 施泰弗特（Ulrich Steinvorth）：《民主的规范性基础》，载拜耶慈（K.Bayertz）主编：《政治与伦理》，Reclam出版社1996年版，第147页。

② 施泰弗特（Ulrich Steinvorth）：《国家与合法性》，载拜耶慈（K.Bayertz）主编：《实践哲学》，Rowohlt出版社1991年版，第59页。

③ 密尔：《论自由》（作于1859年），Reclam出版社1974年版，第19页。

的手段致富的，则国家通过征税的方式将其部分的财富分配给穷人，那是绝对应该的。但在这里情况并非如此，富人的致富是通过合法途径实现的。这样，任何国家只要超出禁止强迫他人意志这一最高的法律之界限而追求社会福利或繁荣的目标，具体而言通过强制性的税收——尽管纳税人并不乐意——来实现对弱势群体的援助，便完全是不合理的，甚至可以说是非法的（诺齐克）。

五、一种可能的解答

在关于国家是否有权将道德要求简单地变成法律要求的问题上，法律理论学派的否定的回答是有充分的理据的。它坚持了传统上以洛克为代表的自由主义的对法律与道德的严格界定，重申了只有法律义务才有强制性的约束力，而道德义务却不具备这种约束力，从而使人的自由意志的不可侵害的神圣权利与尊严得到了彰显。法律理论学派的巨大贡献就在于启发了我们在探讨有关道德的法规化的问题之时，必须有新的思路，即不能只想到为了道德而必须法规化，而应首先尝试对道德的法规化进行论证，即探讨能否论证某项道德要求不只是一种道德要求，它本身同时就是一种法律要求，它符合法律义务的本质特征。具体到本文的课题，就是要研究：假如国家不通过税收的方式进行使弱势群体受益的社会财富的再分配，那么这是不是对弱势群体本身的权益的侵害？是不是以欺骗的方式强迫了弱者的意志（该给人家的没有给人家）？如果我们依据法律理论学派的原则，在不超出禁止强迫他人意志这一最高的法律界限的前提下，成功地论证了一种表面上的道德行为本身就是一种应当强制实施的法律行为，那么我们不仅能够使国家对弱势群体的"政策倾斜"赢得强有力的理据，而且还能杜绝在共识理论那里可能出现的最坏的结果：即如果在援助穷人的问题上达不到共识，则国家就不可能采取任何有利于弱者的措施。

现在问题的关键在于，如果不帮助弱势群体，这是不是对其不可侵害的权益的一种损害？我们的回答是肯定的，理由有三：

第一，个人的自由意志必须由一定的物质条件予以保障。

任何人都拥有其自由意志不可侵害的神圣权利。国家的任务就在于运用法律武器来保障这种权利。而人的自由意志之存在的前提条件是人的生命的存在，作为自由意志之载体的生命要得到维持就必须依靠一定的生活品。如果没有一定的物质生活条件，就不光是涉及个人自由意志受到损害的问题，而是涉及到这种自由意志根本就不可能存在的问题。因此，国家采取强制性的措施，通过社会财富的重新分配使弱势群体的生命权益得以保障，这不仅仅体现了一种道德义务，而更是体现了一种法律义务。如若不然，就会产生严重损害弱势群体的自由意志的后果。

一旦关涉人的生命，则援助就不再是一种一般的行为，而是一种拥有法律强制性的应尽的义务；若有人对应尽的义务拒绝履行，则在绝大多数的欧洲国家都会受到法律制裁。因为在关涉生命的情况下，不履行应尽的义务无异于犯罪——它以一种特别的方式阻止了人的自由意志的存在。这使我们想起汤姆森（Judith Jarvis Thomson）所举的那个例子：一位女孩发着高烧且生命垂危，只有她所崇拜的亨利·方达将其凉手放在她的额头上才有可能救她。在这种情况下，亨利·方达的救助行为就不只是一种一般的道德义务，而完全是一种应尽的法律义务。

可见对于作为最高的法律原则的"不伤害"（禁止强迫）应有一种更为宽泛的理解。不伤害不仅仅是指不去主动地危及他人及其权益。在特定的情况下，如需要被救的人处于生死关头，偶然在场的目击者与需救者之间便形成了一种对后者而言绝对特殊重要的关系，如果目击者不行动，尽管他并没有主动地去伤害需救者，但在这种特殊紧急的情况下他的不行动本身就是一种伤害的行为。

第二，社会财富应由社会来享用。

从某种意义上讲，任何个人创造的财富同时也是一种社会财富。因为财富如果称得上是财富的话，必须通过一种交换与合作的系统才能显示出其价值，必须通过社会的评定才能被证明是一种财富。经济成果不是个人独立地创造出来的，而是"来自于许多人的共同作用"，"富裕也只是在社会里和通过社会才能赢得"[①]。因此，创造了财富的人对于作为合作系统的并且使财富成为可能的社会便有着一种义务：他不能把他所创造的财富看成是纯粹私人的东西，而需看成是社会有权享用的社会财富；否则的话，从某种抽象的意义上讲就是对社会中其他人的权益的侵害。

第三，自然财富是整个人类的共同财产。

人们在通过生产商品而创造财富的过程中，除了必须付出自己的劳动力之外，还需消耗一定的自然资源。在古希腊时代，自然资源被看成是无主财富，谁先占有谁就享有对它的支配权。到了近代出现了一个附加条件：谁要是把自然财富变成私人财产，就必须留给那些无法享有该自然财富的人足够的生活资料。[②] 也就是说，人们承认自然资源本身并不是私人财产，而是整个人类的集体财富。尽管如此，洛克还是认为具体的劳动产品中所包含的自然财富的价值少得可以忽略不计。然而洛克的这种看法完全是错误的，自然财富的价值是不容忽略的，特别是当它日趋减少的话。自然财富的价值的重要性使人们不能不再次思考这种性质的财富本身的归属问题。

应当指出的是，一个具体的产品的价值是由两个部分组成的，一是

---

① 拜耶慈（K.Bayertz）:《国家与团结》，载拜耶慈（K.Bayertz）主编:《政治与伦理》，Reclam出版社1996年版，第315页。

② 洛克（J. Locke）:《政府论》（作于1689年），剑桥大学出版社1988年版，政府论下，第5章：论财产，第27节。

生产者所投入的劳动，这个劳动价值是生产者的私人财富，生产者对自己的劳动力拥有着不容侵犯的私人占有权。二是劳动者创造具体产品所依凭的物质基础——如土地、空气、水源、矿石、木材、煤炭等已被消耗了的自然财富。按照近代以来的观念，自然财富属于全人类的共同财产，所有的人，不论是富人、穷人，还是当代人、未来人均享有同等的所有权。对此卢梭早就认为，人类既然具有理性与自由之能力，便有义务平等相待。人不仅不应受到强迫，而且在自然资源的消费上也享有同等的权利，这样人才能从愚昧的、有局限性的动物上升为理智的人。值得指出的是，人类与自然资源的这种关系还说明了，人与人之间并非像极端自由主义者所理解的那样完全是相互孤立的，充其量是靠某种做人的及生活的理念联系在一起的。恰恰相反，个体与个体之间通过对自然财富的共同占有而存在着一种实质上的联系，这是一条不容忽视的物质联系的纽带。

当然，自然财富只是具体产品价值中的一种来源。劳动者在产品中投入的劳动量构成了产品价值的另一组成部分。个体通过其劳动力添加在自然资源上的价值是相互不同的，个体对通过其劳动所产生的价值的拥有也是不容侵犯的。正因为此，强调自然资源上的人类共同占有权，并不能解决经济及社会不平等的问题。但是，个体不能因此而忘记了具体产品中所包含的自然财富的价值，不能忘记：自然资源是人类的共同财富，而"全人类"这一概念并不意味着一个有行为能力的主体，它需要通过作为其代理人的个体来行使其权利，所以作为行为者的个体实质上只是受人类的委托来行使对自然资源的拥有及使用权的。某些个体在行使了对自然资源的拥有及使用权之后，势必就会限制其他个体对此资源的拥有及使用。这样，受害者就有权要求得到补偿，这不仅是一种道义上的权利，也是一种法律上的权利，因为它源于自己对自然资源的占有权利。受害者所获得的补偿，就是国家通过税收从自然财富的受益者那里提取的一部分财富中转化而来的社会救济。这种社会救济不仅包含着生活必需品，也包括支付受害者的医疗、事故、养老保险及受教育等的全部费用，大体上相当于他们因丧失对自然资源的使用权而损失了的价值。当然社会救济的额度的高低，还取决于具体的社会历史条件。其实，社会弱势群体对社会救济的法定的权利之问题，早在法国大革命时期有关《人权宣言》的讨论中就有所提及，只是出于偶然的历史原因，关于该权利的规定没有被收进最后的宣言文本里。而十九至二十世纪的工人运动的特点，也在于工人们并不是为了富人的施舍，而是为了自己的那种法定的社会权利而斗争的。

谈到这里，我们对在本章的开头时所提出的那个问题，就不仅有了一个肯定的答案，而且会发觉应当对这一问题本身做些修改：国家不仅是有权，而且也有法律上的义务，将富人上缴的税款的一部分作为社会救济转发给穷人；同时，在这里扶贫济困不仅仅是一种道义上的要求，而且其本身就是一种法律上的要求，是纳税人应尽的法律义务。因而在这里根本就不存在国家以"强制的方式实现社会的道德理想"的问题。对所有的人在自然财富上平等的占有权利的认知，不仅保障了社会弱势群体得到社会救济的机会，也维护了他们领取救济金时应有的自尊：他们所领取的并不是富人的同情与施舍，而是他们应有的社会权利。这种权利所显示的社会正义既不是一种当代的仁慈，也不是像联邦德国的法律的制定者所理解的那样是需求正义、成就正义与占有状态正义的复合体，而是一种补偿正义。

正如我们前面已经讲过的那样，自然财富属于全人类的共同财产。在"全人类"的概念下，不仅包含当代人，也包含未来人。对于未来人在自然财富上的拥有权的强调，为生态伦理及可持续发展的理论提供了有力的论据。于是，当代人在享有对自然财富的拥有与支配权的时候，还必须顾及未来人在这方面的平等权益，实现一种权利与责任的平衡。

这就促使人们首先必须尽快改变不考虑留给后代多少自然资源，而仅仅是留下具有千年以上核辐射潜能的核废料，即让后代承担我们获利行为之后果的那种极为自私的做法，必须基于未来人的权益而将环保措施作为一项法律来贯彻。

当然，如果说自然财富是全人类的共同财产，任何个体都无权独占，那么，从理论上讲任何国家也无权独占，国家只是受全人类的委托来行使对土地、矿产的支配、使用权的。诚然，由于不存在一个世界政府，全世界人民对全球自然资源的跨越国界的拥有权在目前的条件下还仅仅停留在一种观念的层次上，还无法真正实现其法律表达。但这并不妨碍所有的国家都应培育一种整体意识，一种相互关联的情感，一种与其他生命共享的认同感；并不妨碍国家应以全人类的利益为着眼点来对待它所拥有的自然资源；并不妨碍富国将对第三世界穷国的援助看成是一种不容推卸的道义上的责任与义务。

第五章
生命伦理

——从生命的价值评估谈起

二十世纪后半叶开始的应用伦理学的勃兴，不仅是因为当代高科技的发展把人类带进了一个前所未有的崭新实践领域，因而迫切需要伦理学理论发生拓展延伸，甚至出现突破与创新，而且更是由于人们痛感传统的道德理论与规范的内容过于抽象空泛，许多最基本的概念若得不到精确的定义区分，那么一些规范、准则在实践中的指导作用就会受到严重局限。例如涉及医学伦理、生态伦理、动物保护和人口问题等诸多领域的广义生命伦理学的一个基本命题就是：应珍惜和保护生命。但若仅抽象、泛泛地坚持这一原则，回避对动物生命与人的生命的价值差别作出区分，回避对人的生命中人类胚胎与理性之人（Personen）做出区分。一句话，缺少对生命的价值问题进行一番精细的哲学审视，那么广义生命伦理学，特别是医学伦理学中最激烈最有难度的争论——允许保护生命之原则出现例外，如动物试验、堕胎及安乐死等，似乎就永无得到解决的可能。

有关生命的价值评估的问题是医学实践中的一个极其重要的课题。医学专业人士在遇到这样的问题之时，一般而言除了依赖法律框架的支持外，主要还是根据一种普遍的道德直觉。这一事实便隐含着医学对伦理学的一种需求，具体而言：有关生命的价值评估之问题单靠医学、生物学理论本身是解决不了的，它要靠伦理学的探讨和论证。但是目前的伦理学正处于一种"缺乏由形而上学本体论所支撑的最终根据"的危机之中，不同的价值观念之间的争辩似乎永远也不会有一个结果。今天的哲学家们的处境与古希腊时期的同行们的情形相比不知要难多少倍。古希腊时代，人们为了发现某一自然法则有时需要上百年的时间，而要认识人类的义务，在当时的条件下或许一天也就够了。但今天则不同，对某种正确无误的真理一下子就能把握住的时代可以说早已一去不复返。道德问题绝不再像以前那样简单易辨，因为许多人已不相信肯定能够找到一种所谓最终的意义根基。在这样一种理论背景下，对生命的价值进行评估无疑是一件冒着巨大风险并极易引起争议的行为。尽管如此，我觉得还是有必要进行一番尝试。原因大致有两个：一是我认为应当注意到道德理想（Moralisches Ideal）与道德规则（Moralische Regel）之间的区别。珍视生命作为一种高尚的精神和仁慈的情怀应归属于道德理想的层面，而不应列为在生活实践中必须严格遵循的道德规则。因为"生命"这一概念的内涵极为丰富，在社会生活中一般而言保护动物（特别是野生动物）的生命还有实现的可能，不给动物造成无谓的痛苦这一点更是完全可以做到，但若将保护植物的生命作为一种不容违背的思想贯彻到底，就会直接威胁人类的生存。如果将一个本应列在道德理想层面的事物硬要作为道德规则来遵循，而在社会生活实践中又根本无法彻底实施，其后果无疑是人们无所适从，并不得不以行动来否定和取消这一规则，这反过来对于作为道德理想的那一事物本身自然又是一种讽刺和伤害。因此我们有必要首先将珍视生命作为一种目标、一种理想、一种精神，而在具体的实践中再对不同生命的价值作出精细的区分，并据之制定出切实可行的具有操作意义的道德规则。第二个原因是在当前的生态伦理、动物伦理的讨论中，我们明显地可以感受到不少人的那种对人类中心主义的厌恶和一种强烈的矫枉过正的情绪，但是伦理不能与情绪混为一谈。尽管我们承认有关生命价值等级的论证最终仍是要以人类普遍的道德直觉为根基，但是对体现在这种直觉中的道德要求进行哲学意义上的定性分析，对其合理性进行严格的证明，对其可行性进行批判的考察，对其与其他道德观念之间的矛盾冲突进行精细的审视，并最终为有关法律的形成或修正提供思想资源和理论依据，等等，恰恰构成了应用伦理学在这一领域中的任务。我们这个时代的一个基本特征就是各种情绪与观念的竞相涌动，层出不穷。这就极有必要把它们都摆在哲学的审视台上进行敏锐的剖析检验，获得理性的反驳或论证。人类的行为最终不应受情绪的诱导，而应该遵循经过理性验证的明智的观念。就此而言，启蒙运动中发展出来的理性概念到今天仍有其独特的现实意义。

一、生命的价值等级

第二次世界大战以后，一个前所未有的崭新观念渐渐受到了广泛的重视，即人类不仅是一种能够对自然加以利用和改造的理性动物，而且其本身也是一种高层次的自然力，它能够对人类繁衍的必要条件，对未来人类的生存、自由、尊严和幸福形成威胁。按照我们的理解，生态伦理学正是基于这样一种忧虑而产生的，它致力于唤起人们对未来人类的责任意识，促使人类正确地把握眼前利益与长远利益之间的平衡。但是在西方生态伦理学界还有一批极端主义者。他们以对人类中心主义（Anthropozentrismus）观念的抨击为出发点，鼓吹一种生命伦理学神秘主义。这些人认为人类中心主义应归咎于犹太—基督教的传统，因为按照这一传统，西方人不仅将不属于自己这一种类的所有其他生物均排除在上帝与他们自己所构成的团体之外，而且还发展出了一种舒适的信念，即上帝创造其他生物是供人类享用和娱乐。极端的生态主义者认为为了破除这一传统观念，就必须认可任何生命都有同等的价值地位，任何生命都有其自身的权利，就像史怀泽（Albert Schweitzer）所倡导的那样，人类必须对一切生物担负起无限的责任，连微生物亦应奉为神圣而受到尊重。这显然是一种为了否定人类中心主义而对所有生物都予以神化的宗教伦理学的思想。尽管坚持这种以"敬畏生命"为名的伦理学神秘主义的人为数不多，但他们的影响却是不容低估的。毋须赘言，要使人类的生态问题获得根本的解决，就必须改变人们的思维方式和培育一种责任之理念及关爱的精神。"珍视生命"的思想正是这样一种精神升华的表现形式，它体现了人类道德观念的进步和道德意识的觉醒。但是，如果把自然中的一切生物都视为主体、视为自我目的，甚至认为它们均有自我尊严，这无疑是把人类贬低到与其他动物、生物同一个层次上，从某种意义上讲无疑是对人类尊严的一种挑战。伦理学神秘主义者实质上是企图以反对人类中心主义为借口来否定人类自启蒙运动以来的整个文化成就。我们十分怀疑人们能否负担得起如此轻率地贬低自己的后果和向所有生物都作出高尚承诺这样一种奢侈。

伦理学神秘主义的核心思想就在于否认生命有价值等级。但这样一种观念不仅有悖于人类普遍的道德直觉，而且在那些倡导者自己的生活实践中也被证明是荒谬绝伦。史怀泽曾出于一种所谓的对生命的敬畏能够做到"不撕树叶、不砍树木、不杀昆虫，炎夏之夜宁愿关门闭窗吸闻臭气，亦不捕杀蚊蝇"，但他的医生职业又迫使他不得不为挽救一种生物的生命（病人）而牺牲和放弃另一类生物的生命（病菌）。一位著名高僧在患病后从医生那里得知若不食肉类则其寿命可能缩短，便只好心不甘情不愿地放弃了吃素。以前英国流行疯牛病，成千上万的疯牛被投入火海，其原因就在于防止病毒蔓延并殃及人类。德国有极为严密的动物保护法，但也明确规定在没有任何其他替代办法的情况下为了人类及其他动物的利益仍允许进行动物试验，包括在脊椎动物身上的试验。即便试验会对脊椎动物造成长期的痛苦，但如果能够证明试验的结果对人类的需求及科学问题的解答具有极大意义，则试验仍允许进行。可见，在正常的人类直觉中，生命的价值是存在等级的，一遇到人与动物发生利益冲突之时，人类对于其他动物的优先权就立即得以显现。

或许会有人指责我是在散布人类中心主义的观点。我可以明确地回答，我们十分有必要以一种温和的人类中心主义来抗击那种伦理学的神秘主义，甚至有必要掀起一场新的启蒙运动。温和的人类中心主义是依据康德的精神来论证人在其他生物面前所拥有的优先权的：义务总是与权利联系在一起的。我们要求人类重视自己对其他生物予以保护的义务，这本身就已经说明人类拥有着某种权利和具备某种优先的地位。我们要求人们的行为应合乎道德而不可能要求动物道德地行动，这一事实本身就表明人高于其他生物，人拥有道德意识，是道德行为的载体，是道德的主体。正是在这里我们可以看到人类与其他生物之间的一条不可逾越的界线，看到人的生命与其他动物的生命之间本质的区别，看到为什么尽管我们平时总是倡导保护动物这样的理念，但一旦遇到必须在动物的利益与人类的根本利益之间作出非此即彼的选择之时，我们总是毫不犹豫地牺牲前者而维护后者。严格说来，按照对等原则人对动物并没有什么义务，因为动物本身作为"非道德主体"既没有什么义务亦没有什么权利。只是人类基于自身需求的考量（如出于修身养性、品德教育、艺术鉴赏和资源利用等的理由）而感到有保护生命、保护动物的义务或责任。在生命的价值等级体系中，人类位于顶层，人类为了自身的利益和其他生物的利益而保护生命，这是合乎道德的；人类为了自身的利益在迫不得已的情况下牺牲其他生物的利益的情形当然也是合乎道德的。这就是一种温和的人类中心主义。

那么，我们在生命的价值等级体系中是按照何种标准来对生物进行排列的呢？

澳大利亚伦理学家辛格（Peter Singer）在谈到人的生命价值时曾讲过："一般而言或许适用的是：一种生物的有意识的生命发展得越高，自我意识与理性的程度越大，则人们便越会重视这种生物——如果人们在它与另一处于较低意识层次的生物之间必须作一选择的话。"[1] 从辛格的观点中不难可以看出，生物自身的感受性（即客体之感受性）和人类对生物的感受性（即主体之感受性）应是衡量生物之生命价值高低的标准（在判定动物的生命价值等级之时，上述两种感受性基本上是一致的）。这一标准同第一次将人对动物的义务上升到理论高度的英国功利主义创始人边沁的有关动物的著名论断也是相吻合的："问题不是，它们能否思考；也不是，它们能否说话；而是，它们是否痛苦？"[2] 感受性强的生物的生命价值高于感受性弱的生物的生命价值，前者比后者应受更多的保护。同理，动物应比植物得到更多的保护，高级动物应比低级动物得到更多的保护。这样一种观点当然十分接近十八世纪的感觉伦理。尽管黑格尔曾警告过谁若在理论或实践的问题上依赖感觉伦理，他就会排斥理性的共同性，但我们这里所理解和主张的感觉伦理并非像黑格尔、康德所领悟的那样以每一单个主体的独特感受为基础，而是以人类普遍的道德直觉为前提，这种道德直觉由于其本身的先验性、不证自明性和为人类集体所共享，因而它恰恰正是一种与黑格尔思辨哲学意义上的理性截然不同的人类共同理性，即先验哲学意义上的理性。我们这里所理解和主张的感觉伦理虽然也是以功利主义的原则——减少痛苦为核心理念，但与十九世纪的功利主义的差别在于，后者并没有明辨动物之痛苦与人之痛苦有什么不同，即没有对人与动物之间的本质区别作

---

① 辛格（P. Singer）：《实践伦理学》，Reclam出版社1984年版，第125页。

② 边沁（J. Bentham）：《道德和立法原则导论》（作于1789年），Prometheus Books出版社1988年版，第17章，第1节。

出分析，因此它也就无法提供充足的理由来论证：为什么我们为了减轻人类的痛苦就可以进行能给动物带来痛苦的动物试验？

综上所述，生命的价值是有高低之等级的。人类的生命在任何情况下都比其他动物的生命都有着毋庸置疑的优先权。当遇到人们在人类的根本利益与动物的生命之间必须作出选择之时，牺牲后者维护前者从原则上讲是合乎道德的。但出于人类的同情意识、关爱伦理以及对生态平衡的考量，人类应当培育和担负起保护动物、珍视生命的责任。动物自身感受性的强弱是人们评估其生命的价值高低及受保护的程度的一项主要标准。

二、生命的精确定义

与任何其他动物相比，人的生命具有至高无上的价值和神圣不可侵犯的权利。疯牛病盛行时，为了防止病毒向人类扩散，成千上万的病牛被投入火海。但绝不能以同样方式对待感染上疯牛病毒的病人。这一点并不难理解。但在医学实践中人们会遇到比上述情形复杂得多的问题。当孕妇难产、胎儿可能威胁母亲的生命之时，医生会设法保护母亲的生命。这一事实本身要么就已证明人的生命也有价值上的差别；要么则说明胎儿的生命还不算是真正意义上的人的生命，于是人们就有必要对什么是人的生命作出精确的定义。笔者倾向于后一种思路。

生命伦理学的核心问题就在于追问究竟什么是对生命的正确态度。这也就决定了关于人的生命价值、生命质量的任何讨论都不仅仅是与医学专业理论有关，而且也涉及伦理、政治和法律等诸多领域。泛泛地论证和坚持人的生命的神圣性和不可侵犯性并不困难，难的是在面对两难处境、又必须迅速作出决断之时人们到底应当依据什么样的准则。在这里伦理学所能提供的理论支持就显得格外珍贵和重要。

但在生命伦理学领域，人们可以看到相互对立的两派。以施贝曼

（Robert Speamann）为代表的一派反对对人的生命进行精确定义的任何努力，认为人命就是人命，所有的人的生命都是同价的，这种价值具有绝对性、神圣性、不容挑战和质疑性。在任何情况下，在生命现象本身发展的任何阶段，人的生命都绝对应当得到维持和关护。这一点甚至被提到了人权的一项指标的高度。因而医治伤痛和挽救病人理所当然被视为医疗事业的最高职责；相反，堕胎、对人类胚胎及植物人持歧视态度以及将脑死病人宣布为死亡等均无异于犯罪行为。持这种主张的学者人数并不多，但他们代表的精神在西方的社会观念和法律法规中的影响却极为深远。类似于明知某一胎儿的神经系统有重大缺陷、心脏也不健全，孕妇亦反对其出世，但医院则坚决主张生产的例子屡见不鲜。

　　哈里斯（J.Harris）、库瑟（H.Kuhse）、辛格、托里（M.Tooley）等另一派则反对上述那种简单贴标签的主张。正如前面我们描述温和人类中心主义的理念时已经指出的那样，人之所以在任何其他生物面前拥有优先权，是因为人具有道德意识，是道德行为的主体。而这里所讲的，以及我们通常所理解的人都是指具有自我意识的理性之人。人从人类胚胎到理性的成人有一个过程。这就是理性之人（Personen）与非理性之人（Nichtpersonen，或称前期之人）之别。洛克和辛格均表达过类似的观点：我们并非一开始便是理性之人，而是从前期之人中产生并且在出生后仍有一段时间作为前期之人持续着。前期之人是理性之人赖以成长发展之物，但前期之人本身并无自我意识，只有理性之人才能将自己与他人区别开来且涉及到过去与未来。理性之人是拥有责任与尊严感的真正意义上的人，其本质特征在于具有自我意识和自我控制能力，在不同的时空环境里均能感受到自己是同一思维体（洛克），他具有过去与未来的意识（Joseph Fletcher）以及由此而来的对未来的愿望和希冀。只有真正意义上的人才可能会有持续生存的欲望，而正是这种求生的欲望才使我们有关其生命权的一切探讨与追询呈现出意义。如果在他那里根本就不存在活着的意识和欲望，那么我们究竟有何必要去论证其生命权呢？总之，只有理性之人才谈得上拥有作为社会心理过程的一种结果的完全道义上的生命权利。

对前期之人与理性之人作出区别，目的是在遇到两者的利益之间出现难以调和的冲突之时人们可以依据某种标准来进行抉择。对这一区别的认定当然并不妨碍我们在一般情况下，即在两者并无冲突的情形下对前期之人所应担负的保护和珍视的责任。尽管在有关人的生命从何时开始的问题上存在着许多争论——有人认为始于精卵结合之时，有人认为始于受精卵着床之日（因为此时已先定了这一人之个体的全部独特性），也有人认为应从脑结构的形成和脑活动的开始时算起（因脑活动的结束是死亡的标志），但只要此一生命过程的载体还没有过渡到理性之人的阶段，还没有具备自我认知的能力，那他都应作为前期之人受到人们的保护，其利益要由理性之人来替他维护。而我们关护他的最终理由就在于他有发展成为理性之人的可能性。但如果此前期之人由于先天的生理缺陷并不具备这种可能，如无脑儿，或者可以认定他出生后绝无任何生活快乐和不能建立某种最低限度的社会联系，则我们就找不到任何理性的理由来对这样一种生命的价值进行认可。

对由理性之人转变过来的植物人，我们采取一切可能的医疗措施维持其生命，原因在于我们期望他最终能够恢复意识。如果该植物人大脑的关键部位受到损害以至于医学上证明其理智绝无恢复的可能，那么继续维持其生命活动的一切努力就绝不能归因于该植物人仍然是生命权利的载体，而是因为一方面人们不愿轻易放弃任何希望与努力，另一方面在这原来的理性之人身上蕴含着人的"投资"。人们宁愿付出任何代价来保持这种情感联系。总之，对于有着明显组织缺陷的人类胚胎或已不可救药地丧失了理智能力的植物人采取医疗措施维持其生存，这与胚胎或植物人自身的所谓生命权无关，而是取决或归因于人类丰富复杂的情感。

三、生命的主观价值

　　人（这里指理性之人）的生命是神圣和无价的，这一理念根植于世界范围的各种宗教及文化传统（在犹太—基督教的理论中，人的毋庸置疑的价值是以上帝按其形象造人这一学说为依据的）。在一个以自主性和开放性为特征的民主社会里，更是绝不允许按照种族、年龄、性别、健康状况、成就能力及宗教信仰等外在因素来判定人的生命质量、其价值的大小，就像纳粹时代划分出有价值的生命与无价值的生命那样。

　　我们没有任何理由对别人的生命价值评判质量等级、评价人家的生活是否有意义，正像别人没有任何资格以同样的方式对待我们那样，这是人类尊严的神圣性所致。但是我们可以判定自己生命的价值。这就涉及到一个人的生命的主观价值之问题。任何一个事物的价值是该事物与一相应主体之间某种关系的体现，事物并非本身有什么价值，而是相对于某一主体才有价值的。我们自己的生命价值只有靠我们自己来评判和体味，也只有我们自己才有资格这样做。每一个人当然都十分珍惜自己生命的价值。而生命的价值是通过几项指标反映出来的，即寿命的长短、身体是否健康和精神是否充实愉快。个人对其生命的主观价值的态度就体现在如何对这几项指标进行排列。维持生命是身体健康和精神愉快的先决条件，长寿也是许多人努力追求的目标。但并非所有的人都将寿命的延长看成是其需求的最优先的考量，有的人会认为快乐比寿命或健康更为重要，精神充实是生活中的最高价值。生命价值的这几项指标并没有一个客观的等级秩序，在它们相互冲突之时应当如何进行排列，这完全取决于个人的主观选择，取决于他怎样看待和对待自己的生命。这种对自己生命价值的自我抉择就此个体本身而言是合乎道德的，对于他人来讲则是道德中立的，因而它理应赢得社会的广泛理解与尊重。康德的道德哲学特别强调自我决断的原则，而在古希腊时代自我选择生活的能力甚至被视为一种高尚的美德。人们称这种以当事人的愿望作为道德上禁止与允许之标准的伦理为自主伦理（Autonomistische Ethik），尊重这种个人的自主性是实现和保障人与人之间和平相处的一个基本要素。即便是成年人作出的某种自我决断有时会导致非理性的结果，但这原则上并不能成为对该自我决断予以根本否定的理由。自杀者肯定违背了其自身"活着的价值"和其亲人的意愿或利益，但人们不能指责自杀行为不道德。禁烟肯定会有益于人的健康，但人们无权从吸烟者嘴里把香烟夺走。依照自主伦理，如果身处绝症晚期的病人确定自己充满痛苦的生活毫无价值，已经将避免痛苦摆到了比延长生命更优先的地位，即强烈要求实施安乐死，那么医生和病人家属就应当尊重其意愿。

虽然自主伦理在当今的民主时代已经成了一种最基本的价值观念和人文精神，但在医疗护理领域则还属于伴随着医学伦理的讨论新近出现的名词。因为传统的对医护人员的道德要求都是"关护""不损害"，即所谓关怀伦理，在这里并不十分注重诊断、治疗和纯粹研究过程中病人自身的同意或拒绝的权利。而自主伦理则要求医生应更多地考虑到病人在决策中的参与，并通过向病人告知未来治疗活动的意义、机会、后果和危险而为病人的自我决断创造条件。当然有不少人对医疗中病人的这种自决权的合法性提出异议，认为自主伦理会妨害关怀伦理，如医生的责任、判断与帮助极有可能因病人的自我决断受到负面的影响，而在许多情况下恰恰是医生的忠告更应得到重视。另外，有关某一病人的医疗决策还应由家庭、朋友等其他人员来共同参与，集体的意见往往会比孤独的个体的想法来得正确。显然，这些反对或怀疑病人的自决权的意见都是出于对病人的真诚关怀，都是希望维护病人最大的利益。但如上所述，对病人而言什么是最大利益、什么是他的价值目标，这些都不能由别人替他决定，而是应由他自己来作决断（当然在病人失去判断力的情况下，医生、家属为他决断之情形完全是例外）。从哲学上讲人的自由、自主、自决权是一种独立的、最高的自我价值，它是人们对其他一切价值进行理解、分析和评判的前提。自由是人的本质，抹杀了人的自决权，就是对其人的地位的否定。就这个意义而言，自主伦理优于关怀伦理。许多人对在医护领域倡导自主伦理不怎么感兴趣，主要原因在于他们担心病人的自决权容易被滥用。这就向人们提出了运用医学专业知识采取具体措施使自主原则的贯彻可能带来的副作用降到最低程度的要求。例如，当病人拒绝治疗并希望安乐死时，应明确病人是因病痛而不是由于考虑到亲属的精神及经济负担等外在因素或迫于某种压力作出的选择。医生在向病人提供后者进行决策所必需的信息之时，要将自己基于关怀伦理的原则作出的治疗建议准确清晰地传达给病人，使其能够在资讯完备的情况下完成自负其责的决断。主动的安乐死应仅允许在那些处于绝症晚期且极为痛苦并明确表示希望以死换取解脱的极少数病人身上，并依照极严格的程序来进行，而绝不能形成一种氛围，否则就会使社会上一部分人的生命价值从整体上受到轻视，从而引起这部分社会群体出现精神恐惧等极不人道的现象。

四、差异伦理的观念

美国医学伦理学家比彻姆和丘卓斯在其著名的《生物医学伦理之原理》中提出了医学伦理的四项基本辩护准则：第一，不伤害。第二，有利。第三，尊重自决权。第四，合乎正义。我们可以把这种具有类似于法律法规之地位的比较具体的职业道德准则称之为中等伦理规则，它们是从最高的伦理原则——如自由、民主、人权和正义等绝对的普遍价值——中演绎出来的。这些中等伦理规则由于比最高的伦理原则在内容上更加具体明确，因而能够为社会生活实践提供直接的指导。但是正如伦理学的总的原则中自由与正义之间在某种条件下会出现矛盾的状况那样，职业道德领域内的中等伦理规则的不同内容之间也会发生冲突的情形，即所谓伦理悖论。医护工作者的任务当然并不在于论证相互冲突的道德观念本身的是是非非，而在于思索如何解决具体急切的现实问题。可以说整个应用伦理学的目标都不在于赢得"深刻的思想"，而是在于对具体的伦理情境的鉴别分析，在于对中等伦理规则适时适地的应用，在于引导人们在实际的事例面前作出决断。这就涉及所谓差异伦理（Differentialethik）这一概念。差异伦理的基本精神就是要求人们不要拘泥于对具有普遍规范性意义的价值命题的抽象论证，而是直接切入具体的生活事例与情境，在对中等伦理规则的不同内容的并列观照与精细权衡中，作出独特的、仅适用于这一事例的价值决断。这一决断有可能仅仅实现了中等伦理规则中某项内容的精神而暂时遮蔽了其他内容，也有可能是体现了不同道德义务的融合。这表明它不是对总的道德原则的泛泛坚持的结果，而是对道德规则中不同内容的适时适地的负责任地应用的结果。例如关怀伦理和自主伦理对于病人都是需要的，但当病人有着极大康复的可能性，而这又特别取决于病人不能丧失信心与希望，且病人是把生命的维持看成是其需求的最优先的考量，则善意的谎言在这种独特的情况下便完全能够满足道德的要求，其价值（救命）比病人知的权利及自决权更显重大。这说明在应用伦理学指导下作出的具体的伦理决断不仅要体现道德原则，而且还要展示决断者的道德智慧——即对道德规则中不同内容的权衡及对应用这些内容后产生的实际结果的考量。荣格（C. G. Jung）说过："为了合乎伦理有时人们不得不做出违背道德的事情。"[①] 依据这样一种精神，我认为生命伦理学在探讨生命的价值问题之时，着眼点不应仅仅放在对生命价值的方方面面进行最终的论

---

① 参阅恩德乐（Georges Enderle）：《以行为为导向的经济伦理》，Haupt出版社1993年版，第158页。

证上，而应在维护人类共同幸福这一主导思想下，根据各种独特的生活情境帮助人们作出具体的道德抉择，从而形成一种道德判断力、一种实践理性的能力。实践哲学告诉我们：具体的道德抉择已不大可能仅仅是以人们对理论的深刻洞见为基础，而更多是取决于伦理咨询和讨论的进程，取决于通过协商形成的妥协与共识。

第六章
科技伦理的基本原则

一、科技伦理原则的出场

随着全球化的进程，科技对自然界的干预与操纵所引发的风险激发了国际科学共同体对科学与伦理的关系的深入探讨以及对科技伦理的全面反思。在这一宏观背景下，2022年3月，中共中央办公厅、国务院办公厅印发了《关于加强科技伦理治理的指导意见》。国家科技伦理治理的战略部署展现了科技伦理未来的发展方向，大量以科技伦理为主题的论著、课题、项目、研讨、课程将会雨后春笋般地出现，一批具有科技与伦理复合背景的高素质、专业化的科技伦理人才队伍即将产生，一场科技伦理的大潮预示着相关学科历史上难得一见的真正黄金时代的来临。

指导意见的一个亮点，就是确立了"增进人类福祉、尊重生命权利、坚持公平公正、合理控制风险、保持公开透明"五大中国科技伦理基本原则。这一项奠基性的工作不论是对于国家及各级层面科技伦理委员会的建构，还是对于在全社会强化科技伦理的治理无疑都具有举足轻重的地位。科技伦理这一概念，开端是科技，落脚点是伦理，是指科技活动中的伦理，是伦理思想与原则在科学研究与技术开发活动中的应用，是科技行为必须遵循的价值理念与活动规范。伦理学是哲学中独立的二级学科，其专业性与科学技术中的任何一个领域一样复杂，更不用说其历史悠久、其论争激烈、其内容庞杂、其发展迅猛。而科技伦理则属于作为伦理学之分支的应用伦理学的一个重要组成部分。已经或即将组建的各层级伦理委员会，一般是由科学家、伦理学家、法学家、社会组织及民意代表组成。除了伦理学家之外，其他人都未必具备作为一门单独学科的专业的伦理学知识，但是他们仍然可以参与伦理委员会的讨论。他们之所以能够成为伦理委员会的一名成员，一项前提条件似乎应当满足，那就是他们至少要具备对科技伦理基本原则的认知与把握。正是这些原则为科技活动确立行为规范，划定允许与否的边界，保障科技探索在合乎道德要求的前提下得以实施。

中国科技伦理的基本原则的确立具有极为强大的人类共同价值的理念支撑以及深厚的伦理学学理依据。我们知道，伦理学与其他哲学社会科学的分支一样，在长久的发展历史中逐渐分化出不同的流派，如特别推崇个体之人的道德素质的德性论，强调行为规范须严格予以遵守的义务论，重视最大多数人的最大利益的功利论，认定道德来自人际商定建构的契约论。这些理论派别基于各自不同的价值立场，拥有各自相异的致思导向，故任何一种都无法单独成为科技伦理基本原则得以论证的学理来源。这就给研究者们的探讨留下了巨大的自由解释的空间。幸运的是，经过人类长期艰辛的探索与顽强的努力，我们已经在共同价值观以及伦理学的一些基本原则方面取得了重大的共识。在价值观上，这种共识体现为迄今为止人类最大最现实的契约框架——《世界人权宣言》，该宣言的规定对所有时空环境的人都同等有效，且被全球社会广泛接受并在一系列国际法律条约中凝聚成无可争辩的奠基性内容。在伦理学的基本原则方面，这种共识体现在：美国医学伦理学家比彻姆（Tom L. Beauchamp）和丘卓斯（James F. Childress）在其《生命医学伦理原则》中提出了医学伦理的四项基本原则，即不伤害、有利、自主、公正；

欧洲生命伦理学家也提出自主、尊严、脆弱性、完整性四项基本原则。总的来看，这些原则因其涵义的深刻性与内容的广普性而得到学术界的广泛认可，并且至今没有其他任何类似原则群组可以与之相匹敌，一般而言也能够与前述的四大理论派别相适配，故它们不仅被视为医学伦理学的基本原则，而且也可以被视为应用伦理学的各个领域，甚至是整个伦理学理论所蕴含的并且应当遵循的最根本的原则。中国科技伦理的基本原则不仅与《世界人权宣言》无缝对接，而且也与上述国际科技伦理基本原则的精神高度重合，这就为我们在融入世界科技伦理发展伟业的过程中运用中国智慧作出中国独特的理论与实践贡献奠定了坚实的基础。

二、科技伦理原则的核心

科技伦理原则强调尊重生命权利。尊重生命权利，是践行不伤害原则的具体体现。每个人作为人，都拥有其身心完整性不受伤害的权利。正是这种权利向他人与社会提出了不得对当事人做出伤害行为的义务。而且每个人为了自身得到保护，也必须同样履行不伤害他人的义务。正所谓己所不欲勿施于人。恪守不伤害的义务，不仅是一个人安身立命的根本，也是一个人类命运共同体得以文明持存的重要前提。恪守不伤害原则，特别要求当事人保持研究风险的合理可控，相关后果的社会可接受性。科技工作者对专业知识的掌控所带来的权威与权力，使得他们比普通公众更有义务承担起相应的对自己行为后果的道德责任。后果有可逆与不可逆之分，如果科学探索、技术应用不幸造成危害，但可逆，则仍然可以容忍与承受。而不可逆之危害与结果则是完全不可接受的。故"可逆性"已成为当代国际科技伦理强调的一项重要内容。2018年，个别科学家的基因编辑事件之所以引发全球性的愤怒，是因为这项活动使当事人置于不可逆的风险之中，对于当事人的身心都会造成巨大的损害。任何理由都无法为这种伤害行为提供道德辩护，包括古典功利论的有关为了大多数人的利益可以牺牲少数或个别人利益的理由。在这里，社会整体再大的利益都无法高过个体的生命权益。因为每个人的生命都是唯一的、不可重复的、无价的。因此科研人员的活动如果涉及到人体实验，都必须严格坚守不伤害原则，长久抱持敬畏、惶恐之心，自觉承担对自己行为可能造成的不可逆的后果的巨大责任。这种责任不仅是眼前的、近距离的，针对具体个人或具体事件的，而且也可以是长期的、整体的、远距离的、前瞻性的，它要以风险预警及跟踪研判的方式贯穿在科技活动全部过程的始终。

例如德国准备禁用核能发电，其伦理考量是核电运行及废料排放的风险不可能消除，因而会对当代与未来人类形成难以预料的潜在危害。在他们看来，这种危害远高于廉价的清洁电能给当代人带来的益处。这一做法体现了对安全的考量要置于对商业利益的顾及之上的道德原则。再如，人工智能的发展绝对不能造成对人类形成威胁的恶劣后果。如果有朝一日人工智能可以进化到与人类智能完全比肩的程度并且构成人类的竞争对手，则这种研究就必须立即停止。假如人类创造的事物反过来能够对人类自身施予伤害，则我们便陷入了可悲的异化的境地。科技研发对人类的危害不仅可能出现在以自然界为对象的学科领域中，而且也会发生在以人类社会为对象的跨学科及社会科学领域中。有关种族智力差异以及所谓人种优劣的研究，都会倒向社会达尔文主义，而与人类种族平等原则相悖，其结果必定会给相关族群带来巨大的社会心理伤害，故必须受到彻底的禁止。

科技伦理原则强调尊重人的自主选择与人格尊严。人与其他动物的区别是人拥有在二中取一的自主选择的能力，而动物则受制于其本性给予它的行为配置。从某种意义上讲，对人最极端的诅咒不在于指责他做了错事，而在于不认可他拥有人的地位，把其贬为动物，说他猪狗不如。文明社会禁止奴隶制，原因就在于这种制度不把人当人看待，而是视其为会说话的动物。

把人当人看，尊重人的自主性，就要求我们在任何情况下都不得剥夺当事人的选择权利。选择既有正确的可能也有错误的可能，在这里尊重当事人自我选择的权利比寻求其妥帖的选择结果要重要得多。这就意味着我们不能开发某种使当事人总是能够做出所谓正确选择的基因改造的技术，因为如若这样，这种正确的结果并非来自于当事人自己的作为，而是来自于基因操纵者的事先设置，也就是说强制性地让其做好事，而当事人自主选择的机会从一开始就被剥夺了，他也就未能作为人来对待。尊重人的自主性，就意味着在涉及到人体试验的科学研究中，相关当事人拥有在对试验程序、内容、目标、后果、自身的风险及获益等资讯完全知情的基础上，对这项活动是否参与和何时退出的最终选择权利。尊重人的自主性，还要求我们在任何情况下都不得漠视当事人对自身信息的自决权。只要信息不涉及重大的公共利益与国家安全，则当事人就有权将这种信息确定为自身的隐私，而隐私的本质便是人的内在自由与精神自主，是人之为人的尊严的一种体现。就外在信息而言，在一种全新的信息社会，自身信息构成了当事人的一项重要资源与财富。在未经当事人同意的情况下，任何机构与企业都不得利用摄像头及网上行为跟踪设备等高科技手段，对当事人的行踪进行监视与操控，从而左右其行为自主。就内在信息而言，当事人的内心活动属于其最深层的隐私，享有绝对的自由。任何机构与组织都无权通过对脑电波的探测来解读当事人的内在信息，从而试图把握其最内心的秘密，无论这种打探是出于什么目的，是为了获得何种社会益处。因为这种刺探活动，严重影响了当事人的精神自主，因而极端侵害了其内在尊严，故是一种文明社会必须绝对禁止的行为。尊重人的自主选择权利，还体现在学术共同体必须维护科学家们的学术自由，创造独立探索与学术争鸣的良好氛围，同时，针对涉及重大敏感的伦理关切的科研活动，应予以客观、真实、准确的信息披露，提高社会公民整体对科技发展现状与趋势的研判与评价能力。

科技伦理原则坚持公平公正。公正是人类最基本的道德直觉，体现为免除任意、得所应得、不偏不倚的处事态度，一句话，同等者同等对待，不同者不同对待。公正有时呈现为平等，但公正并不等同于平等，在理由充分的条件下，公正允许不平等的存在。对于人类而言，人们在一些重要的益品上追求平等，如人类大家庭中成员的地位、男女与种族的法律地位、人格尊严等，但无法在所有的益品上追求一致，如体质外表、先天禀赋、家庭出身、贡献报酬、社会地位等。一个人的基因配置取决于偶然性的选择。偶然性的配置对于所有人都是平等的，体现出了运气的造化，故不会产生是否公正的伦理道德问题。只有人的作为才会产生道德问题。如果某些家长凭借经济优势，对自己的孩子进行基因增强技术的改造，就会对那些无钱进行基因改造的孩子形成不公正的优势。因此这样一种预制性的基因增强的活动必须禁止。同理也适用于对稀缺医疗资源的分配，如人体器官、呼吸机、救命的特效药物等。由于人的生命并无等级的差异，因而稀缺医疗资源的公正分配，就应依照医学上的指征，如"急迫性"与"效果预期"的标准，而绝不能取决于当事人的种族、年龄、性别、社会地位、贡献大小等外在的差异性因素。

如上，公正的核心要义并不在于平等，而在于得所应得。因此，公正时而可以呈示为平等，时而也可以呈示为不平等。当我们需要在当代人利益与未来人利益、眼前利益与长远利益之间保持对等平衡之时，公正呈现为平等。当我们将人的权益置于自然及动物的"益处"之上，将人的尊严等核心价值置于对社会益处的权衡之上，将整体经济利益置于个人或少数人的经济利益之上（但同时对受损者应予以恰当的补偿），将社会的承受与可接受度置于研究者的好奇心与探求欲之上，则公正便体现为不平等。

科技伦理原则倡导增进人类福祉、行善施爱。仁爱是不伤害原则的反面，该理念表明科技的发展不仅不应危害社会，而且相反地要为人类造福，要服务于国家的整体安全、民众的生活改善、经济的繁荣发展、生态的永续维护。这就是所谓科技向善之义。单从原则的性质上讲，不伤害属于完全义务，要求当事人在任何时空环境下都应施行，且行为的结果是清晰、可识别、可检验与可追责的。而仁爱则属于不完全义务，且某一行为是否起到有益于社会的作用，这一点是难以精准界定的。因此，仁爱原则的施行必须依靠可以把控的场域或机制。例如科研经费的投入，要以民众的福祉为导向。而服务于民的实效，一般而言，主要须依托市场机制的调控。除了一些涉及国家重大安全需求，因而需要由国家集中管理的科研项目之外，大部分的项目应当由市场中的民营机构承担。当资金在企业性质的研究机构得到运用，在竞争机制的作用下，研发的成果不论从质量还是从数量的角度来看，一般而言都是任何国家行政研究机构所无可比拟的。道理很简单：国家机构判定研究成果的优劣取决于非常复杂的主客观因素，而民营企业的研究成果的好坏则要经受市场的严酷考验。只有受到民众欢迎、满足其需求的成果才能证明自身的质量与价值。

确定仁爱原则是否得以践行的另一场所或机制是科技伦理委员会及其建构。伦理委员会是人们通过民主对话与协商形成道德共识的重要场所，是对重大战略性决策的道德质量进行监控和预警的常设机构。科技伦理委员会通常是由科学家、伦理学家、法学家、社会学家、民意代表、非政府组织代表组成。这一机构一方面能够成为社会公众意志，特别是其一般道德感的体现，另一方面对伦理原则又有专业性的把握。任何一种科研项目、技术发展的规划、相关经费投入数量等议题，特别是任何一种具有风险性或重大社会后果的战略性决策，如果能够经得住从伦理道德的角度来观察问题的伦理委员会的检视与拷问，其是否有益于社会公众的需求之性质便可以得到确认，其正面的道德属性就能够得到一定的担保。同时，伦理委员会的制度性存在也为不幸陷入与雇主或上级主管的价值冲突之中的科研人员摆脱其道德困境提供了某种庇护场所，伦理委员会的裁决不一定都是对的，但经过其审视的结论总是拥有一定的合理性。伦理委员会的建构体现出了一种程序伦理，所谓程序伦理，意味着只有经过由所有当事人参与的商谈程序验证的事物，才会有道德上的可靠性。在程序伦理的概念中，程序呈现为一种形式，它无法对内容讨论结果的好坏作出承诺，但它可以表明，任何一种事物，只要能够经得起商谈过程的检视，经得住集体讨论的审查，就基本上可以消除个人决断的任意性，避免明显不堪的结果的出现，从而在一定程度上满足某种道德要求。程序伦理体现了民主原则在伦理学中的推广，展现了商谈程序为某种事物的道德质量得以保障提供了有效的途径。

科技伦理原则间的冲突需要得以调适。科技伦理诸项原则之间有可能产生相互冲突的场景。这就要求我们善于对这种原则之间的矛盾冲突进行调解平衡。例如疫情期间，在个体自由行动与社会健康安全之间就有可能产生对立。个体自由属于宪法所要保障的核心价值，但这种自由要以不伤害他人与社会健康安全为边界。而确保所有的人的身心健康不受伤害也构成了国家宪法的核心价值。一个人出于种种原因当然拥有不打疫苗的自由，任何国家机构与组织都不得在这件事上对任何普通人群予以强制。只是，提供特殊服务的特殊群体（医护人员、消防员、急救员）等除外，他们必须强制接种疫苗，逃避这种强制的代价是自己退出这种工作岗位。然而，不打疫苗者为了不损害他人与社会的利益，其进入公共场合的行为就要受到限制。他要出示自己核酸或抗原检测阴性的结果证明以及染疫康复患者抗体阳性证明。在不能出示这些证明的情况下，他的行动自由权、参加集会以便表达诉求的言论自由权，都要受到限制，而让位于公众的生命健康不受侵害的权利。当然，如果当事人自己处于紧急情况（如需要接受急诊、参加紧急救援活动）等，则这种证明出示的要求也不能是绝对的。在紧急情况下，即便是病毒阳性者在强制隔离期，也要有离开住处的机会。这表明个体生命即刻的危险防范的需求，要高于对社会一般的健康防护的考量。科技伦理原则之间发生价值冲突之时，需要人们抱持一种伦理谦抑的姿态，根据具体的境况予以审慎的评估，追求各种原则所维护的价值目标的协调平衡，从各个角度与层面来满足民众复杂的利益诉求，即便是不得已的对自由的限制，也应符合适当、必要、相称的标准。当出现难以判别对错正误的价值冲突之时，解决之道在很大程度上取决于全社会民众和平的对话与理性的权重中得出的结果。

三、科技伦理原则的意义

综上所述，任何人类活动，都需要有行为规范的制约。否则我们就会陷入动物般的丛林世界。人类社会之所以高于动物世界，就在于前者拥有文明积淀，而文明在很大程度上就体现在规则、规范和契约的制定与存续上。这些文明的创制都是人类自主设立的，目的在于为构建一种高度有序、合乎人性之需的社会提供保障。行为规范、人际协约的制定，都是为了保障人类个体的基本利益，如若不然，则规范与协约就没有存在的必要。而利益是否真的得以保障维护，并且并非停留在口头上，就要看利益能否上升为权利。所谓权利就是这些利益在某些行为主体面前变成了必须得以保障与维护的一种诉求。人的权利概念的出现，意味着人的利益能够以一种对相关责任人进行追究的机制得以保全。一句话，权利就是必须得以保障的利益。权利何以得到维护？规则、协约自然也就出场了。

　　科技活动属于重大的人类活动，在对社会与未来的形塑方面发挥着巨大的作用。特别是当代人工智能、信息科技、生物科技的发展实现了对人类生产生活、社会经济的全方位重构，其所孕育着的风险表现出全新的严重性质，这当然也就需要科技伦理所呈示的道德规范的约束与指导。科技伦理为任何一种无序的科技推进设置障碍，它致力于确保科技成果只能是造福于人类，科技创新只能是具有责任性与可持续性并与防范风险相统一，而绝不能对当代以及未来人类的自由及其生态、经济、社会层面的实现条件造成巨大的灾祸。从这个意义上讲，科技伦理存在的目的并不是阻碍科技的推进，而是要调节科技活动与社会伦理之间可能的价值冲突，明确科技与社会、经济及生态的内在关联，为科技的健康发展提供指南。还需要指出的是，面对科技与社会深度融合的趋势，我们推进科技伦理建设与治理，这既可以为解决实践难题提供价值引导与学理支撑，同时也能够为深化理论伦理学累积精神营养和观念启迪。

　　随着全球化的进程，高度警惕与严密防范科学发展对人类社会可能造成的负面作用，业已成为全人类的一项重要的基本共识。在相应的法律规范的设置明显落后于科技的飞速发展的情况下，对普遍的、跨国界、跨文化的科技伦理规范的遵守，构成了国际合作性质的科学研究中的一项不可或缺的前提条件。一句话，科技伦理的建构早已是国际社会共同的事业。不懂得科技伦理原则，在国际科技共同体中也就既没有话语权，也失去了安身立命的资本，更不用说对道德制高点的占领。

　　因此，重视科技伦理，从全领域、全方位与全过程的角度预先估量科学研究与技术进步带来的可能后果和社会风险并对上马的项目辅之以动态的跟踪监控，从而为政治决策提供有益的参考，使战略性意义的国家行为拥有道德上负责任的性质；让所有的科研与技术开发人员具备基本的伦理素养、高度的道德敏感性和成熟的道德判断力，并能够在此基础上善于结合国家相关科技战略以及社会发展实际需求，针对实践中遭遇到的道德冲突与伦理悖论进行精准的辨析并提出相应的对策和化解的方案，这一系列强化科技界伦理能力的举措已经成为我国全面构建新时代国家治理体系的重要组成部分。全社会科技伦理意识的整体提升，伦理评估、伦理监管与伦理教育的全面普及，科技伦理上制度规范与自我约束、高蹈道德与底线思维的紧密结合，积极推动参与国际科技伦理规则的制定和重大议题的研讨，不仅能够使我国的重大科技决策和科研规划经得起最严格的伦理审视与道德考量，而且对于在全社会普及和强化以人为本的价值理念以及人文精神的培育，对于我国整体国际形象的维护与提升，让科技真正更好地造福人类并在我国实现高水平的科技自立自强，也会产生难以估量的巨大作用。

厘析价值范导

第七章
中国社会价值观念发展之展望

一、社会转型

我国正经历着一场从传统社会向现代化社会的巨大历史变革，这一变革不仅深刻地改变了社会的生产关系，加速了社会生产力的发展，而且也极大地震撼着人们固有的价值观念与社会心理。随着现代市场经济体制的建立与完善，特别是随着加入世贸组织，在长期封闭的小农经济社会环境中形成的价值取向与思维习惯，马上就受到一种全新的社会意识以及与之相适应的行为模式和行为规则的严峻挑战。于是，把现代化与所谓的"道德沦丧""道德滑坡""价值失落""价值危机"联系在一起，便成为一个非常时髦的话题。而且我们发现，这样一种对社会现代化进程的批判与抨击，在当今的中国有，在西方也有。

因为，按照德国社会学家韦伯（Max Weber）的理论，现代化的进程、工业文明的进程、生活方式合理化的进程冲击着人们对魔力的信仰，使世界进入了一个持续不断的"解魔化"（Entzauberung）历程，即原则上讲再也不会有人相信这个世界上存在着某种对人类生活环境起支配作用的神秘的、难以捉摸的力量，原则上讲人们可以对一切通过估量进行统治。世界越是解魔化，便说明我们通过自然科学所获得的知识就越多；我们的知识越多，便越发现这个世界并没有什么统一的客观的目的与意义，发现价值观方面的事物没有任何客观的终极根据，也得不到科学的理性论证，它们不是科学的对象，而是信仰的对象。因而各种不同的价值观之间的殊死搏斗便成为不可避免。在价值观的竞争中，一些人会赞成这样的伦理思想，另一些人则会坚持那样的道德理念，谁也无法占有绝对的优势。在韦伯看来，价值判断由于以信仰为基础，与科学知识没有必然的关联，因而也就无所谓合理性可言。在人类到底有没有普遍得到认可的价值理性这一问题上，他持的是否定的态度。

许多人认为，韦伯的有关价值判断无终极的理性根据的学说，实际上是对现代社会在个人物质主义的冲击下传统道德普遍沦丧之状况的一种写照。由于现代社会似乎在价值观念上失去了根基，上帝或上天或天子统治一切的观念已一去不复返，"一切都是可以的"成了行为准则，因而大部分人在寻求生活的目的与意义之问题上就都深感无助和无望。当然这一点，还不是"社会危机"最严重的表征，更危险的是人们在现代化运动中表现出来的自我主义、个人主义不可遏制的"极度膨胀"。一句话，似乎是现代化运动导致了价值观上的巨大转变，即在个体与整体构成的天平上出现了"失衡"。自主和自我实现成了生活的主导取向。因此福山（Francis Fukuyama）在德国《时代》（Die Zeit）周报1999年第四十六期上以《我或者共同体》为题，表达了对当代的自由民主维护共同体、避免人群之间产生社会排斥、划定界线与相互仇恨之能力的忧虑。在他看来，当代经济与政治的基础是对个体自决权，而不是对共同体的过分强调。自由的个体主义从各个层面摧毁了共同体，从家庭到邻里，再到工作岗位直至国家，其方式是埋葬了机构的权威并且将文化——即共同价值与意义之构成的领域——减缩到狭小的角落。原来是靠宗教、传统与地域性的共同体所紧紧联系在一起的社团，现在变成了由重叠的认同感构成的可变的、暂时的网络体，其联络是宽泛的，而关系却是松懈的。从某种意义上讲互联网就是一种典型：人们可以在世界范围内超越一切文化界限地与任何人取得联系，然而这种联系是短暂与肤浅的。

二、价值迷失？

在疾呼世风日下、道德滑坡的同时，人们自然把矛头对准"二战"之后颇为盛行的现代化理论，这种批判其实从二十世纪七十年代初便开始了。尽管现代化运动是以人权与富裕为含义的，但许多人却认为现代化理论的实际后果是生态危机与人类中心主义。人们对现代化的批判集中在两个方面：一方面，现代化使人类比以往任何一个时候都更能创造生物的生存基础，同时又比以往任何一个时候都更能破坏它。现代化推动着人类朝着毁灭自己的方向行进。另一方面，现代化不仅耗尽了人类的自然资源，而且也"耗尽了"其道德资源。现代化通过诱导个人主义的极度膨胀而毒害了人类的整体意识。所以在西方世界便出现了以共同体主义者为代表的保守派有关复归传统、拨回历史时钟的呼吁，其核心内容就在于扭转现代化的这种以自然与道德的"终结"为后果的"盲目的"自我演进的状况，使人类有可能在一个可生存的生态环境中"尊严地"得以延续。

总而言之，许多人都坚持韦伯的看法，认为正是由于现代化运动造成了人们在价值观念与价值理性上的迷失与堕落。在现代化时代，人类价值观念与价值理性的状况正处于一种不可避免的危机之中。然而，实际情况果真如此吗？

三、自主意识

与有关"世风日下""道德滑坡"的哀叹相反，我们也听到了另外一种声音。不少人认为，不论是在中国还是在西方，我们确实读到和听到许许多多不道德的现象，但这并不意味着今天的社会中丑恶的事件比以前的社会要多。而只是说明今天的资讯发达，传播手段先进，再加上媒体对具有新闻价值的事件特别关注，所以才在报纸、电视中几乎天天都有对丑恶现象的揭露。其实，任何一个社会中，都有此类现象。如果有人举出许多劣行来说明今天世风日下、道德滑坡，那么我们也可以同样举出无数相反的例证。假如说，有关"现在的人比以前的人更自私"的论断成立的话，那么如何能够解释在美国，有八千万人，也就是说，百分之四十五的成年人每周都要为公益事业付出五个多小时的劳动这一现象呢？[①] 再如《时代》周报2000年第十二期头版头条的文章指出，尽管社会上出现了不少丑闻，但不可否认的是，集体意识、真诚性、助人之观念并没有消失，而且甚至可以说是在日益增长。德国有五万多个自助小组，任务是帮助需助者。据法兰西基金会的统计，有百分之五十的法国人在1999年里向别人提供过金钱、物质或时间（做义工）方面的捐助。在我国的许多城市社区，也出现了类似于德国式的自助小组，人们利用业余时间向别人提供服务，待自己困难时又能享受别人的帮助。在我国经济发达的地区与城市，越来越多的人也像西方国家的民众那样，以作义工等方式投身于社会公益事业。

　　正因为此，我们根本就不赞同韦伯式的价值观念与价值理性上的虚无主义。在我们看来，当今社会所出现的并不是什么价值失落，而是价值冲突。前现代社会是一种封闭的社会，它是靠传统习俗、宗教理念以及人身依附关系来维系社会的安定，保持社会的和谐的，因而伦理道德是一种自上而下强加给个体的外在约束，传统的价值观念就体现在自我牺牲、忘我、无我、忠诚、忠贞这些美德上。而现代化社会则是一个开

---

① 乌特瑙（Robert Wuthnow）:《出自同情的行动》，载贝克（Ulrich Beck）主编:《自由之子》，Suhrkamp出版社1997年版，第37页。

放的、启蒙的社会，这个社会坚信自主意志、自我选择与决定的权利是天赋人权，也是人区别于一般动物的根本特征之一。只有依靠这样的信念才能营造一种宽松、自然的社会氛围，也才能铸就民众的一种坦诚、开放的精神风貌。总之，人人享有自由权利是这一时代最本质的特点。在这样一个为所有的人共享的法律上认可的民主文化的时代里，个体自由、个体化趋势被看成是一种值得称道的、不可避免的民主发展的结果。认可、尊重每个人的主体存在，认可、尊重他的自我决定的能力，是一切伦理讨论的前提与出发点。换言之，自主意识是形成体现着现代文明之特征、与现代化社会相适应的其他价值观念如平等意识、公正意识、责任意识、尊重意识等的根本基础。例如就责任意识而言，它恰恰正是自主意识作用的必然结果。因为有了自我决断这一前提，那么作为一个人，就应当为他自己的选择或决定负责。反之，如果人们没有选择的可能性，那么他们也就难以建立起一种根深蒂固的责任意识。因而道德、伦理、价值理性在这样一个时代里就不再像前现代化社会时那样是自上而下规定的，而是来自人们的自我决定，来自人们自发的意愿，来自人们自身相互依存的需求。在我们看来，这是一种自我组织、自我统治的伦理。借用法国社会学家迪尔凯姆（Emile Durkheim）的话说，在现代化社会里，"道德与团结既不根植于一种集体精神，亦不能强制地产生。……在现代条件下，道德与团结总是一种'自发性'的功能。……自愿是道德与团结的源泉"①。

四、结构伦理

这样一来，道德伦理、价值观念、价值理性在正在迈进现代化时代

---

① 参阅贝克（Ulrich Beck）：《作为乌托邦的起源：作为现代化之意义源泉的政治自由》，载贝克（Ulrich Beck）主编：《自由之子》，Suhrkamp出版社1997年版，第397页。

的中国社会里，将拥有着一种不同于前现代化时代的崭新的特点。

与古代传统伦理学强调对个人行为的劝诫、引导的做法不同，现代伦理学的着眼点不是在个体身上，而是在社会整体的行为规则上，认为价值理性归根到底不是个人的事情，而是应当内化于社会的整体结构之中。这才是价值理性得以保障与提升的唯一途径。所以就有了在提升价值理性的问题上，不仅要研究个人道德，而且更要强调"结构伦理"的说法。从历史的经验教训中人们开始认识到，本质上作为一门实践哲学的伦理学，其生命力便在于可行性、有效性。中国传统的某些道德说教以及康德的"绝对命令"的道德准则之所以在社会实践中被证明为软弱无力，是因为它们过于强调个人行为的主观动机方面。而人类社会，特别是现代化社会是一个充满有机联系的错综复杂的巨大系统，个人的行为不仅受到个人主观意愿的支配，而且更受制于客观的社会整体的行为规范。因此要想使人的价值理性得以改善，就必须研究如何使道德准则内在于调节人们行为的社会法规与制度之中，并通过后者使自身得以体现。正如贝克所言，"通过受到保护的基本权利的系统条件，人们便原则上能够，在其自己的生活及社会与政治网络的组织与导向中来克服现代化的矛盾"① 。由于在这里所强调的主要不是个人的正当的行为，而是正当的结构，于是道德的实施便获得了强制性，从而就解决了康德的只讲行为动机的道德理论的条件下，道德的人可能（暂时）受损而不道德的人可能渔利的问题。具体到前述的进一步提升价值理性的问题，关键就在于试图在多元化社会中建立一种明智的政治系统，在于公众对理性的运用及民主法律的透明的应用。这一套政治系统及法律规范是合理的，因为它们体现了价值理性的精神，它们是根据共同的社会福祉的要

① 贝克（Ulrich Beck）：《作为乌托邦的起源：作为现代化之意义源泉的政治自由》，载贝克（Ulrich Beck）主编：《自由之子》，Suhrkamp出版社1997年版，第393页。

求来规定个体的权利与义务的。这一政治系统不是某一政治家个人设定的，而是由民众经讨论、经选举而建立的。这表明价值理性并不是先天的，而是经商讨产生出来的，它是一种共同的道德意志的体现。借此，中国传统的集体主义精神从某种意义上也就得到了维护与肯定。但它从实体上讲不是那种整体压制个体式的集体主义，而是以个体自主意识为基础，通过个体间的协商达到共识这样一种意义上的集体主义，是一种体现着公民的自主意志的全新的集体主义。

与韦伯因现代世界的解魔化而否定存在着普遍得到认可的价值合理性的观念不同，与将道德失落归咎于现代化运动的观点不同，主张结构伦理的人恰恰认可价值理性，认可现代化运动，并认为正是因为现代化运动，才使整个社会的制度化、规范化、合理化、开放化、透明化成为可能，才使价值理性通过法律法规的形态而成为可以理解、可以讨论、应当尊重的公民意志。历史经验证明，没有巩固的社会制度、严密的法律框架、富有团结与关护意识的社会保障体系以及对人民的尊重、对历史的正确反思，就不可能在社会实现真正健康的道德理性。

由此看来，在现代化社会里，有关个人层面意义上的价值理性的探讨最终必然要被引导到对整体性的法律法规的研究上，个体的价值观念便转变成为大众的意志，价值理性便从个体层面上升到整体性的层面，也正是只有通过这种转变，价值理性才能获得真正的意义。那么如何能够实现这种转变呢？途径只有一个，这就是社会中作为公民的个体与个体之间、不同的族群与利益集团之间的交往与对话，通过交往、交谈而形成共识。从某种意义上讲，哈贝马斯的商谈伦理正是探讨如何将个体的价值理性归纳成为整体性的价值理性的哲学。正如哈贝马斯所言："实践理性的统一……只有在那种国民的交往形式及实践的网络中才能实现，在此交往形式及实践里，理性的集体意志之构成的条件已赢得稳固的形态。"①

五、交谈程序

然而商谈伦理最大的局限性在于，通过商谈伦理的运作所产生的共识的公正性具有相对性的特点，在某种条件下未必能够经得起历史的检验。特别是在当前全球范围的生态危机日趋严重的情形下，公众通过合法的民主程序却很有可能会作出短视的、仅有益于本代人之利益的决定，公意和共识未必能够保障下一代人的利益。这样极有可能形成一种集体性的、"有组织的不负责任"。更有甚者，在关涉到重大决策的社会公众的交谈对话中，如果对话者的基本素质位于一个相当低的层次，那么即便是交谈程序运作顺利且通过此程序得出的共识自然便体现了某种道德（如自主原则），但这种共识不仅经不起历史的检验，甚至还很可能具有极大的危险性。如在地方民主选举中，选民们为了维护地方利益有可能选出势力强大的黑道人物。可见，整体性的价值理性一般而言固然是在交谈程序中产生的，但价值理性的道德质量在某种情况下并不是依靠交谈对话就可以达到无懈可击，应当说，价值理性本身的道德质量的高低往往还取决于行为主体对自己文化传统及生活历史的反思性的考察，取决于不同的主体之间、不同的生活共同体之间通过行为规则的比较而对最有竞争力和生命力的价值观念的深刻领悟。

"人道"的价值理念与"民主"的选举程序在某种特定的情况下往往会发生冲突，这一点正是共识伦理或商谈伦理之学说所面临的最大的理论及实践难题，这一难题看起来是很难解决的，它甚至有可能随着人类历史的发展长期存在下去。但这并不构成人们否定体现着商谈伦理之精神的民主程序的理由。恰恰相反，为了捍卫人道的价值理念，不能采

---

① 哈贝马斯（J.Habermas）：《对商谈伦理的阐释》，Suhrkamp出版社1991年版，第118页。

取绕开民主的办法，而必须利用民主自身的特点。因为民主不仅仅意味着大多数人决定，同时也意味着人权应优于多数人的决定。当国家或社会在民主决策的过程中，在良心的问题上有可能束手无策的时候，在重大的、决定性的问题上有可能偏离正确方向的时候，民主理念是允许有鉴别能力的人们对大多数人的错误决定采取保留的、不服从的态度的。民主制度有别于其他社会制度的一个特征就在于，它能够与某种不顺从共存。任何一种社会，任何一个时代都会有这种偏离、批评、不顺从的现象，然而恰恰是民主制度能够系统地利用这种偏离、批评、不顺从的潜能，恰恰是民主制度知道自己"需要有公民的批判的、清醒的精神"①。而这正是现代民主高于传统的威权统治的地方。

　　商谈伦理所面临的难题还向我们展示了民主制度的另一特点。尽管体现着自主性理念的民主程序是现代化时代中价值理性的前提，而且来自于人的自我决定与选举自由的道德或价值理性比起前现代化时代的道德来要更为真实、更富有成效，但民主也好，自由也好，也都有其丑陋的一面。这当然并不构成对自由与民主进行驳斥的理由，而是一种证明，它表明并反映了现实的人性的复杂性，人性总是处于一种有缺陷的状态，不可能没有矛盾，没有悖论。民主与自由本身也是这样，谁要享受它的优越性，谁就必须同时忍受它的缺点，并准备为此而付出代价。这一点从某种意义上或许正是对价值理性之命运的一种写照。

六、结束语

　　综上所述，中国已经无可逆转地跨入了全球性的现代化的进程，与其他先进的发达国家一样，中国将充分享受现代化的成果，同时也将面临现代化及民主时代的弊端所造成的挑战。世界经济一体化的发展，必

---

① 维霍斯基（Stephan Wehowsky）：《关于伦理的对话》，C.H.Beck出版社1995年版，第65页。

然也会导致全球范围内在核心的价值理念上形成一种基本的共识。一种与公民的民主社会相适应的价值观念或价值理性将凭借自己的生命力与竞争力占据着主导的地位。于是，如何对待中国传统的价值取向与理念，就已不再仅仅是一个理论问题，而是一个相当急迫的实践问题了。如何对待本民族固有的文化传统，是接受、传承，还是分析、批判，还是两者兼而有之，所有的当事人都要做出自己无法回避的抉择。这样，中国文化就不再是中国人实现现代化的一个包袱，而是中国民众对不同的互相竞争着的价值观念进行选择的一个重要的参照系。中国文化及价值传统就不可能会成为现代化的障碍，而是中国社会文明上升到新的高度的一个阶梯。

第八章
国家治理中的核心价值

一、国家治理思路的转变：从维稳到维权

中国的社会经济发展还没有闯过现代化进程的高风险期。这一阶段的特点是整个社会的趋利心态高涨，旧有的利益格局分化，贫富差距加大，社会矛盾凸显，不稳定因素活跃。针对这一局面，政府最开始的治理思路非常明确，那就是尽一切努力维稳。为了维护社会经济持续有序地发展，国家在维稳上的确投入了大量的人力、财力和物力。然而，"稳定压倒一切"的国家治理思路遭遇到了社会实践的巨大挑战。人们发现，国家治理不仅是一个战术的问题，而且更是一个事关长远稳定的战略问题。这里不仅涉及一种头痛医头、脚痛医脚的临时性、微观性权宜之计，而是关涉社会转型宏大叙事背景下政府的以人为本的执政理念能否真正落实以及政府的服务职能能否真正实现这样一个重大的问题。人们逐渐得出的一个重要结论是，维稳并不是国家治理的终极目的，而只不过是维护公民权利之努力的一个附带结果，国家治理必须发生一种从维稳到维权的思路上的根本转变。

从历史上看，中国就是一个非常重视稳定的国家。中国传统哲学思想以整体稳定为主基调。儒家的核心诉求是秩序和谐。孝为善首，以对

父母的孝达致兄弟间的悌再达致朋友间的信，以孝达致对君主的忠再达致男女间的敬，整个社会就是这样构成一个以人伦关系为骨架的和谐的整体。维护稳定的思想支撑来自于对整体秩序的认同和服从，要真正做到这一点，又要靠每个人心性的自我修养，自觉破除自利的欲望，坚持对整体应承担的个体义务的恪守，重义轻利成为中国传统义利观的主轴。

计划经济时代是一个"以国为本"的时代，一个诉诸动员、组织、管理、控制以及全民行动和头脑整齐划一的时代。个人毫无保留地服从组织、个体利益毫无代价地服从整体利益的精神占主导和支配地位。我们每个人都应当公而忘私，努力成为社会整体机器上的一个部件，且永不生锈、永不失灵。此时的社会呈现出广泛而又封闭的稳定性。但这仅仅是表面现象，经不起外来新鲜信息以及强势观念的冲击。只要人们获知人类的生活还有无数种其他的过法，则过去长期受到压抑的本性需要就会迸发出来。于是，正当利益的诉求和权利的主张便成为社会的常态。这就是改革开放以后的中国社会新貌。

改革开放以来，中国进入了一个由计划经济向市场经济的巨大社会转型时期。与此相适应，人们在思想观念上也发生了一个从传统的以义务为本位向以权利为本位的价值改变。每个人都理直气壮地主张自己的权益诉求，并且把国家的作用理解为对个体合法权益的维护与保障。正所谓"追求幸福，是人民的权利；造福人民，是党和政府的责任"。中国社会出现的大部分所谓与维稳相关的问题，都属于部分公民在征地、拆迁、环保、工资按时发放、劳动条件等方面的合法利益受到忽视、漠视乃至侵害并未能得到合理救济和有效纠正的问题。而因合法权益受损所引发的群体事件，一般也都属于人民内部矛盾范围的利益冲突与利益矛盾的范畴，诸多矛盾冲突事件背后，又往往是利益表达机制的缺失所致。其中能够造成大规模社会动荡的因素很少。民众普遍希望在稳定的环境下实现社会的体制机制转型这一点，应当构成我们研判、处理和解决社会冲突、矛盾与问题的基础。因此，如果将这样的矛盾与冲突政治化或意识形态化，从而上升为危及基本制度和社会稳定的政治问题，就是一种非常不智之举。这一点完全可以构成政府创新管理思路的一个出发点。我们以前总是从维护社会整体利益、集体利益出发，总是习惯于我令你从，认为个体必须无条件服从整体，甚至为整体做出必要的牺牲。谁要是主张自己的权利，就是自私自利，就是站在国家和社会的对立面。这样某些既有的意识形态话语尚未被终结，便造成了一些地方问题官员的思想僵化与行为偏激，他们动辄以处理"敌我矛盾"的模式来对待那些因权益伸张而发声的人。一俟发生群体性事件，便惊慌失措、如临大难。激化矛盾的粗暴方式，不仅增加了社会成本，扭曲全社会的是非曲直、公平公正等价值理念，而且也严重伤害了民众对政府的认同和信任，削弱了政府形象。这种以压制正当的利益表达为特征的维稳思路，在基层政府的工作模式中非常明显。

今天，我们常常讲中国共产党的执政理念是立党为公、执政为民、以人为本、为民服务。这体现了我们在执政理念认识上强盛的竞争力。其实，国家、政府的合法性取决于人民的满意度，国家、政府存在的目的恰恰在于保障每位普通公民的基本权益。就此而言，国家与个体从根本上讲并不是对立的。哪里出现了呛声，出现了不稳，往往说明那里有民众的权益保障出现了问题，其权益诉求缺乏畅通的表达渠道，而国家的任务就在于依法辨明侵权责任，阻止权益侵害，维护当事人的正当利益，恢复社会的公平正义，消除社会失稳的因素。从根本上讲，只有维权，才能维稳；维护社会稳定与维护公民权利是统一的，维护社会稳定就是为了保障公民的权利不受侵害。应当说，单纯稳定本身并非目的，而是维权之后的附带成果。

我国城乡仍然存在一些贫困现象，且贫困的代际传递也颇为普遍。

对于这样的弱势群体，政府有义务提供一套完善的社会救助措施，且应基本覆盖温饱、医疗、就业、就学、住房等多个领域。中国社会不仅政治、经济、文化领域飞速发展，而且劳动力年龄结构也在发生巨变。新一代从农村来到城市的务工人员，与在城市成长起来的同代人一样，文化程度高、知识面广、信息灵通、视野开阔，其权利意识、环保意识和政治参与意识空前高涨。他们来到城里不仅仅着眼于"钱途"，而且更看重"前途"，不仅要谋生，而且也要寻求归属感。他们懂得在法律的框架下自己有权进行维权的活动，也有权争取外界的声援。这样的局面将长期支配中国社会未来的发展。这也就对政府的管理和服务能力提出了更高的要求。我们的政府官员应充分理解青年人合理的利益诉求，善于把正当的权益主张与维权活动中的某些过激行为严格区分开来，消除面对群众的"对手思维"，采取积极措施努力解决民生问题，通过沟通建立互信，让信息更加透明通畅，让事实真相来阻断和消解谣言的扩散和蔓延，让民意表达和舆论监督机制更加完善，才是消除不稳定因素的正道。

我们的社会管理体制长期以来都是建立在高度一元化模式的基础上的。小农经济时代，只有国与家两极；计划经济体制下，国家公权力实行大包大揽的全能型治理，因此我们长期缺乏健康的社会空间。以国家替代社会，以政府行政替代社会管理，忽视民间组织的价值与作用，甚至视社会组织为政府机构的天然对手，构成了许多人的观念和行为定式。创新社会管理体制，就必须强化社会的自我管理功能，充分发挥民间组织在公益服务、社会事务、文化体育、慈善救济、社区维权中的作用。政府应还权于社会，逐渐退出社会能够自我管理和服务的领域，逐步让社会组织和民间企业成为提供优质公共服务的主体。政府应将管理、服务、统筹、协调等功能统一起来，鼓励民间组织在公民维权、消除贫困、化解冲突等方面发挥更加积极的作用，让社会在法治的统摄下依照社会自治的逻辑进行自我管理，真正做到民事民议、民事民管、民事民办，努力实现小政府、大社会的格局。

从目前的情况来看，我国社会的核心问题之一仍然是民生问题。经济繁荣构成了社会文化发展及政治体制改革的前提，优质的民主离不开优质的民生作为坚实的基础。尽管我们建构了城市和农村低保制度、自然灾害救助、临时救助、教育救助、住房救助、法律救助等比较完善的社会最低生活保障体系，但仍然存在地区发展不平衡、救助资金投入力度不均匀等复杂问题。从根本上满足困难群众的救助需求，有赖于社会救助法律体系的健全和完善。因此，我们应尽快出台《中华人民共和国社会救助法》。总之，只有满足人民的需求，搞好民生，才能争取民心。当然，人权不仅是指民生，人权除了生存权利，还应包括对政治、自由、发展等全方位的需求。物质文明生活需求的满足必然会促进精神文明生活需求的提高，进而带动民众法律意识、公民意识和权利意识的全面增强。一个法制健全、民众权益得到保障的公民民主社会必然要取代一个以简单服从上意、执行指令为行事特征的社会，只有具备这样一种现代意识和心理准备，某些地方政府才不会出现在提供公共服务上的缺位，在私人生活领域因过度干预而越位，在对角色变换和职能改变的理解上的错位。只有公民的各项合法权益真正得到保护，维护群众合法权益的机制得到建立，相对的利益均衡态势得到维持，诉求表达及利益冲突的协调化解渠道得以健全，社会才能够长期实现一种动态和良性的稳定，才能彻底终结民众只有大闹一场才能维权，政府只有抓几个人才能维稳的怪圈。一句话，只有维权，才能维稳，而单纯稳定本身并不是目的，而是维权的副产品，是维权的必然结果。

二、从维权到国家治理中核心价值的建构

如上所述，维稳关键在于维权。维权是对单纯维稳观念的一种超

越。然而随着社会实践的推进，人们又发现仅有维权意识还是远远不够的。国家治理必须有一种在维权意识激发下所形成的宏观长远的战略思路，这一思路的中心，就在于国家治理中核心价值的建构。正是这种核心价值，使得维权活动获得了深刻的理念底蕴，使得维权意识获得坚实的机制保障。

众所周知，改革开放以来，中国已经无可逆转地跨入了全球性的现代化的进程。世界经济一体化的发展，必然也会导致在全球范围内在核心的价值理念上形成一种基本的共识。一种与开放的民主社会相适应的价值观念或价值理性将凭借自己的生命力与竞争力占据主导的地位。正是在这样一种宏观背景下，中国正在经历着的一场从传统社会向现代化社会的巨大历史变革，不可避免地会对在长期封闭的小农经济环境中形成的价值取向与思维习惯，产生重大的冲击。从过去只讲个人美德，到现在重视制度伦理，从过去只讲阶级道德，到现在重视普遍价值，从过去只讲义务奉献，到现在重视权利正义，这些正是我国社会价值观念逐渐发生巨大变迁的一种直接反映。

2013年底，中共中央办公厅印发了《关于培育和践行社会主义核心价值观的意见》，共24个字的社会主义核心价值观分成三个层面：

国家层面的价值目标：富强、民主、文明、和谐。

社会层面的价值取向：自由、平等、公正、法治。

公民个人层面的价值准则：爱国、敬业、诚信、友善。

从国家治理的角度来看，我们可以集中探究一下社会主义核心价值观中的三种价值：自由、民主、法治。之所以特别挑出它们，不仅是因为这几个概念得到了伦理学界比较长期和集中的关注，它们体现了我们这个时代最重要的社会价值基准或政治伦理价值导向，而且更重要的，从维权意识和立场来看，自由与民主均是公民的基本权利，而法治则是对这种基本权利的机制性保障。并且，从自由经民主到法治，呈现出一条环环相扣的逻辑脉络，其中，自由是起点，民主是扩展，法治是归宿。自由构成了人之为人的根本，民主是众多个体自由的集体呈现，而法治则是民主的固化与机制化。三者层层递进、相互依存、缺一不可，共同为现代文明社会的价值主体、治理模式、机制建构奠定牢固的根基。

（一）自　由

我们先说自由。我们前面之所以说自由构成了人之为人的根本，是因为人与其他动物的本质区别在于人有精神性，而人的精神性的第一种体现是人的自由。换言之，人的自由、自主决定的能力构成了人之所以成为人的本质特征。故自由是人的一种最高的财富。人因自由之能力而享有独特的尊严。自由是无需论证的，只有对自由的限制才需要论证。

所谓自由，意味着当事人能够基于自身的洞见，而非从属于他人的意志来行事。一句话，自由意味着通过自我决定而做自己的主人，是自我的设计者、塑造者与建筑师，而非简单地保持着他原本的状态并且像其他动物那样受制于既有环境。自由把人界定为一种开放的项目。

按照本义而言，自由应是无限的、绝对的，人可以这样选择，也可以那样选择。但在实际的运行中，自由往往又不可能是完全任意的，而是受到主观内在和客观外在条件的制约。

从主观内在的条件来看，自由并非意味着恣意横行、为所欲为，而是受制于理由的牵引。人类之所以能够摆脱自然状态跃进到文明状态，决定性的因素就在于其自由选择的前提下运用理性的能力。唯有人类才可以检视自身的动机与冲动，认知和权衡自己行为的理由，基于理据并最终在理由的引导下行动，同时为此而承担责任。正是基于自由并受理由的引导，人类才能开启一种全新的生活路径与文明状态。正是受理由的统摄，人们才可能放弃用暴力来解决纷争的做法，力争达到人际间的和谐与共生，才有可能超越自身利益基点，培育一种人性化的相处方式。总之，尽管人生而自由，但这种自由一定要受制于与他人的联系，即自由受制于道德，正是在这个意义上，不仅自由是人的本质，而且道德也是人的本质。自由与道德均为人的精神性的体现。就两者关系而言，自由是现代道德的奠立基础，道德则为自由的持续和真正实现提供保障。

从客观外在的条件来看，自由不仅受限于道德，而且也受限于法律规范、历史环境、社会文化因素等构成的主客观条件框架。而如何确立源于社会文化因素的对行为自由的限制的合宜的度，这是一个重大的社会伦理问题。我们知道，你需要自由，我同样也需要这种自由。而我们的自由得以实现的前提条件是，不得对他人同样的自由施加干扰、阻碍和影响，因为这样一种干扰不属于其行为自由，也就是说他人的自由是自己自由的边界。只有他人的自由得到保障，自己的自由才有实现的可能。而社会机制存在的唯一目的，在于维护每一个人在追寻其目标的自由活动的过程中所需要的基本秩序。除了这一点之外，对于个人自由而言，社会文化因素的限制应当是越少越好。

综上所述，自由构成了人的全面发展的基础，道德产生的前提，社会建构的原则。自由是人类文明成熟程度的标志，也是现代社会正向价值的标尺。

（二）民　主

民主是众多个体自由的集体呈现。诸多行为主体之自由、自主抉择的集合，就是民主。故民主代表着集体的自由意志。

在当今世界，民主作为一种理念与制度正以前所未有的规模和速度，有力而深刻地形塑着人类政治和社会生活的基本面貌与样态。随着规范民主的成熟与发展，民主不论是作为国家形式还是社会生活方式，其相对于其他竞争者的优越性与合法性，在当今已经几乎是一种全球共识。

民主，顾名思义是指"人民"（希腊语：demos）"统治"（希腊语：

kratein）。作为一种国家形式，也是一种社会生活方式，民主在近现代社会的竞争力源于其价值规范性基础。换言之，民主展现出一种价值观、一种道德观，而其核心则是由自由和平等这两大要素构成的。民主的自由意涵，体现在民主对每个人绝不屈从于他人的任意对待这样一种需求的尊重上。自由意味着按照自身的意志而非他人的意志决断和行事并承担相应的责任。这也就决定了任何一种外在统治的合法性，均来源于当事人对这种统治的授权与认同；换言之，统治者与被统治者实际上形成了一种重叠的关系，这也就造成了这种统治必须是以当事人的利益为出发点。民主的平等意涵，体现在民主给予每位公民在法律面前以同等的对待，享受平等的法律保护和同样平等的法律制裁。法律平等的实质取决于公民的人权平等，而法律的功能又在于以机制化的形式使公民的权利赢得平等的保障。总之，自由与平等构成了民主的价值规范性基础，一个国家只有在它实现了平等与自由的政治理想之意义上，才值得享有民主的称号。

当然，民主拥有自由和平等的价值规范性基础这一点，只是民主的道德表达的最笼统的说法。随着时代的变迁，民主已经发展出不同的样态与模式，从而造成了民主在道德表达内容上具有各自特点。影响最大的类型可以说是所谓自由主义民主、共和主义民主和审议民主（deliberative democracy）这三种形式。自由主义民主所突显的道德价值是个体的自由权利，其弱点在于难以提振共同体的团结意识。共和主义民主所强调的是共同体的团结，但这种模式不仅缺乏使自己的价值目标得以实现的有效途径，而且还易于倒向对个体权利的否定与压制这样一种极端，从而也就走向民主的反面立场上去了。审议民主则汲取和融合前两种模式各自的优点，在维护个体自由选择权利的前提下，努力以法律的形式来实现团结的价值诉求。这样就自然过渡到第三种价值：法治。

（三）法　治

如果说，自由构成了人之为人的根本，民主是众多个体自由的集体呈现，则法治便是民主的固化与机制化。法治是对人的自由的尊重，对民主的维护。一句话，是人的自由、人民的自主意志至上的一种制度性的体现。所谓法治，就是指依凭法律来治国理政。这就要求一个社会必须建构法律的内容、遵守法律的要求、监督法律的实施。

法治的核心在于法律。法律是由国家立法机构历经一定程序确立的、通过制裁机制使其效力得以强制保障的行为规范系统，这个规范系统体现为最低限度的道德。对于现代社会而言，法律占据着日益明显的不可取代的一个地位。那么，我们为什么要重视法律，强调法律优先的原则呢？

第一，从来源来看，法律是民主程序的结果，是人民意志的固化。立法程序是全民广泛参与的一种实践过程，每个人都可以以平等的身份、理性包容的态度及多元的立场投身到公共商议之中，这一以构建法律为目的的程序本身，就体现了对所有公民自由选择权利的尊重。同时，法律内容的具体设定，也取决于公民旨在自身福利得以保障的自主意志。由于法律是一种共同的道德意志的体现，这样，以法规形式表现出来的这种最低限度的道德，便从民意中赢得了自身的合法性。

第二，从功能来看，法律以强制的方式来保障人的自由选择的权利，以强制的方式来阻止对当事人施加的无理的外在伤害。法律是对当事者之任意行为的一种限制，法律尽管限制了个体的自由，但却维护了所有的人的自由。法律禁令让所有当事人都意识到，他人的自由就是自己自由的边界。于是，自由不仅构成了法律的源泉，而且也构成了其尺度与目的。而法律的这一对自由的保护功能，由于合乎所有当事人的利益而逻辑上能够赢得社会民众的普遍认同。

第三，从效果来看，法律要求借助精密的监督和制裁结构而具有强制性，它在规约人们的行为之时，不是靠在行为主体的行为动机层面做出意念诱导，而是完全依凭经精密设计的规则本身的运行机制。法律使最基本的道德要求获得了强制性、稳定性、可控告性和可援助性。精密的法律规范的普遍恪守，久而久之，就可以催发出宽展扎实的道德习惯。在一个现代的、世俗化的、陌生人的社会里，国家的法律规范越是严密，则社会的道德风尚便越为淳厚。也就是说，法治的健全与完善，意味着道德的稳固与持久。作为唯一拥有精神性的动物，只有人才有能力借助于对道德标准的设定和法律规范的固化，而为自己创造出一种文明的生活状态。

三、结束语

改革开放的社会实践表明，维护稳定的关键在于维护公民权利，公民权利的集中体现便是自由与民主，而自由和民主的坚实保障则是法治。于是，自由、民主和法治就构成了国家治理中的核心价值。从自由经民主到法治，是一条清晰的价值观呈现的脉络，它不仅是一种理念的逻辑推演，而且也是一种实践的渐次延展。这条脉络凸显了能够使所有社会成员凝聚在一起的社会价值基准，构成了当代人类社会制度与政治生活建构的规范性基石，呈示了现代文明的精髓，也是改革开放以来当代中国社会价值观念所发生重大历史变迁的鲜明体现。

应当指出，谈价值理念容易，而关键在于如何落到实处。自由、民主、法治作为道德原则是抽象的，它们在应用到各个国家的具体实践中必然会呈现出与本国国情相关联的特色。我们既要注意不能将普遍原则生硬地移植到具体的实践，也要警惕用实践的特殊性来否定原则的普遍性。自由、民主、法治这些道德价值，不论在具体实践中如何变形，也改变不了各自所必须拥有的本质性的内容，离开了价值的这些普遍的规范性的内涵与约束性的效力，则自由就不再是自由，民主就不再是民主，法治也就不再是法治。

国家治理改革的关键不仅在于价值理念的变化，而且也在于政府职能的转变。政府应还权力以规范，其职责主要在于制度法规建设，其角色主要在于规则和程序的制定者、矛盾的调节和仲裁者，以及通过法律制度保障民众诉求表达渠道畅通的监督者。政府应致力于强化和完善解决社会矛盾和冲突的法治机制，使法治成为解决社会矛盾和社会冲突的长效的制度化手段。

第九章
人权与企业

一、《劳动合同法》的意义

改革开放40多年来，中国经济总量已经达到世界第二，但一般民众的收入和劳动保障水平还没有达到更理想的高度。无数普通劳动者为国家的发展、社会的繁荣作出了巨大的贡献，在某些方面甚至作出了巨大的牺牲，而许多劳工在维权的道路上却历经艰辛。为了充分保障劳工的基本权益，2008年1月中国开始实施《劳动合同法》，其成果是：从1月到9月规模以上企业签订劳动合同的比例，从法律实施以前的不足百分之二十上升到了百分之九十三，且劳动合同短期化现象减少，中长期和无固定期限劳动合同逐步成为主流。

保护劳动者合法权益的《劳动合同法》的实施在社会上引起了极大的反响，广大劳动者欢欣鼓舞，而反对的声浪也不绝于耳。

实施《劳动合同法》对于那些非正规的，尤其是以逃避责任来获取利益的用人单位来说，用工成本会大大增加。特别是在国际金融危机来袭、某些企业遭遇困境的背景下，有人认为《劳动合同法》的实施加大了企业运行成本，应该缓行；有人甚至认为应该修改该法。国际金融危机来袭时，一些企业果然把减员作为增效的手段。在一些企业对劳动者合理诉求和合法权益的漠视下，许多民工只得背起行囊踏上返乡的痛苦之途。

2010年春节过后，经济开始回暖，国际订单突然增加，但各地却普遍出现了"民工荒"现象。"民工荒"现象的出现，原因非常复杂，但根本原因在于劳动者对一些企业长期漠视工人权益做法的严重不满。他们认为在这样的企业里工作，劳动时间很长，工资不能按时发放，应有的养老、住房、子女教育、医疗等待遇得不到保障，缺乏归属感，这样的企业没有任何吸引力。

可见，所谓"民工荒"也是"民工权利荒"。不重视员工权益的企业，不能善待工人的企业，到头来终将受到民工的否决。相反地，在山东许多地方，即便是在国际金融危机下仍然严格按《劳动合同法》行事、不裁减员工的企业，在用工高潮之际，劳动关系仍能达到基本的稳定和有序。

"民工荒"现象使人们有机会重新审视《劳动合同法》的意义。类似《劳动合同法》这样的法律，在世界大部分国家已执行几十年、上百年，事实上还没有任何资料显示，保护劳动者的基本权益会阻碍社会和经济的发展。《劳动合同法》的实施对遵纪守法的正规企业来说，其用工成本基本没有受影响，不会从根本上阻碍我国劳动力成本竞争优势。大部分企业将《劳动合同法》视为理顺和规范长期稳定的劳动关系，有利于企业人力资本投资的法律，长期来看，该法律不仅对企业的健康发展有着正面的效果，而且也有利于保持国家经济增长的后劲。

市场经济的快速发展提升了中国公民的维权意识。《劳动合同法》从根本上说是一部维护劳动者权益的法律。而"民工荒"体现出维护自身应有的权益已成为人们日常生活中的自觉的行动。

"民工荒"不仅对于中国经济发展格局产生了深远的影响，给一些企业带来了惨痛的教训，而且更重要的是，深化了人们对人权与企业之间关系的认知。

二、尊重人权与企业利益

中国正经历着从以义务为本位的传统社会向以权利为本位的现代社会的巨大转型。中国传统社会以重视义务著称，但那时中国人谈义务，往往是单向度的，是指个体对家族、共同体和国家的义务。而在现代社会，人权已成为最基本的行为准则和价值诉求，此时人们再谈义务，首先是指国家在保障人权上的义务。每一位个体的权利必须得到切实的尊重，这是一项基本的原则，不仅对于国家是如此，对于个人是如此，对于企业也是如此。因为企业也是一种行为主体。故企业尊重人权，在现代社会已经成为国家的一项强制性的法律要求。

许多企业担心严格遵循人权的要求会削弱企业的竞争力。这种担心是毫无根据的。人权体现了人最基本的需求，因而也是人际交往、国际交往最根本的行为要求。一个尊重人权的国家，能够赢得世界的赞誉，一位尊重他人人权的个体，也会获得别人的感念。同样，一个企业尊重人权，它也顺应了社会的期待，因而最终会赢得无可估量的"商业利益"。换言之，企业不能仅仅着眼于短期利益的增长，而必须致力于保证所有相关方的权益得到尊重，这样，企业才能实现其商业利益的最大化。

如果企业尊重人权，员工在企业中能得到人身安全、平等机会、最低工资、劳动合同、休息时间等的应有保障，得到医疗、失业、养老保险，则这样的企业才能吸引员工、留住人才，使其成员的工作积极性得到充分的调动。在2010年的第十一届全国人大三次会议上，有代表在议案中指出，从企业层面讲，应当建立人性化管理模式，改变对外来务工人员只会"吃苦耐劳"的传统印象，对他们生活方式和文化诉求的新变化，给予切实回应。这项议案具有长远的战略意义。企业家应以一种更宽阔的胸怀来看待经济发展，不能仅仅着眼于眼前财富的积累，而且应致力于使大多数人得益，从而夯实可持续发展的基础。中国大型国有企业长安汽车在2011年"第一财经·中国企业社会责任榜"评选中之所以荣获"优秀实践奖"，就是因为它深知"员工是企业发展最宝贵的财富"这一真理。在公司发展过程中，长安汽车积极努力创造一个尊重员工、发展员工和成就员工的氛围，帮助员工在实现公司目标的同时实现个人价值。在"客户为尊、员工为本、诚信敬业、持续改善"的价值观引导下，长安汽车积极践行"双关心"文化。一方面，长安员工的收入不断增加。另一方面，关心员工身体健康，定期组织员工体检，建立员工健身中心，举办万人运动会、千人太极拳表演，增强员工身体素质。长安汽车不仅为社会稳定和经济增长作出了重要贡献，也为国有企业积极践行社会责任作出了表率。

如果企业尊重人权，则消费者的权益就会成为企业的重要考量，企业就会注重产品的安全与环保问题，同时也通过捐助等方式投身于社会公益事业，则企业的产品就能获得独特的品牌形象，企业的声誉也就得到了巨大的提升。荣获2011年"第一财经·中国企业社会责任榜""杰出企业奖"的中粮集团从"忠于国计，良于民生"的理念出发，主动将履行社会责任与企业战略统一起来，立足中国市场，利用全球资源，科学布局，在全球视野下构建"全产业链"，致力于在国家粮食安全、食品安全和解决"三农"问题上承担社会责任。中粮集团通过打造"从田间到餐桌"的全产业链，从源头控制、生产过程控制、检验检测、可追溯体系建设等方面严格保障食品安全，履行了食品企业的责任，也维护了自己的品牌形象。中粮集团推行现代食品安全管理体系和标准规范，实施HACCP、ISO22000、TQM等先进的质量安全管理技术，围绕"人、机、物、环、管"等关键环节加强现场管理，确保生产过程得到有效控制。在日常监督的基础上，中粮集团参照国际通用的风险评级标准，开发了食品安全风险评价指标体系，定期对食品安全管理情况进行评估，促进食品安全绩效评价等级的持续提升。作为中国最大的国有粮油食品企业，中粮集团深知优秀的品牌形象不仅是产品质量的标志，也是一整套价值观的标志，自然能给整个国家带来巨大的经济与社会效益。

如果企业尊重人权，在遇到权益冲突之时，它就会诉诸一套解决矛盾的透明程序，搭建一个平台让利益相关方聚集在一起进行平等对话。观念的表达有助于揭示事实的真相，意见的交锋有助于形成明智的决策，明亮的光线是最好的消毒剂，社会的监督是企业应对挑战、走向成功的关键。

德国经济伦理学界存在一种理论，即经济伦理的核心是对话伦理。他们注意到，传统的经营管理模式的特点就是指令按照等级系统由上而下单向流动。然而在今天，普选制度所带动起来的作为一种社会时尚的民主风气似乎也吹进了企业，企业的经营管理者越来越重视来自各个角落的批评与建议，这就为作为解决企业伦理问题的原则性方法的对话创造了必要的结构性的前提。在他们看来，对话作为一种操作程序构成了企业伦理的核心。企业应有这样一种道德敏感性：任何一种经济行为，在其后果有可能影响其他人的情况下，原则上就必须放弃。如果不放弃，就必须通过和平的对话和交谈，在理性论证与自愿的条件下，形成一个包括企业与被企业行为所影响的人在内的所有当事者都能接受的共识，保证利益的共享和后果的共同承担。企业伦理意义上的对话具有非常广泛的含义，它包括以解决劳资冲突、完善产品的质量管理为目的的企业自身内部的对话，也包括以协调企业行为与社会责任之间矛盾的企业与社会组织代表之间的对话。National Grid 是英国的一家能源集团。它注意到在磁场是否对人体产生健康影响的问题上，科学界有不同的声音。2003 年，该集团建立了"利益相关方论坛"，聘请一家独立的机构——英国的"环保委员会"来主持由来自工业、政府、学术界、民间团体等方面的代表参与的研讨会，让不同观点的人一起研究这个问题。事实证明，提供一个通透的平台，让各种观点、立场、意见都得到展现，这对于消除公众的顾虑，形成明智的战略对策，是非常有意义的。

就企业内部的对话而言，企业伦理应研究如何通过对话而形成具有本企业特色的、对企业行为的伦理质量的提高具有长期指导意义的企业伦理规章。这种伦理规章绝不是传统意义上旨在提高生产效益的行为规章，而是作为国家法律之补充的、体现了伦理之要求的、对经济行为进行自我约束的企业自身的法律，它给企业的决策提供了一套基本的标准，从而简化了企业对其行为的道德反思的进程。例如美国Caterpillar牵引机跨国公司的企业伦理法典中就有如下的内容：甲.对于国外分公司而言，如果来自美国与来自当地的求职者同时竞争一个位子，在个人条件相同的情况下应优先考虑当地的申请者。乙.在雇员的待遇方面，如果当地标准与普遍的道德准则相冲突，则应遵循普遍的道德准则。由于伦理法典明确规定了哪种利益应得到优先考虑，哪种应作出让步，这样也就给追逐利益的活动划出了一个界限。于是，某个企业如果遇到诸如"发现本公司很能赢利的某项产品会给消费者带来严重副作用，而另一公司的同类产品却不这样，那么该企业应否停止生产这种产品"之类问题时，伦理规章就能起到决定性的作用，因为它肯定含有消费者的健康高于企业的利益这样的内容。

当然伦理规章也有其局限性。例如某公司生产一种糖精，该产品对于大多数超重者及糖尿病患者都极具健康价值。然而后来又发现该产品对极少数人而言却有诱发癌症的危险。就这种复杂情况来说，公司并无现成法规可供参考，那么该产品是否可以继续生产？此时伦理规章也难以发挥作用，因为它无法论证究竟是大多数病患者的利益重要，还是极少数潜在的癌症患者更值得关注。唯一的办法似乎就是建立一个针对该问题的伦理委员会，进行企业与社会各方代表之间（在本例中指两类病人代表和医药界代表）的对话。伦理委员会是企业为解决企业行为与其社会后果之间冲突而设立的临时性机构，是对话伙伴的一个重要论坛。其任务是参与董事会的决策和对企业伦理法典的实施情况进行审查，并向公众提出评议报告。除企业代表之外，伦理委员会的成员既要具备专业素质和道德威望，又应善于推动意见交流和形成共识。

如果企业尊重人权，它就能够与政府和商业伙伴保持一种良好的关系，获得稳定的经营许可、贷款机会、供货与销售渠道，降低经营风险，从而最终形成强大的竞争力。IFC是一家国际金融公司，它要求需要贷款的客户必须遵守一项拆迁、安置准则，从而保障拆迁户的住房权益。它要求，在任何搬迁中，都必须为拆迁户提供新住所土地的稳定的使用权，即便居民在之前的住所并没有稳定的土地使用权。如果IFC的融资项目涉及非自愿性安置，则需要贷款的客户必须提供一份详细的安置计划，并监督计划各项目标的准确落实。1998年夏，中国长江流域出现洪灾，许多公司在中央电视台组织的慈善晚会中承诺捐款。但也有个别企业并未兑现。美国格里森医药公司（GMC）被告知其愉快的合作伙伴——三家中国企业正属于未兑现承诺者，并被建议剥夺这三家企业作为GMC代理商的权利。GMC公司陷入了两难：终止合同，自己会蒙受巨大损失。不终止，则如果此事被中国媒体公开，则自己连带的信誉也会受损。最后，当丑闻暴露时，GMC公司决定结束与这三家中国企业的合作关系，其理由显然是"不诚信的企业根本不具备合作的基础"①。

在中国，把人权原则运用到企业的经营当中，这还是一个崭新的观念。但人权这个概念无疑能够重塑人们对企业的理解。因为所有的人权都与企业相关，对于中国的人权事业，企业能够作出一份独特的

---

① 罗世范（Stephan Rothlin）：《终极赢家的18项伦理修炼》，中国人民大学出版社2004年版，第201-206页。

贡献。根据英国牛津大学研究人员的预测，未来有九大新型职业最具发展前途。其中包括企业软实力主管（负责管理企业文化、增强员工能力）、员工福利经理（负责员工的福利事业、保障其健康以及合理的工作时间和强度）、可持续性主管（负责监管企业生产活动对环境保护的影响，协调企业同政府以及居民、社区之间的关系），这三大主管的中心任务均涉及企业与人权的关系问题，均旨在提升企业对人权的贡献度。可见，企业一定要有人权意识，其任何决策都应合乎人权的要求。为此，企业应有自身的人权行动指南，并将之作为对业绩审核与评估的重要依据。到目前为止，中国有两百多家企业参与了《联合国全球契约》(Global Compact)，该契约是联合国推广的一个关于企业公民责任的自愿协议，其两个核心原则是"企业界应支持并尊重国际公认的人权""保证不与践踏人权者同流合污"。

该契约让企业认识到：自己的人权记录将极大影响自己的声誉，只有尊重人权体现的利益，才能维护企业自身的利益。

第十章
人权如何得到确证？

——台湾华梵大学"人权的哲学反省"学术研讨会印象

对人权理念的认知以及相应的制度框架的建构，是人类文明史上最伟大的成就之一。在当今世界，人权理念作为一种普遍性的价值诉求，已经得到越来越多的国家及文化共同体民众的认同与接受。2004年中国大陆将人权入宪，不仅是我国法律史上的一件大事，也是中国道德思想史上的一座里程碑，它不仅使人人所享有的道德自主权利获得了一种宪法制度的保障，也证明对人的尊严及自主性的尊重已经构成了我们全社会的一项普遍共识。然而，以前对人权的研讨，往往仅局限于法学与政治学的层面，而从哲学伦理学及文化哲学的视角来对人权理念进行解析乃至确证的尝试，则还处于初始的阶段。

2006年3月11—12日，由中国台湾华梵大学主办的第九届儒佛会通暨文化哲学学术研讨会在华大举行。本次研讨会的主题正是人权的哲学反省。30多位专家学者围绕人权的哲学理论与实践、多元文化与人权、佛教的"平等"概念、儒家思想与人权关怀等前沿课题进行了热烈的研讨。

本次研讨会的两大主题给笔者留下了深刻的印象。一是中国文化，特别是儒家思想与人权理念的会通问题。一是人权能否及如何确证的问题。

　　关于中国文化与人权理念的会通问题。众所周知，"人权"是近代西方文化的产物，中国哲学本无对现代"人权"直接的关切与陈述。但许多学者认为，这并不意味着中国哲学就没有对当代人权议题发言的基础。华梵大学哲学系教授劳思光院士在题为"人权与人性"的学术演讲中指出，人权是文明的观念，是文明社会秩序的条件。中国文化中虽无"人权"字眼，但中国文化讲人性，人性是一种特殊的能力，人只有将其人性激发出来才能摆脱动物性而真正成为人。而人性则是文化秩序的根源。这就从某种意义上为中国文化与人权理念的会通奠定了基础。东吴大学叶海烟教授也认为，在中国哲学的诸多论域中可以发现与人权思维相关相应的一些观念，如孟子人性论中的人权关怀。南华大学的陈政扬教授也强调儒家传统确实蕴含着与现代人权相接榫的思想资源，问题的关键在于应探讨儒家是以何种有别于西方人权传统的方式，阐扬对人之基本尊严的捍卫。政治大学曾春海教授则认为先秦儒家虽蕴含人权思想，但中国的人权意识之逐步觉醒，则较集中在近百年来的思想家中，他特别提到谭嗣同在《仁学》中对人与人相通的平等权利的诉求；康有为在《大同书》中对以自立、平等和独立为主要内容的天赋人权的标举；梁启超对人权乃是个人权利的强调。与在中国哲学内部寻找人权因素的做法不同，辅仁大学雷敦龢（Edmund Ryden）教授以黄宗羲、孟子、朱熹和庄子为例，从行为动机的角度探讨中国哲学在推动人权上的一种可能性。一个自身受到虐待的人（如黄宗羲），自然就有强烈的动机投身于人权事业。孟子对穷人有着深刻的同情，所以他就特别关注社会公平问题。朱熹认为伦理的目标不仅在个人修养，而且更在于建立社会的公正关系，因此他的哲学以关心社会、关心人为特色。庄子强调人的内在价值不在于符合社会的要求，而在于其自身的自由。这四个代表人物的行为动机都能发挥促进人权的作用。对于试图说明儒家传统已然包括人权思想的做法，佛光人文社会学院的沈享民教授则并不认同。他认为比较可取的进路是，指陈并分析人权思想在哲学上的基本预设，随之检视儒家哲学与之相容的程度。

人权能否及如何确证的问题，是研讨会的第二个令人印象深刻的亮点。台湾"清华大学"张旺山教授在题为"由韦伯的价值哲学论'人权的普遍有效性'问题"的报告中认为，在韦伯的思想中，科学基本上可分成"规范性的科学"与"经验性的科学"两大类。在规范性的科学中，伦理学提供伦理或道德领域的规范。这些规范性的科学都是奠基于某些教条，而这些教条或价值观念，终极而言都是有主观根源的。人们之所以会觉得这些价值观念神圣，乃是由于早已相信了这些观念。但价值的创造是不断进行的，不仅旧有的价值观念有可能转变或消失，随着时代的进展和人心的需要，我们还可以创造崭新的价值观念，并且这一切往往是在不自觉间进行着的。因此忽视价值观念的这种相对性，认定自己所信奉的最高价值就是普遍有效的，是所有有理性的人都应该接受的，这种态度也许就可以称为一种极端理性主义的狂热主义。张教授由此得出结论：在人权问题上，韦伯价值哲学反省的价值，并非对人权价值与理想进行哲学性的证成，而是在肯定人权对于我们现代人而言具有极为重要的意义之余，进一步提醒我们——我们一方面无法客观地在价值哲学上证成人权的普遍有效性，另一方面在对人权的理解上也必须注意价值理解上的主观限度，使得抱持不同的、对立的价值观的人，彼此之间更能以尊重的态度相对待。

同样对人权价值的普遍有效性可以得到确证的观点持质疑态度的还有淡江大学的林立教授。他认为，哲人习惯上要求一种绝对性的奠基，证明某种价值为普效的善，可惜至今各种为人权奠基的学说，皆是失败的。在题为"反省Rawls由假设的契约推出权利之合理性"的报告中，林教授描绘了罗尔斯以无知之幕为起点,基于人追求自利、又渴求无论如何能规避风险的人性,正义的两原则自然就能够被人们选定为社会的基本架构这样一个逻辑推论过程。林教授认为,罗尔斯的学说推演,只是一种自己的臆测,没有可验证的真理价值。罗尔斯的理论同其他契约论一样,要依赖一种特定,而且是一致的人性之预设,但这根本无法证实。罗尔斯的这种方法会遭遇到世上与他不具相同秉性的人嗤之以鼻。因此尊重人权的社会之建立,并不是透过罗尔斯所主张的社会契约的推论方式,而是人类在饱经历史的惨痛教训之后,在强者和弱者之间达成妥协的结果,是一种无奈的妥协。

在人权能否及如何确证的问题上,笔者的态度则乐观得多。在题为"人权的哲学论证"的报告中,笔者首先描述了西方思想史上曾经出现过的几种论证方式:"自然权利"论、康德"理性权利观"、以"先验的交换说"为代表的当代契约论和美国格维斯(Alan Gewirth)的"个体行为者"式的论证。笔者认为1948年联合国《世界人权宣言》问世的实践动因是对"二战"期间纳粹反人类暴行的深刻反省,而其理论根据则是出自自然权利说所提供的思想支撑。但今天看来,自然权利说无法抵抗针对"自然主义之谬误"的批评,故难以作为对人权的有效论证方式。笔者比较认同德国赫费(Otfried Hoeffe)"先验的交换"式的论证方法,即人权并非人的自然特性,而是同所有其他道德规范一样,由人类自身设定和建构起来的。由于每个人身上都存在着合理的自我兴趣,因而他们自然就会以对他人利益与兴趣的认同,来换取自己利益与兴趣的保障。这种对基本的利益、兴趣及行为能力的相互保障就是人权。也就是说,"人权的合法性来自于相互性",来自于先验的交换。这样一种契约主义的论证方式,当然同样抵抗不住质疑和否定一切人性假设的林立教授的批评,但否定一切人性假设,却要承担完全否认人间存在是非观念及标准,从而滑入道德虚无主义泥潭的风险。针对张旺山教授有关道德规范未必有"普世性"的命题，笔者认为，的确道德规范不一定有"普世性"，但在一定范围内，法律规范则确有"普世性"。例如，按照德国的《基本法》(宪法)，人权原则不可能因多数决而遭到根本否定。英国历史学家欧文否认纳粹大屠杀的历史事实，这种严重蔑视人权的言论违背了奥地利的法律，所以被判有罪。而我们知道这些法律规范都拥有相应的道德规范作为价值根基。从世界性的人权法律化的趋势我们可以看出，二十世纪中叶以来随着《世界人权宣言》的颁布，人权观念已经日益成为世界各国、各地区、各民族人民共同的行为准则与价值基准。最后，人类往往不是从某种价值观念得到教益的，而是从深刻的历史教训中获得教益的。人权不可能被推翻，尽管我们任何一个理性论据都不能为此提供保障，但我们所拥有的惨痛历史教训可以为此提供保障。人权是当代文明程度的标尺，人类对人权的捍卫以及有关反人权的历史教训将与人类记忆共存。

第十一章
雷锋的道德关切与陌生人的社会

对于当代中国社会道德状况的基本面应如何进行评价，已经构成了一个全民高度关注的理论与实践话题。笔者大体上赞同如下一种研判：当代社会的道德图景是复杂多色调的。一方面，随着改革开放与现代化建设的进程，我国正经历着一个从传统的臣民社会向现代公民民主社会的巨大转型。民众公民意识、自主意识和权利意识的空前高涨，见证着整个社会文明程度的不断提升和现代普遍价值理念在人们头脑中的逐渐成熟，也为我国建构与时代相适应的权利与义务观以及一整套新时期道德规范体系奠定了基础。另一方面，由于制度框架及法律结构在内容上或执行上的不足与缺失，加上少数官员腐败对社会风气的侵蚀，"道德滑坡"也已经成为不少人对中国社会精神现状做出评价的主题词。呼吁企业家要有道德的血液，召唤全体社会每一位成员都应拥有耻感和良心，成为媒体最具震撼力和持久性的流行语。在众多的改善社会道德风貌的方案中，最强势的当属有关回归中国的德治传统，在古典的思想文化资源中找寻振兴中国人道德精神的动能与灵感的主张。方法要么是诉诸儒家教诲，以修身养性来成就一个贤者完人的伟业；要么是订立新的三纲五常，在旧瓶装新酒中让现代人即便是在今天也还能拥有一种价值依归和精神寄托。

这些对德治的呼吁和对品德的召唤的最大问题，或许在于对时代变迁及语境差异的漠视。我们这个社会最大的特点，表现在这是一个现代化的、民主的、权利意识高涨的、宏大的陌生人的社会。在这样一种社会里，道德水准的高低从根本上讲取决于制度的完善与法规的健全。缺乏完备合理的制度架构，或者一些人能够把谎言作为生存的手段，这样一种氛围里再多的道德呼吁也都是徒劳、枉然之举。谁都知道，个体善良品德的养成无疑可以优化社会的道德风貌，但就个体的德性而言，社会只能期望，但不能指望。而如果国家以改善道德风貌为目的，以行政手段强制推行某种价值观念，如所谓新的三纲五常，则又明显违背了公民在道德选择上自主权利的诉求，无疑是一种开历史的倒车的危险之举。即便是我们想要在当今这个时代倡导某种道德诉求，从而提升人们的德性素养，也必须顾及陌生人社会特殊的语境。在一个宏大的，以匿名为特点的陌生人社会，如何讲德性，如何提倡一种道德关切，怎样改善人的品格素质，是一个全新的课题，决不能简单套用传统的做法。有关这一全新课题的研究，使我想到了雷锋精神及其所蕴含着的道德关切。

诚然，雷锋精神具有政治思想、道德素质、人格魅力等多重的价值。而我这里所要探讨的只是雷锋精神中所蕴含的道德素质的维度。不同于战争期间英雄模范人物形象的独特和事迹的壮烈，雷锋是一个和平时代的普通士兵，他做的每一件事情都并非惊天动地，而且原则上讲谁都可以效仿和复制。但恰恰是雷锋因对做这些寻常小事的自觉不懈地坚持，而使自己与众不同；更是雷锋因将做好事的行为即便是在陌生人的环境里也能变成一种习惯，而使自己成为一个世人难以忘怀的好人，既温暖了他人，也幸福了自己。对于素不相识的陌生人，我们应该报以怎样的态度？这是在当今这个被称为"无数的道德冷漠事件叩击人们良知的时代"，整个社会必须严肃反思的问题。对于这个问题，雷锋以他最平凡的行动做出了最深刻的回答。从这个意义上讲，雷锋这个道德符号是鲜活的，在今天怎么强调都不过分。雷锋精神既是普世的，也是永恒的。

雷锋离开大家已有60多年了。中国也已进入了一个市场经济的时代，每个人都享受着在逐利、欲望的驱动下追求自身幸福生活的权利与自由，从而也就造就了社会空前的经济繁荣与商品富足。当然人类任何一种形式的社会活动与交往行为都受制于一定规范的约束，这也正是整个社会生活得以正常运行的缘由，也是人类社会文明程度的标志。传统的农耕时期的中国社会，是一种典型的熟人社会。以道德为主要形态的行为规范是调节家庭、近亲和邻里、村人的。虽然我们的儒家传统中早就有将近爱外推到陌生人身上的价值倡导，有"老吾老以及人之老，幼吾幼以及人之幼"的著名古训，但这种外推的力量肯定会随着距离的伸展而逐渐衰减。于是，我们长久以来一直面临着如何与陌生人打交道这样一个难题，许多人在陌生人面前往往顿陷于一种茫然与失措。警惕、冷漠、排斥，甚至是敌意，成为有些人通常的应对态度。

市场经济造就了一个更为广博、宏大的陌生人社会。率先经历过市场经济洗礼的一些发达国家处理陌生人社会人际关系的方法，主要依靠法律规范的建构与调节，当然也辅之以传统的宗教伦理精神。尽管表面上看法律规范似乎非常严明冷峻，且宗教的影响随着整个社会世俗化的进程也日渐式微，但总的来说，在大多数发达国家里，实事求是地讲，人们还是能够普遍感受到人与人之间相互关怀、互相顾及的人情温暖的。笔者在西方发达国家生活了九年，下述例子不胜枚举：有一次笔者在瑞士旅行期间为购买一本学术著作走进苏黎世的一家书店。店员查询后发现没有。但他并未双手一摊，I am sorry，就此了结。而是不厌其烦地给出了两套解决方案：一是提供了另一家书店的地址及行走路线，二是划出了中央图书馆的地址及行走路线。两条路线都彩打出来并用彩笔详细标识，而且还把我送到可以准确出发的位置。这件事情清晰地呈现出了这位店员对于一位陌生人的习惯性态度。毕竟他的所有这些活动都与其商业目的没有直接的关系，他的所作所为都是为了我——一位作为游客而以后未必再有机会光顾此店的陌生人。他这样做是法律使然？不是，法律很少会有鼓励做善事的内容（除非有些国家里的"见死不救"罪）。是宗教的力量吗？不敢肯定，因为未必人人都是教徒。那么，原因究竟何在？笔者的体会是，在许多西方发达国家里，虽然大家偶尔相遇都是陌生人，但有一种精神或行事规则作为一种价值导引却在默默支配着人们的行为，这就是"在意他人""顾及他人""帮助他人"。这里的在意、顾及、帮助的"他人"，不是指近亲熟人，而是平等地指向每一位陌生人，不论距离的远近，也不论年龄、性别和种族的差异。我们知道，在一种村落型、单位式的熟人环境里，做到在意、顾及和帮助他人这一点并不困难，而且往往还有长远的回报可以期待。反之，在一个陌生人社会里，不在意、不顾及和不帮助他人的做法，在许多人看来，不仅成本很低，代价很小，也难以对当事人造成什么心理压力。这正是当代社会对陌生人之间的人际关系进行调节最大的困难之所在。当然，正视这一困难，并不意味着我们全然没有着力点和努力的方向。同陌生人打交道首先要依靠法律的规范，这是一个社会正常运行的基本前提。但是，除了外在的法律规范之外，还应有内在的道德规范的制约，这就体现在我们每个人在主张自身正当权利、追逐自身正当利益的同时，还应有一种在意他人、顾及他人和帮助他人的道德关切。这种道德关切是一种软约束，是一种内心恒常的有关"被他人需要就是自己存在的价值"的默默提醒。这种道德关切平等地适用于对待所有的陌生人，而又无需行为主体付出多大的代价或损失，可以说是一种举手之劳的善心善举。

雷锋精神从某种意义上说恰恰蕴含着这样一种道德关切（尽管以全

心全意为人民服务为核心的雷锋精神拥有与此相比远为丰富而又厚重的道德内涵）。所以难以否认的一个事实是，在一些发达国家里我们常常会感到似乎处处都能闪现雷锋的身影，在改革开放的今天我们的社会里助人为乐、争当义工的雷锋式的人物也是层出不穷，他们默默无闻地架构起这个国家的脊梁。这一点完全可以证明那种把雷锋看成是仅仅适用于某种特定时代或某种特定人群，在商品经济的条件下只能沦为一种虚幻的道德偶像的观点的荒谬性。雷锋怀着一颗对新社会的深沉的感恩之心，在短短的一生中做了无数的好事，而且作为孤儿的他的行善对象大都是素不相识的陌生人。他的每一个小小的援助举动，他的每一个小小的捐款行为，也都并不意味着他身心或财力的巨大付出，但使受益人却感受到了自己被在意、被顾及和被帮助的巨大的人间温暖。从某种意义上讲，雷锋精神中的道德光谱恰恰折射出了一项陌生人社会中人际交往应当遵循的行为规范：在意、顾及和帮助他人，让每个人都能感受和享受到人间春天般的光与热。一个社会里人的行为举止是该社会文明程度最重要的一个标志。国际社会对中国的观感很大程度上就是在对我们走出国门作为游客、留学生、务工人员等的中国同胞的一举一动的观察中逐渐形成的。只要我们的游客仍在餐厅里不顾他人感受地大声喧嚣，不在意别人的存在肆意插队加塞，上了公交车不分先后顺序地抢占座位，对红灯停绿灯行的规则置若罔闻，见到跌倒老人却视若无睹绕道而去，无意碰撞了他人却不送上道歉，那么我们的外宣工作再轰轰烈烈，我们的文化"走出去"活动再怎么热热闹闹，其效果也会大打折扣，别人对我们的尊敬感也是很难建立起来的。改善国人的行为其实很简单，就是要像雷锋那样，要时时刻刻注意自身的德性培育和品格修养，不是事事处处只为自己着想，或者只为自己的近亲熟人打算，而是同时也关切自己周围陌生人的感受与存在。一句话，常常在意他人、顾及他人，在力所能及的情况下帮助他人，并使之成为一种生活的习惯与态度。要让每一个他人都能够在直觉上享有受尊重的感觉：自己是这个社会独一无二的个体，享有平等的权利和做人的尊严，自己存在的价值并不是随便可以忽视和漠视的。做到这一点，对于行为者而言，实在不需要承担多大的付出与代价，却会使陌生人社会的人际关系得到最有效的调整与改观：我善待他人，他人同样也会善待我和社会。道德素质并不排斥理性明智，一个有道德的人会拥有更多的幸福的机会，一个讲道德的社会自然会形成一种友爱、善意、信任的温暖氛围。讲道德的社会会使每一个人都会感受到这个社会的生活是值得过下去的，也就是说可以有效激发人们的生存欲望和幸福期待。从这一点来看，雷锋精神就绝不是一种可有可无的事物，而是社会应有的一种普遍的伦理气质与价值存在。我们只要在在意、顾及和帮助他人的态度与行为上做一点小小的改进，整个社会的道德风尚和精神面貌就能得到巨大的改观。

文艺复兴时代，伟大的文学家但丁有一个生动的比喻，他说宇宙像零散的纸张，是爱把它们装订成一本书。我们要说，一个陌生人的社会并非必然是一个人情冷漠的社会，关键要看这个社会里有没有乐于发光发热的雷锋式的公民。这些构成了社会最坚实基础的普通的人们，善于把他人需要看成是自己存在的价值，用无数点点滴滴、平平凡凡的善举累积着自己精神生命的体温，在温暖整个陌生人的社会的同时，也温暖、照亮和幸福了自己的一生。

第十二章
文化交汇与普遍伦理

只要稍微考察一下诸如"每一个人都应获得人道的待遇"和"己所不欲,勿施于人"之类所谓黄金规则,以不同的形式与措辞在各种宗教及伦理思想传统中的普及程度,我们就不难得出如下的结论:人类在最基本的道德信念与态度方面具有共同之处,在不同的文化体系之间存在着一套相同的核心价值,以及使社会生活得以正常持续的最基本的行为准则。雅斯贝尔斯称之为不同时代、不同地域人们所拥有的带着亲缘关系的本源性的思想,它不可能仅为某一种族或某一历史阶段所独占。所以黑格尔能够在中国哲学中发现基督教的精神,尼采则称康德是生活在寇尼斯堡(Koenigsberg)的一位中国伟人。这种存在于不同时代、不同地域的人们之中的共通之事物的最本质的方面——善的理念或良知,构成了以康德、费希特为代表的先验哲学全部论证的终极目标,而早在两千多年前,中国的孟子就在其性善论中对人类天赋的善的本质进行过理论的阐述。至今在中国和欧洲,仍然有不少人热衷于对这两种论证体系的对照比较,但我们觉得,无论这两种论证方式能否成立,单凭其存在这一事实就足以说明伦理道德所具备的普遍性的特征,说明人们无论具有何种不同的最高道德理想,但在道德准则方面,一种由人类共同拥有的基本伦理是存在的。当然，如果仅仅满足于这一发现，把精力都局限在从以不同的文字写成的古老的训导中提炼总结出诸如同情、正义、谦卑等最基本的美德，那这还无法使我们具备足够的思想和精神资源来对付世界上日益增多的理论难题，特别是无法解释虽然今天不少人都坚信属于不同文化背景的人们在深层的思维结构方面具有某种同一性，并且各种传统中的共同点远远超过了相异点，然而为什么"文化冲突"在目前仍是一个如此时髦的话题呢？

早在二十世纪八十年代，作为哲学史上一个古老主题的"统一性与多样性"就曾是西方文化学术界讨论的焦点，并且成了第十四届德国哲学大会的主题。令我们感兴趣的是：这场争论涉及一个有关道德观念的绝对性与相对性及其相互关系的问题。持相对论立场者往往是以韦伯的有关论述为理论渊源，即世界在经历了持续不断的解魔化历程之后，人们逐渐发现在价值观方面难以找到客观的终极根据，价值观方面的事物原则上讲不是科学理性论证的对象，而是信仰的对象，因而在不同的价值观之间必然要经历一场殊死的搏斗。韦伯的这一学术论点是在二十世纪二十年代提出来的，到了七八十年代引起了广泛的讨论，这时人们对"价值观方面的事物"这一概念的理解已不再限于传统的个体意义上的道德准则与规范，而主要是指政治与社会伦理意义上的价值判断与行为规范。这里首先涉及到对作为一种普遍价值之存在形式的人道、公正、民主与自由的理解与态度。当然许多人一开始就对这几个基本的政治文化概念能否拥有一种普遍价值的地位表示怀疑，这种怀疑并非单单起源于纯粹理论方面的探索，而是有一定的实践方面的根据——伊斯兰原教旨主义及亚洲价值论的兴起不能不说是一个很好的例证。正因为此，有人甚至提出由于立场观点和方法的差异性，不同的宗教、传统及文化体系之间根本就是不可通约的。于是一条似乎清晰的逻辑思路展现在人们面前：文化及价值观之间的差异只能导致文化的冲突，文化冲突的结局则是核大战的爆发。亨廷顿的这种政治上别有用心的预言虽然在学术上没有什么讨论的意义，但它却多多少少引发了理论界对文化、传统和价值观本身的重新思考，对价值的普遍性与多样性问题的深刻反思。人们发现价值相对主义的观点——无论是富于理论色调的韦伯论还是暗含实践意味的亨廷顿论——均与世界上出现的实际状况不符，没有反映出人类价值观念发展的真实图景。而对这一图景的客观勾画，正是当前学术界理论兴趣的一个焦点。

出于这样一种兴趣或者是出于某种责任，我们在这里提出一种理解与解释的模式。这种模式清楚地表明：人们对作为一种价值取向的行为与意志的自我决断以及公正、民主理念的普遍认可，已经构成了全球范围内的一项基本共识。人们对任何一种价值观念的认可，都是因为它自身的竞争力、生命力和在作为一种指导思想与游戏规则方面表现出来的合理性。也就是说，在价值观上存在着合理性的标准，人们在理性方面的统一性决定了他们不可能对具有竞争力的价值观念采取拒斥的态度。或许马上会有人以原教旨主义在伊斯兰世界某些地区的兴起为由来反驳我的观点。但不应忘记的是：只有二十多年历史的原教旨主义运动同伊斯兰宗教与文化根本就不是同一个概念，它根本就没有资格代表伊斯兰，它只是把伊斯兰教作为口号和利用的工具。原教旨主义的产生并不能归因于伊斯兰文化与西方意识形态的冲突，而是某些伊斯兰国家的经济与社会危机所致，所谓文化冲突不过是以现实的经济和政治矛盾为根源的社会冲突的一种表象。或许又有人搬出所谓"亚洲价值论"来向我提出异议。但同样不应忘记的是：亚洲价值究竟是指儒家思想还是指伊斯兰伦理，它是不是一个具有公认的统一内涵的概念，在哲学上它是否拥有什么特别的新意，对这些谁也无法作出明确的答复。但有一点是清楚的：亚洲价值论更多地体现了试图在区域政治影响力方面发挥更大作用的该理论的倡导者们的国际战略意图。

　　当然原教旨主义运动与亚洲价值论的出现，倒是折射出了人类价值观发展过程的复杂性。这种复杂性就体现在：任何一种具有普遍意义的价值取向和文化观念，如果想在各种不同的文化背景的区域展示其生命力，或许都需要在这特定的文化背景中找到结合点，经过一番塑造而呈现出一种新的表现形式。普遍价值的具体表现形式取决于不同文化区域、不同国家的历史传统与现实状况，取决于不同国家的人民根据自身的特殊条件做出的选择。那种进攻性的传教策略，只会招致适得其反的后果。非洲同有伊斯兰传统的国家摩洛哥与阿尔及利亚的现代化运动的历史，就为此提供了正反两方面的例证。所以毫不奇怪我们经常可以听到如下的议论：东亚国家在贯彻民主理念的同时，保持和发扬传统的长幼有序、整体和谐的精神因素，就有可能有效地抵制个体自由非理性的极端形式；西亚国家在现代化的道路上，并不抛弃《古兰经》中博爱、正义的价值观念，或许便能够发展出抗击贪污腐败的思想利器。在伊斯兰国家，人们不可能享有对谁都可说三道四的那种言论自由，是因为侮辱先知为伊斯兰传统的宗教情感与法律所不容。这就使我们能够获得一个重要的启示：普遍有效的事物不可能是原始单质的，其生命力就在于经过重新塑造。

　　如果有人提出是否存在着并非局限于个体道德，而是涉及社会行为的普遍得到认可的那样一种价值观念，则我们的回答是肯定的。但是这样一种普遍的价值观念，一方面的的确确来源于某一文化体系中的现成贡献，另一方面则是有赖于不同的文化体系在撞击、交流的过程中的能动塑造，它凝聚了各种传统、各种伦理思想的共同智慧。我们当然不能否认当今世界上各种文化类型之间的区别，但我们更不能否认那个由若干单一封闭、相互隔绝的文化区域构成的世界图景也早已成为历史。人类的各种文化形态的发展都受制于地球上整个文明生态体系的内部关联，它们通过长期的相互碰撞、竞争、交流和吸收的历程已逐渐走向融合，不可能再以亨廷顿所想象的那样原始单质的面貌出现，而是日益表现为一个综合了不同的文化因素，并由各种各样相互认可、相互补充的生活形式构成的有机体。这就有可能通过文化的交汇而塑造出一种崭新的人性，其内涵用德国班贝克大学的贝克（H. Beck）教授的话来说就是：开放性与自由理念，整体意识与责任感。这种凝聚着各种文化传统中最优秀的内容并闪烁着东西方思想光辉的新的人性，同时也就意味着一种普遍的价值观，不同种族和文化背景的人们都可能通过对这普遍价值观的拥有而发现意义的终极根基和找到更为深刻和持久的自我认同。这种新的人性的塑造的必要前提则是不同文化之间在彼此尊重的基础上的对话。建立在尊重对方与自己并列共存之基础上的对话，并不是以一方胜利和另一方失败为终结，而是以彼此赢得理解为目标。对话的各方都不怀有支配和统治对方的意图，而是通过对话获得自我培育、自我塑造和自我约束，通过发现异己来发现我们自己，在理解异己的同时也学会对自己更深的理解，在对对方的认可中使自己赢得充实和完满。

总之，真正意义上的全球性伦理、普遍的价值一方面有赖于来自任何方位的具有竞争力的观念、立场、思潮的引介、传播与普及，另一方面则应当是以在彼此尊重的基础上通过文化交汇而塑造出来的一种崭新的人性为前提。这种普遍价值观的确立，取决于今天所有在精神上有着不断超越自身之要求的人的每一个细小的努力。只有在拥有这种崭新的人性的前提下，人与人之间、人与自然之间和人们自身内心中的那种和谐感、平衡感、安宁感才会出现，一种能够缓和民族、宗教和社会之冲突并建立在充沛的经济、文化与精神资源之基础上的公正的全球秩序才能建立。

第十三章
未来摆脱过去，从而避免过去摆脱未来？

编者按： 本文以极其凝练的笔调描述了自近代以来随着科学技术和竞争经济的发展，人类正在逐渐摧毁自身的生存基础，逐渐毁灭自己的未来这一可悲事实。作者认为人类要想继续生存，就需要一种前所未有的全新思维，要想拥有一个光明的前途，就需要一种世界各国、各民族和各地区的高度一致的意愿与行动。作者尝试性地提出了达到这种全球意志统一的各种可能性，但经严密的分析又一一作出了否定的回答。例如："实现全球观念统一的难度极大，因为富国与穷国之间的鸿沟太深"；"富国有条件在环保方面先走一步，做出些牺牲，但其选民未必同意"；"民主选举制度的弊端已暴露无遗，但返回（生态）专制之途绝非一帆风顺"；"我们没有权利和勇气中断人类的延续，但我们也无法论证为什么一定要为后人做出牺牲"；"或许一系列小型灾难能够起到警示的作用，但怕到时候，一切都为时过晚"。

作者把希望寄托在或许不久的将来会出现一个奇迹。经过这一奇迹，未来的人类摆脱了过去的思维与行为模式，从而挽救了自己的前途，避免了过去与未来的断裂，避免了过去摆脱未来。

从表面上看，论文的全部观点都渗透着一种悲观的气息，但它比较准确地折射了人类本性中的阴暗面和异化状态下的心灵扭曲与无奈。在极度的悲观中，或许能够腾升出一种独特的警世的力量。

自古以来人们就拥有这样一种信念：人类的存在方式就是过去、现在与未来。过去是人们回忆的世界，现在是感知的世界，未来是幻想的世界。有人喜欢缅怀过去，有人注重关切现在，有人擅长展望未来。但无论如何大家都坚信：从过去到现在至未来是一个不可逆的必然进程，现在一定拥有过去，也必将拥有未来。当然，现在拥有过去，但此过去是一个无法变更的过去；现在拥有未来，而这未来是一个充满希望的未来。因此，未来在人们心里总是意味着美好，无论其过去是幸福还是痛苦，是辉煌还是惨败。

这样一种信念一直持续到近代。在此之前，地球上生活着的人类更新了一代又一代，而他们居住的环境却未曾有明显的改变。但十七世纪近代自然科学的诞生是一个转折点：竞争的经济形式与进步的科技手段结合在一起，使人类在与自然的搏斗中赢得了绝对的优势。对自然，人类破坏了太多的平衡，扰乱了太多的秩序。对人类，自然已无法继续提供其展现实力的"战场"，也无法继续满足其永无止境的欲望。自然第一次出现不能进行自我调节，人类第一次成为地球的最危险的敌人。人类对自然的胜利过于彻底，以至于胜利者本身都受到了威胁，以至于人类在时间上的存在方式——过去、现在与未来的联系都要出现断裂：今天我们已经确信人类在进行着最后一顿晚餐；我们拥有着业已经历了的过去，拥有着正在经历的现在，但这次我们未必还能像以前那样拥有未来；人类过去与现在的所作所为导致了人类根本就没有前途，没有未来。

人类要想继续生存，就需要一种前所未有的全新思维。人类要想解决全球的生态问题，就需要一种世界各国、各民族和各地区的高度一致的意愿。但是人类有这种能力吗？

我们拥有一个统一的地球，但居住在这同一星球上的人群却分享着先进与落后截然不同的时代。世界被划分为占全球人口百分之二十的富国和占百分之八十的穷国。富国通过消耗全球百分之八十的原料与能源而实现的普遍繁荣，成了所有穷国效仿的样板。如果地球上所有的人口都要享受西方那样的消费水准，那就需要增加近二百倍的能源，这也就意味着会增加同样数额的污染。而据科学家论证，现在就得使来自燃烧石油、煤炭和天然气的二氧化碳的排放量在全球范围内减少百分之六十，才有望阻止地球继续变暖。

怎么办？

能让穷国放弃经济增长吗？在一个时刻面临生存的威胁，经济的发展具有生死攸关意义的国度里，保护环境的举措是不是一种令人支付不起的奢侈？即便是经济状况有所好转，我们又有什么伦理学上的理由能够说服该国的这一代人自愿放弃实现在别的国家已经成为现实的现代化的梦想呢？

能让富国放弃经济增长吗？民主国家的政治就是增长，政治已成为如何实现繁荣的心理学。各国政治家的使命就在于建立和保持本国的经济与技术在国际竞争中的地位，在于维护和捍卫该国、该民族的安全与利益。在经济理性的铁律面前，在一个没有世界政府进行宏观调控的历史境遇中，说服某个富国放弃民族自利主义并在激烈的经济与政治竞争中带头后退一步，这可能吗？

从表面上看，道理应当是不太复杂的：穷国与富国毕竟不是站在同一起跑线上，因而其能力与责任也有大小重轻之别。在第三世界，大部分人的生存取决于工业的发展程度。这种情况下要想让穷国先走一步，为了环保而停止其工业增长，这显然是缺乏说服力的。而富国已经实现了普遍富裕，且又是能源和资源的主要消耗者，因此完全有义务，也有能力首先跨出一步，主动做出些节制与牺牲，通过征收能源税等方式筹集资金并输送给第三世界，帮助穷国建立起教育、保险及养老机制和环保产业，形成可持续发展的新模式。这是解决全球性生态危机并且使富国与穷国从长远来看均受益的唯一出路。认识到这一点并不困难，难的是人们的行为能力。所有的富国都必须先走一步，并且是同时。但这最终并不取决于富国的政府，而是取决于其选民。选民们会赞同吗？

福山在其1989年出版的《历史的终结》一书中，提出了人类意识形态的进化已至顶点、民主被认可为人类最终的统治形式的观点。其实民主不仅是一种作为君主制对立物的国家统治的组织形式，而且已经超出了国家政治的范围，发展成了贯穿于社会各个领域之中的一种生活方式。它的基本精神就是：一个团体的集体意志必须通过自由选举自下而上地得以形成。尽管民主这样一种组织形式和价值观念的竞争力通过一次又一次的历史事件而得到了证实，但这还不足以证明民主在任何情况下都是一种普遍有效的方法，而实际上民主选举的弊端已在北美和西欧的社会实践中暴露无遗，人们发现无论是民主程序还是市场经济都不适合解决生态问题，都不能为一种责任伦理的普及创造有利的环境。

这是因为自由选举中所谓集体的意志就是选民的意志。而选民又总是理所当然地把自保和自身需求的直接满足摆在第一位。对于选民而言，他们自己未来几年的工作与生活状态远比星球的前途更为重要。因而在经济与环保之间，选民会选择经济；在眼前利益与长远的义务之间，他们会选择眼前利益。百分之九十的美国民众口头上都赞同应重视环保，但一谈到提高石油税，大家就会立即反对。当年"二战"结束后，民众与国会都支持美国领导的欧洲复兴计划。但杜鲁门总统刚一提出要用纳税人的钱，一夜间他的支持率便急剧下降。今天谁都知道欧洲富国的生产与消费水平无法长期维持下去，但是没有哪位当地政治家敢于讲出这令人不愉快的真话，否则他就要受到选票流失的惩罚。只顾眼前不见长远、只顾个人不见整体已成为民主时代的政治信条，也凸显出这一时代政治体制与精神状态的严重危机：民主的游戏规则已赢得普遍的喝彩，但在自由民主的幌子下公正原则受到了扭曲；选举的结果是多数人的意志，但多数人并不一定代表真理；民主的精神就是选民决定一切，但康德早就讲过，人是曲木雕出的，本性并不完善，选民若不具备应有的道德素质，则民主选举的合法性也就令人质疑。看来，自由民主的巨大胜利已使自由民主本身受到了威胁。那么，返回到专制吗？

政治家、哲学家已经开出了类似的药方。约纳斯就讲过，在一个已发生巨变的生态与社会的条件下，西方世界所创立的那种自由已经难以为继（至少在某段时间之内）。对于自由理念应有一种全新的理解：只有拥有责任意识的人，才有资格享受自由，自由与义务是紧紧相系的。"自由只有在自己给自己设限的前提下才能存在。个体的那种无限的自由因为与别的个体的自由冲突，当然也就自身难保。"① 因此，在不久的将来出现个体自愿放弃自己所拥有的自由之状况，这完全是可能的，也是理所当然的。其实，早在古罗马时代就有限制个人消费的法律。民选的检察官有权调查谁在浪费。这对个人的自由是一种干涉，但正是以民主政府的名义。因而，约纳斯提出，在极端情况下，为了人类生存基础的维护，人们必须放弃民主决策之程序，实施一种启蒙化的生态专制，一种"人类之拯救者的专政"②。约纳斯的设想引起了一批人的共鸣。魏茨泽克（Ernst Ulrich von Weizsaecker）也认为，在生态危机日趋严重的今天，以常规的方式根本就无法推动民众对已习惯化了的现实利益的主动放弃，我们也已负担不起旨在经济政策的改变而进行的民主决策（选举、政府改组、联合政府的讨价还价）的巨额协商费，国家有必要加强

---

① 约纳斯（Hans Jonas）：《离罪恶的结局更近了》，Suhrkamp出版社1993年版，第16页。

② 约纳斯（Hans Jonas）：《离罪恶的结局更近了》，Suhrkamp出版社1993年版，第15页。

经济现象细节上的控制并自上而下地规定公民为了环保和后代的利益所必需的举措。德国社会民主党环境问题发言人米勒（Michael Mueller）更是宣告：“我们已完全进入了一个强制政治的时代。”①不过我们要问，已经进入了吗？这样的断言未免太乐观了吧？从民主政治返回到威权统治——尽管不是原来意义上的威权——就那么一帆风顺？波普尔（Karl Popper）不已经控告了约纳斯是民主理念的叛徒和独裁者的朋友吗？谁能相信，在一个空前民主和开放的时代，让公众心甘情愿地放弃已习惯了的自由、赞同生态专制和哲学王的统治是件容易的事？更不必说在世界上的穷国和富国的差异如此巨大，并非人人都认为我们坐在同条船上的背景下，人们究竟凭借何种神力能够打破国家与民族的界限，忘却历史及现实的矛盾，使昔日的死敌变成今天的难友，实现齐心协力、共同奋战呢？

今天威胁人类前途的不是天灾，而是人祸，敌人就是人类自己，是人们无法填满的欲望和难以调和的利益冲突。人类的行为受其本性的支配，其本性在很大程度上体现为自保。假如我不了解别人的意图和不能取得相互信任，那么我就只能事事处处都得提防被人家利用，都得作出对自己最佳的选择。而著名的“囚徒悖论”已经表明，人人对自己最佳选择的结果总和便是每个人都得不到最大的益处。这种不利的总体结果在一定条件下甚至可以威胁人类整体的生存。由于我们不可能准确地把握别人的意图，因而，我们也就不可能不作出对自己最佳的选择，这样我们也就不可能避免合法的、“有组织的不负责任”，这一点正是人类的悲哀。

我们所碰到的真是一道前所未有的难题。为了摆脱这一困境，聪明绝顶的人开始在对这一难题本身的合法性表示怀疑。他们认为我们根本

---

①《2000年的地球——人类走向何方》，《明镜》（Spiegel）周刊1993年增刊号，第21页。

就无需用"人类前途受到威胁"之类问题来折磨自己；今天的人们不能为后人做点让步、做出牺牲，是因为我们的确也没有什么理由论证为什么人们应当做出这种牺牲。真的，在这样一个启蒙了的时代，还有什么比对道德命题做出论证更困难的事呢？

确实，我们论证不了为什么一定要为后人做出牺牲，我们或许只有在前人为了我们的生存曾做出过奉献这一事实中来寻找理由，当然我们总不能用"谁要你们为我们尽了那么多的义务、付了那么大的艰辛"这样的话来责怪自己的前人吧！我们生活在时代的链条之中，我们只要放纵自己，链条就可能中断。我们的确有这样的能力，但实在没有这样的权利，也没有这样的勇气。我们可以把许多人类的不幸归咎于天灾，但对于时代链条的断裂，我们不可能心安理得，因为我们确信这次是人类难免其责。人类其实本来是有变幻想为现实之能力的，正是凭借这种能力人类历史才发展到了今天，但今天我们的智慧似乎已达极限。

历史的经验告诉我们，只有在社会本身的生存遭到威胁的时候，人们才有可能形成一定的共识。但达到共识需要太长的时间，故这一次怕一切都为时过晚。历史的经验还告诉我们，在深沉的反思、道德的启蒙、情感的召唤均不足以改变人类行为方式的时候，"在智慧与政治理解不能起作用的地方，或许恐惧感可以奏效"（约纳斯语）。一系列小型的自然灾难或许能够使人们转变思想，从而避免一场无可挽救的灭顶之灾的发生。如果没有广岛、长崎的核爆，后来的原子弹战争就可能出现；也许到了孟加拉国或荷兰这样的低洼地区被海水淹没，大家才会真正重视地球变暖。当然，恐惧本身并不是什么高尚的人类行为。但如果确实存在着引人恐惧的事物，那么对正当恐惧的坦然担当本身就成了一种道德命令。[1]

---

[1] 约纳斯（Hans Jonas）：《离罪恶的结局更近了》，Suhrkamp出版社1993年版，第90页。

　　早在二十世纪五十年代以前就有人开始研究生态环境之问题。今天人们对此问题之紧迫性的理解比以往任何时候都更加深刻，但行动比以往任何时候都更加迟缓。亚里士多德区分过两种知识：一种与有用性之概念有关，另一种则涉及智慧这一概念。亚氏认为他那个时代的技术发展已达极致，而智慧的提升是没有界限的。但今天的情形正好相反，科技的进步似乎没有尽头，而人类把握和控制自己行为的智慧却少得如此可怜。

　　我们只有把希望寄托在不久的将来会出现一个奇迹。这个奇迹能够挽救未来。在这未来的奇迹之后，人们经过心灵的洗礼而摆脱了他们的过去，整个精神风貌和行为方式都经历了根本的改观，就像八千年前人类祖先从打猎采集转变为耕田种地那场社会革命一样。

　　在这奇迹之后，世界又恢复了平衡，人间又恢复了常态，时间又展现着其永恒，历史又伸延着其经脉。现在又成了过去的归宿和未来的渊源，现在又把过去与未来连接起来，构成了一个伟大的实在。

　　在这奇迹之后，古人将永不后悔有我们这样的后代，后人将永远感恩我们今天的存在。未来又能拥有过去，过去又能拥有未来。

探研哲海纵深

第十四章
传统理性及其哲学心态

    西方理性主义形而上学在黑格尔哲学中臻于极致之后，随即便响起了自己的挽歌。现代西方哲学舞台上接踵而来的，是纷繁杂陈、色彩斑斓的各路流派、各种思潮的争奇竞秀，浮沉跌宕。人生哲学家的玄思隽语，语言哲学家的谨严精细，科学哲学家丰厚的睿智，解释学家勇锐的灼见——现代哲人正以冲破陈旧的哲学格局的气势，并怀着摆脱了传统重压的轻松感，在对巨大的技术社会和凝重的物质世界的宏观审视和细微查究中，奉献出一个个不同凡响、颇有深度的命题，显示了崭新的现代意识的活泼律动。

    尽管黑格尔以后的哲学思潮，或者说传统形而上学崩溃之后的哲学思潮，呈示着千姿百态、情调不同的外观面貌，但由于它们都是以对黑格尔哲学的反叛为出发点，以对传统理性之权威与独断的愤怒和贬谪为行动契机，因而假如我们以"反理性"这一概念来概括它们那多多少少可以找到的共同特点，给后黑格尔哲学、后形而上学的哲学思潮贴上"非理性主义"或"反理性主义"的标签，这一点，恐怕可以说是顺理成章的。但是如果有人笼而统之地以"反理性主义"这唯一色调，来涂抹现代西方哲学的基本图景，以为所有的现代哲学，都可以绝对地归之于"反理性"这一概念下，甚至以为"理性"这一曾几何时光彩夺目的称号，从此将作为人们反感厌恶的对象，而永远被拒斥于哲学讲坛之外，因此在哲学舞台上就再也出现不了理性主义者，这个境域将永远只是非理性主义者的一统天下，那么这样的论断又未免失之偏颇了。实际上，黑格尔以后所出现的形形色色的哲学思潮，在反叛传统的理性主义形而上学的过程中所取得的一项重要成果，就是冲破了一种观点、一种体系、一种思潮雄霸哲坛的恒定的格局，展现了哲学发展的广阔的可能性、开放性、多样性和复杂性。因此，任何一种用某一固定概念来包容和囊括现代西方哲学舞台上竞相争雄的百家流派的尝试，都必将最终证明是一个徒劳无功的妄举，并且这种做法本身就违背了现代哲学的本质精神。所以我们可以看到：在现代西方哲学各种各样的思潮、流派中，尽管都是以对传统理性主义的拒斥为同一切入点，但只是一部分哲学家才踏上了蔑视一切理性、崇尚宇宙或生命之无意识的本体及神秘的内观直觉的彻底反理性主义的路途。另一部分哲学家（如新黑格尔主义）则并不如此偏激，他们所反对的是传统理性主义者对非理性的漠视和冷淡，力主理性与非理性的综合融汇，相互补充、互为一体。还有一部分哲学家（如哈贝马斯），一面猛烈抨击西方传统理性主义，另一面又积极倡导一种新型的、现代的理性思想。从目前情况来看，现代理性的勃兴，已经成为当代西方哲学发展图景中极为引人注目的现象。从某种意义上可以说，在理性的发展史上，黑格尔的否定之否定的辩证法，又找到了一个颇为恰当的例证。

　　然而，如果有人以为，现代理性的凸现，是对传统理性的光复旧物，那么我们必须立即声言：这种判断又太不着边际了。如上所述，现代理性主义同现代非理性主义与反理性主义一样，是在对传统理性的否定中和新的历史情境下勃然兴起的。因此，可以说现代理性与传统理性的亲缘关系，仅仅表现在名称字面上，而就两者的主旨意趣来看，则是针锋相对、水火不容的。所以有些哲学家，如施耐德尔巴赫（Herbert Schnaedelbach），则干脆主张在名称上也要做出分别，他用"合理性"（Rationalitaet）一词表示现代理性，从而与传统"理性"（Vernunft）严格划清了界限。

那么，如何把握传统理性与现代理性（合理性）之间的本质区别，如何理解从传统理性到现代理性的过渡？要想对于这个问题做出透彻的解答，还必须首先从传统形而上学理性主义的本真含义以及它所面临的无法解脱的困境谈起。[本文的主题仅限于探讨传统理性，关于"从传统理性到现代理性（合理性）"这一题目，需要另外专文论述，本文不作涉及。]

人们常常说，西方哲学在黑格尔之后，是以反形而上学传统、反理性主义为特征的。这一论断道出了一个毋庸置辩的事实。但令人疑虑和困惑的是，许许多多哲学家，似乎已经陶醉和满足于这一"重大发现"，他们不愿对这一论断再作深究，便匆忙埋头于那项看来好像更为宏伟的工程——对非理性主义的总体形象进行描绘。于是便出现了如下难以理解的景况：人们只知道反理性主义是一个普遍的现象，却忘记了应当对那个作为攻击目标的理性主义的面目特征进行一番审视；人们只知道在西方发生了作为哲学体系的理性主义形而上学的大崩溃，却忘记了在我们的头脑和观念中这种传统思潮至今还是那么根深蒂固，牵绕魂灵，以至于造就了我们群体意识中种种难以磨灭的思维定式和稳定的心理结构。因此，可以说，对传统理性主义的本质特征进行全面和深入的剖析，不仅具备重大的理论价值，而且还有着更为紧迫的现实意义。

一、传统理性主义的本真含义

首先应当指出的是，人们很容易把这里所讲的西方传统理性主义仅仅视为西方哲学史上与英国经验论相对立的欧洲大陆的唯理论思潮，我认为，这种对理性主义的理解似乎过于狭窄了。其实，本文所阐述的，是广义的理性主义，是一场始于柏拉图、亚里士多德，在欧洲十七、十八世纪的思辨领域风靡盛行，因而激发了启蒙运动，并在黑格尔哲学中达到顶峰的源远流长、气势非凡的形而上学冲动，是一种集本体论和认识论于一身，对人的思想行为、道德及心理发散着强烈的感应力和凝聚力的哲学世界观。

这种广义理性主义（或者说传统理性主义）的本体论表明：从静态来看，我们所面临的世界是一个由类、本质、规律的透明和稳定的网络所构成的理性的与和谐的统一整体。我们所感知的纷繁复杂的具体事物最终都以这些作为标准、作为准则、作为模式的类、本质和规律所使然，都是理性范畴的体现。在这个理性结构的整体中，一切事物，包括人本身，都有其恰当的、合理的和不可移易的位置。从动态来看，这个理性的宇宙统一体，是一个有机的、合逻辑、合次序、合必然性的活生生的自我展现、自我发展的过程，人类历史的发展就是这一世界理性的体现，世界理性可以最终通过人对它的认知而达到自觉。

传统理性主义的认识论表明：由于人类是宇宙理性的一个部分，人对世界的理性结构的认识，就是世界理性自己对自己的认识，因此，人类的理智结构与现实的理性结构具有同一性，现实的性质最终能够清晰地显示于人的意识之中，即为人的理性通过一定的演绎程序所把握，因而知识在原则上具有绝对的精确性。同时，当人类理智认识了宇宙理性的内在逻辑和事物之间严格的前后依存关系之后，人们就不仅能够对历史做出清楚明白的解释，而且还可以系统准确地预告、勾画未来的发展图景，引导大家沿着既定的、不可逆转的路线，朝着万事万物势所必然的总目标奔去。总之，主体认识的目的只在于客观地反映客体固有的属性和发现自然界本身的理性结构，而不在于积极地参与和变革认识的对象。

传统理性主义的伦理学表明：每一个人都是世界理性这一统一整体中的一员。他的原则就是服从宇宙整体的需要和总目标，他的幸福就在于完成世界理性的使命，他的价值只有在充当普遍的总体物的工具的过程中才能实现。

几乎每一位传统理性主义者都相信，这些就是他们所发现的宇宙的永恒定律和对宇宙的终极解释，这些就构成了他们一元论的世界图景。

二、传统理性主义的哲学心态

传统理性主义不仅以完备的理论形态保存在思辨哲学精心构造的逻辑体系中，而且更重要的是，它还衍生和凝练为一种根深蒂固的哲学心态、思维定式，渗透在人们的一般意识里，产生着比哲学理论体系的形态强烈千百倍的影响。这种哲学心态表现在如下方面：

第一，重普遍轻个体。传统理性主义的基本原则，就是把普遍性的理性结构，即类、本质和规律作为万事万物的灵魂、实体，把范型、普遍物看成是具体事物追求的目标。这一观点，在理性主义哲学传统中，具有很长的历史。众所周知，从柏拉图、亚里士多德，经中世纪唯名论、唯实论，一直到德国古典唯心主义集大成者的黑格尔，关于普遍与特殊、一般与个别、共相与殊相的争论，构成了西方哲学史发展的一条主线。无论是柏拉图有关"事物分有和模仿其类的概念"的理念论，还是黑格尔有关"事物应符合其概念"的总念说，都是以具体的感性个体物的变化不居、犹如过眼烟云为由而否定了其实在性，反之又以理念的永恒性为根据论证了理念才是真实的存在。在传统理性主义者那里，普遍物、范型被神化为个体所效法的典范、所遵循的准则、所服从的权威，而个体生命、利益、人格，相对于整体、相对于一系列抽象的观念，则遭到严重的贬值。重普遍轻个体的理性主义哲学心态，驱使人们以寻求和构造普遍的范型、模式和样板为使命：他们或者是从某一类具体事物中抽象出其一般概念，把这抽象的普遍升华为所谓独立自存、最为实在的本体；或是从无数个体中提拔某一成员，对他加以神化美化，使之成为普遍性的典范、模式和尽善尽美的化身、象征（比如封建君主就是这样一种实体化的普遍）；或者完全是从猜测和臆想出发，编造出一个个法则、模式，给它们涂上神秘的色彩，戴上权威的桂冠。重普遍轻个体的理性主义哲学心态，还驱使人们以对自己建造出来的这些普遍的范型、样式的顶礼膜拜及无条件地遵从为职责和本分。在至高无上的普遍物的重压下，个体的自我意识、自我决断、自我创造、自我选择、自我尊严、自我价值以及个性自由、个人权利都已消失殆尽。

传统理性主义重普遍轻个体的原则，实际上构成了封建等级制度及其道德观念的理论基础，它同市民社会的经济生活、政治原则的现实目标是背道而驰的，因而理所当然遭到现代非理性主义哲学家的猛烈抨击。尼采愤怒地谴责了黑格尔抹杀个性的权益，把一切变成了概念的木乃伊的做法，基尔凯郭尔把个体规定为世界的真实存在，萨特更是把（个体）存在先于（普遍）本质作为其存在哲学的基本原理。在当今世界，张扬独立的自我意识，对人的个性持理解和宽容态度，反对盲目的信仰、顺从，倡导批判分析精神，反对尊卑、等级观念，倡导民主、平等意识，反对人治，倡导法治，等等，已日益成为文明进步的普遍的社会风尚。当然在我看来，对传统理性主义"重普遍轻个体"的哲学心态的拒斥，并不意味着一切具有普遍规范作用的准则全应受到怀疑和否定。应当承认，使公民的社会秩序和生活进程得以维系和保障的合理的法规，永远是人类生存的基本条件。然而，更不可忘记的是，随着情况的变更，逾越旧的模式和筑建新的模式，恰恰构成了社会发展、人类进步的最强大的推动力。这是因为，历史不承认任何绝对的东西。

第二，重统一轻多样。普遍与个体、统一与多样，是两对彼此间有着密切联系的哲学范畴。普遍往往代表着一种统一，而个体又总是表现为多样。

在传统理性主义那里，宇宙被看成是一个理性的整体，万事万物都被规定为有机体发展过程中的必然环节，一切都被归诸一个统一的本源，一切又都被解释为趋向同一个目标。从这一哲学世界观中，很容易自然而然地产生出一种单向而非立体的、直线形而非放射状的、求同而非求异的思维习惯：人们一发现某种原理，就以为它必定具有普遍适用性，于是便急忙把它推广到自然科学和人文科学的各个领域之中（如十七、十八世纪人们就是以经典力学的色调勾画自然之图景的）；一发现某一层次、某一角度和某一方式，就希望从此出发穷尽对全宇宙的解释。所以就造成了：任何现象，不论是多么光怪陆离，只要纳入"统一"之框架进行阐释，人们就立即可以得到清晰明澈、令人安稳的答案。任何事物，不论是多么风貌独特，只要置于"统一"之熔炉进行锻造冶炼，就立即会棱角磨平、特性消解，在茫茫总体中隐身蔽影、悄无声息。统一成了观察、解释、改造和创造世界的出发点和基本准则，而多样性则作为不和谐的现象终将遭到否定。然而，在任何一个由绝对统一原则所支配的界域中，都会或者因为多样性的丧失而呈现出一派单一呆板、死水一潭的景况，或者由于失去了活力而濒于穷途末路；或者是在被神化了的极权的震慑和引导下，表现出骇人听闻的暴烈和疯狂。直到二十世纪，在绝对统一观念担负着不可推卸责任的血淋淋的历史悲剧面前，人类才从传统的思维定式中惊醒，随着非理性主义的兴起，"统一性"观念的神威日益受到怀疑和抨击，"多样性"的原则越来越为人们所肯定，人们普遍意识到：开拓进取、标新立异、能动性地创造、积极地选择，是人之为人的一种本性。因此，就发生了这样一种境况：作为我们这个时代的一个基本特征的现实与传统的冲突，在很大程度上是通过多样与统一的对立表现出来的。在哲学领域：传统理性主义哲学，特别是德国古典哲学，几乎都是以统一性作为自己最高的原则。他们追求真善美的统一（康德），努力创建囊括一切领域并以一种精神贯穿始终的所谓百科全书式的统一的哲学体系（黑格尔）。相反，二十一世纪以来，现象学、人本主义、分析哲学、科学哲学和解释学等各种流派的兴起，把多样性的原则提到了首位，在世界哲学讲坛上，已经形成了一种允许标新立异、倡导宽容、鼓励开放的学术气氛。就认识而言，传统理性主义哲学强调人类理性是最高的认识能力，这种能力对于每一个人都是完全同一的。相反，非理性主义哲学则主张非理性的直觉是最高的认识能力，这种内心体验对于每一个人都是独特各异、无法通过语言获得交流和统一理解的。人类理性能力不能排斥非理性因素的作用与地位。在艺术领域，传统古典主义的艺术作品，大都体现着艺术家创作时所恪守的写实性、典型性、精致性和对称性的准则。相反，现代抽象的表现主义则是以表现自我、张扬个性、追求奇异为宗旨。概而言之，现代人已经意识到：我们所面临的是一个结构复杂，充满着无穷的组合之可能性的世界，因而不论是学说理论、艺术风格，还是人的观念、人的行为，都有其多元的、千差万别的形式和难以约同的独特性。应该指出的是，现代哲学思潮对重统一轻多样的传统理性主义思维定式的反叛，并不意味着统一性观念在他们那里遭到了绝对的拒斥。从"统一与多样"这一在当今世界焕发了新的生机的古老哲学主题，已经开始越来越受到哲学家们的普遍关注和认真思索这一事实我们可以看到，从以"统一与多样"为主题的第十四届德国哲学大会上哲学家们的议论里，我们可以听到，谋求平衡协调，避免天平向一端倾斜，正在成为对孤立片面的思维方式的恶果保持高度警觉的现代思想家们在处理对立的两极之间的紧张关系时，所自觉遵循的一项辩证的思想指导原则。具体来说，人们孜孜以求的，是要实现现实的条件和需要之下的统一与多样的完美结合：一种形式是，在多样性中发现和把握统一；另一种是，在某些领域里倡导统一，在某些领域里发展多样。

第三，重客观轻主观。将自然现象与社会现象等量齐观，断言人类与自然界受制于同一规律，这不仅是从重统一轻多样的传统理性主义思维方式中推演出来的貌似合理的逻辑结论，而且也是传统理性主义哲学家们实际倡导的一条堂而皇之的基本准则。比如斯宾诺莎就以其有关机械决定论对于物理和精神现象具有同等适用性的论断，而堪称这方面的楷模。从本质上说，这个不堪一击的准则抹杀了人与自然现象、自然事物的根本区别，它将自然规律的效能人为地推至极顶，把人与自然客体同视为听命于客观理性的惰性物，从而否定和泯灭了人的主观能动意识。作为这一准则之深层底蕴的，是一种重客观轻主观的传统理性主义哲学心态。我们知道，一般自然现象的发生，完全独立于人们的思想和愿望，人只有通过揭示和掌握支配自然的那些规律，才有可能达到利用和改造自然的目的。但是，对于社会现象，我们却可以直接地进行干预，社会现象本身就是参与者抉择的产物。这一点，正是社会现象有别于自然现象的最耐人寻味的特征。对于社会现象，人们很难有如对于自然现象那样，可以在把握了某种必然规律的前提下，进行唯一准确的超前解释和合理的预言，因为人类的实际行为每时每刻都在改变着社会事物的形态。正因如此，现代理性主义哲学流派特别是存在主义的代表人物，无一不是强调人性在于自我决断，在于自己给自己画像，强调社会的发展在很大程度上取决于人的自觉行为。我认为这一"人类必须自我选择自己的道路和前途"的原理，在我们这个核大战的威胁犹如一柄达摩克利斯剑高悬浩空的历史境遇之下，其价值显得格外的珍贵和重大。在我们所处的这个核时代里，人类之间的矛盾已经不可能像几千年来人们的惯例那样，运用战争手段，以直接冲突的形式获得彻底解决。因为核战争里没有胜利者。在能够使地球毁灭十几次的核弹的威胁面前，我们所需要的绝不可能是无可奈何地顺从于所谓"世界战争不可避免"的既定的理性规律，而是勇敢地挺身跃起，发挥我们的聪明才智，采取一切有效手段，积极地选择最佳方案，来避免世界大战及其结局——人类的毁灭。我们很难相信，人类有能力创造威力无比的武器，却没有智慧防止这种武器消灭我们自己。国际形势的现实已经证明，只要人们按照作为对核时代的反思之产物的崭新思维方式进行决策，就完全能够引导世界局势的重大变化和改观。

重客观轻主观的哲学心态，也是传统理性主义坚持所谓纯而又纯的绝对的客观真理，否定人的先见、人的主观因素在理解中的作用的一个重要原因。传统理性主义笃信理性的万能，断言人们可以超越一切历史局限而获得对历史事实或真理的本来意义的理解，把认识、理解的使命限定为本意还原，而不是作为创新的基础，主张人应当向历史、过去负责，而不是向未来负责。所以从表面上看，传统理性主义者似乎很尊重历史，但实际上它恰恰否定了真理的历史性，忽视了任何时代的人都受着先定的历史条件的制约。正如现代西方解释学所认为的那样，人的理解活动，是历史视野（即历史与文化传统给个人形成的理解的先决背景）与个人视野的融合，由于人总是受制于其特定的历史时代，又由于他的一切活动又总是为了回答和解决本时代提出的问题，为了达到某种特定的目的，因而他的理解，就绝不可能是准确的把握和客观的描摹，而只能是不可避免的误读。这种理解活动的成果，就绝不可能是被理解物的原意完全的再现，不可能是纯粹的客观和固定的真理，而只能是被赋予新意并展现新价值的产品，是汇聚了人的主观因素，表现着人的主观意图和倾向的主观性、变异性的真理。正是由于人的文化背景、观察角度、研究方式和情感理解，都对认识对象的确立及其属性的规定有着决定性的影响，因而在认识和理解的时候，人们越是克服惟恐不符合原意的心理，越是怀有明确而丰富的需求和期望，就越能获得比原本物更广泛、更深刻、更有价值的超越性和创造性的内容。正如基尔凯郭尔所说："观察者越是要客观，他所创造的永恒的极乐便越少。因为对于以激情为无限兴趣的主观性来讲，才谈到一种永恒的极乐。"①

　　无论是把人与物等量齐观，抹杀了人的主观能动性，还是追求和坚持所谓本来面目的客观真理，都根植于重客观轻主观的传统理性主义哲学心态，同时也表现了传统理性主义往往不是以人本身，而是以人身外的东西为中心的价值取向。在古老的欧洲天空上，曾经出现过"人是万物的尺度"这一真理的辉煌闪光，但可惜很快便被千百年来的理性主义形而上学的迷雾所掩没，所以在漫漫岁月里，哲学家的睿目虽从未中断过深邃的探索，但每每总是在人身之外寻求宇宙的本源、万物的中心、世界的归宿、心灵的依托点。于是越寻，离人本身就越远，越找，人的形象和价值就越觉渺小。生命是短促的，所以就有更宝贵的东西值得珍视；人是卑不足道的，所以就有更神圣的事物值得崇拜。只是几乎到了十八世纪，在康德、费希特的哲学中，才出现了我与非我的对立，才从认识论和伦理学的意义上把自我提升为哲学的原理，才把人及主观性作为哲学的逻辑起点、万事万物的中心和世界的终极目的，尽管康德、费希特在某种意义上仍然留有传统理性主义的印记。正是在康德和费希特哲学的启迪下，人们才有可能逐渐摆脱传统理性主义重客观轻主观的思维习惯，把寻根的视线，从茫茫无垠的天外折回到人本身，用对自我的信仰替代对上帝和灵魂的信仰。而到了今天，不是以过去的或未来的而是以现实活着的人为本，以人为尺度评估事物的价值，把人的需要是否得到满足视为衡量具体社会形态之完善程度和"真实"程度的绝对标准，这已经成为现代意识的一个本质性特征。

　　第四，重现实轻可能。重现实轻可能是与重客观轻主观有着密切关系的理性主义的另一种哲学心态。因为所谓把客观之物置于首位，就必然会造成安于现实、顺其自然、听天由命、不求进取的守旧心理。所谓

---

① 基尔凯郭尔：《哲学断片和非科学的附录》，1976年德文版，第159页。

轻视人的主观性，实际上就是消解和压制人的能动性、创造性，阻止人们对可能性事物的追求。应当说，既定的历史景幕和现实情境对于每一个人都是无法逾越和选择的先决条件，然而它们只是构成了人们跻身于世的立足基点，并不能决定人的未来命运。通常一个人所说的命运，其实是一张他用自己纺的纱给自己织成的网。实际上人的本质就在于既顺应现实又不断超越现存之物，冲破既定的环境的限制，一步步地跨越自己的极限，在对无数新的和好的可能性的选择中开辟自己的道路。人的本性就在于他的创新意识，他的开阔的想象能力，他对一切现象、一切可能性的自由开放。正是依凭着这种努力使可能变为现实的创新意识和开拓精神，地球表面才发生了我们现在所看到的巨大改观，而这种由人的大脑与双手所造成的变化，无论从强度还是从速度上讲，都远远超过了地震的摧毁、水流的浸蚀、宇宙射线的辐射等自然力给地球带来的影响。正是依凭着这种进取精神，越来越多的老年人已经克服和消除了"人老叹珠黄"的忧伤感和"人活七十古来稀"的心理负担，自觉排除了僵化的思维定式和消极的思想顾虑，像年轻人一样神态炯然、热情洒脱、刚健奔放、风度翩翩，怀着积极、乐观、愉悦和欣快的心境延伸着自己的生活道路。人不应当忘却对可能性的开拓，对于人来讲，好的可能比纯粹现有物更重要、更有意义。

　　第五，重永恒轻短暂（时间）和重中央轻边远（空间）。传统理性主义之所以把普遍性的类、本质和规律看成是真实的存在、万物的灵魂，把个体性的具体事物视为非真实的过客，是因为前者具有稳固不变的特点，而后者恰恰相反，总是有生有灭，处于不断的流动过程之中。可见重永恒轻短暂也是传统理性主义的一种重要的哲学心态。传统理性主义所关切的是宇宙总体那永恒和绝对的真实性，而不关心现实人的时间短暂的命运。它诱导人们一代一代为了某种彼岸的幸福、永恒的真理、美妙的远景和最终的理想而自我牺牲、不懈努力，而忘却了个体生命的有限性、人的历史存在和有限个体的现实幸福。所以，在理性主义哲学体系中，往往排除了伦理学意义上的时间概念。如果说从时间的角度讲，理性主义的哲学心态表现为重永恒轻短暂，那么，从空间的角度讲，就表现为重中央轻边远。当人们不是把自我这位个体看成是一个宇宙，而是视为茫茫沧海之一粟，视为宇宙间微不足道的一粒，不是以主体为根本，而是以主体之外的他物为根本，那么这种观念上、心理上的向心意识就往往会外化为一种相应的实实在在的行动，这就是人们对那由自己所建筑和神化的地域上的中心之点、核心地带的憧憬、迷恋和追求。

三、传统理性主义的心理根源

传统理性主义是西方思想文化史的一场历史悠久、影响巨大的哲学运动，它体现着思想史上所知道的人类最顽强的努力之一，这就是：通过一种统一的概念来把握我们这个现实的经验世界的整体。传统理性主义作为一种哲学理论体系，已经通过黑格尔这颗哲学巨星的陨落开始分崩离析了。这种努力随着人类自我意识的觉醒，也早已失去了重新恢复的可能。但是，传统理性主义的哲学心态并没有因为传统理性的崩溃而销声匿迹。它们仍然根深蒂固地盘踞在现代人们的头脑中，通过人们的观念理路、价值取向和兴味意向展现自身，散发着不可低估的影响。这主要是因为传统理性主义的哲学心态、思维模式根植于人们的某种普遍的心理建构中，也就是说，具有深刻的社会心理根源，这就是：人类生而有之的强烈的依托感。

在人们的灵魂深处，天生就存在着一种追求固定物、永恒物的欲望，因为这种固定物、永恒物作为人的精神依托和支撑点，能够使人的心灵获得幽深的安宁感。当人们得到了这种依托，他们就会心态稳定、恬静闲适，从而往往发展为安时处顺、麻木愚钝。当人们没有这种依托，就会感到两足悬空，惶惑不安，为茫不可知的未来和世界而担惊受怕。因而企望托庇于某种固定物、永恒物，这是人所共有的避免迷茫失落、求得安宁平静的一种天性。这种固定物、永恒物在人类的各个不同的历史阶段曾表现为不同的具体形态。在原始人中，一山、一石、一水、一木都可能成为一个民族一个部落所依恋和供奉的物质对象，然而在古代和现代人中，尽管金银宝石这类超稳固的物体在许多场合也往往扮演着人们所希冀之载体的角色，但人们的依托对象，无论是从内容还是形态的角度来看，都已经变得越来越多样，越来越复杂了。其中出现的一个重要趋向就是：人们对作为依托对象的某种精神性、观念性的事物所寄予的希望以及从中获得的安宁，已经远远超过了对具体物质性事物所怀有的依赖和从中取得的收获。而人们对精神之物的依托，又主要是通过宗教信仰与对理性的依赖表现出来的。在能够使人们得到精神寄托、获得安宁感、稳定感方面，宗教与理性是相通的。然而，同样作为依托的对象，理性有比宗教略胜一筹之处，这就是它的明晰性和较高的透明度。因为对于许多人来讲，最不能容忍的就是事物的含混不清。而理性的这种清晰性、明澈性又能使人们对它的信赖得到加强，尽管理性本身绝没有清晰透彻地解析一切的能力，因而往往最终还是要求助于宗教信仰的作用。

当理性充当起作为人们依托的对象这一角色的时候，它就会被哲学家扩张为一个包罗万象的有序和稳定的统一体系。这一决定论的哲学体系把我们这个世界的来龙去脉阐述得合情合理，把自然界与人世间万事万物解释得头头是道。当人们接受和掌握这一体系之后，就会产生一种高度的安稳感并获得求知欲望的巨大满足，原来惴惴不安的灵魂就会渐渐得到安宁和平静，似乎就寻到了自己的家园。

而作为人们依托对象和灵魂之安身处的传统理性主义的哲学体系本身，又是以什么为自己的根基呢？它是靠什么来给人们提供这巨大的安稳之感呢？对于这个问题，我们可以分别从传统理性主义哲学家笛卡尔和黑格尔那里获得不同的解答。笛卡尔理性主义哲学体系大厦的基石是他所说的人人皆有、毋庸置疑的天赋观念。而我们都知道，天赋之物都具有稳定持久、不可变更之特点，只有后天的东西才变幻莫测、转瞬即逝。以先天的清楚明白的观念为出发点，依照公认的逻辑规则严谨有序地推演出来的哲学体系，自然就具有令人信服的可靠性。黑格尔的方法则显示着浪漫派的鲜明特色，这表现在"有机体"的观念在他的哲学体系中构成了主导性的原则。众所周知，生物有机体的特点就是发展的有序性。生物个体的胚芽包含着其生命进程的全部内容，而发展就是胚芽所蕴含的诸规定性的顺序展开，从胚胎演变为成熟的个体完全是由于一个预定的程序所使然。而成熟的个体里又孕育着新的胚芽，潜在地隐含着新的个体。于是生物的新旧个体的衔接便标志着生物有机体的一个周而复始的循环。正是这有机体演变的周期性、有序性和规律性，能够给人们的精神形成一种强大的安宁感。黑格尔的理性哲学，就是把宇宙看成是一个正在由潜在过渡到现实、正在逐渐展现其全部内蕴的有机整体，而他的哲学体系，就是对这一有机体发展过程的逻辑表述。所以，传统理性主义哲学体系中的每一条原理，似乎都有牢固的根基，每一个结论，似乎都有雄辩的论据。总之，正是这有机体发展的学说构成了承载着理性的体系大厦的深层底蕴，才使得黑格尔的哲学飘荡起一缕令人心神安宁的魅力。

那使一切事物都被有序地编排起来，使一切现象都获得明晰和统一的解释的传统理性主义哲学体系，宛如一只精心编织的缜密而又恢宏的网笼，它罩住了天，盖住了地，它使我们赢得了依托，获得了满足，但又使我们牺牲了那更为珍贵的探索可能的欲求和努力。我们还可以把这只网笼比喻为一盏金光耀眼的明灯，它好像为人们照亮了进发的征途，但那强烈的光线又极有可能蒙蔽着人们对这路途的正确性表示怀疑的双眼，使我们的头脑处于一种坦然的麻木状态。人们在茫茫大海里航行，都希望找到一个指路的灯塔。但如果我们找到的是一座错误地标识航道的灯塔，那么我们所面临的危险就比没有发现任何灯塔要大得多。因为找到了这座塔，我们就会毫不迟疑地沿着有误的航线行驶，于是我们就永远丧失了自己的目标。而如果没有发现这座塔，我们就还会不断地探索、寻求，不懈地进击、努力，这时我们是自由的，我们拥有着包括胜利在内的无限的可能性。

第十五章
试论共相

共相是西方哲学史上的一个重要术语。共相是否真实存在，它与个别的具体事物（即殊相）的关系怎样，这是经院哲学内部唯名论与唯实论争论的焦点。国内出版的几部西方哲学史教科书在叙述这个问题的时候都有一个缺点，那就是对共相这一术语的含义往往缺乏透彻的分析和清楚的说明，由此造成了如下三个不良后果：第一是层次上的混乱，在教科书里，先是把共相与具体事物作为一般与个别的关系来考察，指出一般与个别是相互联系、互相依存，不可分割地统一在一起的；尔后又把它们作为精神与物质、意识与存在的关系来考察，指出这里存在着一个谁先谁后、谁是第一性的、谁决定谁的问题，这样令人颇感迷惑和费解。第二，对于共相与具体事物之间的关系缺乏科学的论证，似乎并没有给这个困惑了经院哲学家们几个世纪的"高超的"哲学难题一个清楚合理和令人信服的解答。第三，对唯名论和唯实论的错误根源缺乏深入的剖析。

共相一词是拉丁文Universalia的意译，在国内出版的哲学辞典中，往往把共相解释为"一般"，而在一些欧洲哲学史教科书里，共相则被说成是"类的概念"。笔者认为应该把这两种解释统一起来，也就是说，共相实质上是一个具有双重含义的哲学术语，它既指某一类事物所共有的一般属性（经院哲学家们常称为"相似性"），即"一般"，又指人们对这种共同属性（相似性）的反映形式——概念、语词。共相之所以具有"一般"和"概念"两个含义，原因就在于，共相作为"一般"并不像具体的个别事物那样具有能够为人们所感知的存在形态，"一般"的客观存在只有通过人类理智的抽象活动所形成的、作为它（"一般"）的反映的概念，才能得到揭示、标识和把握。所以，在西方哲学史上，共相作为"一般"，具有本体论的意义，作为"概念"又具有认识论的意义。因此，对于共相与具体事物之间的关系问题，我们应该分本体论和认识论两个层次来进行考察和分析。

从本体论的意义来说，共相与具体事物是一般与个别的关系，是反映客观物质世界的统一性和多样性关系的一对范畴。马克思主义哲学认为，一般与个别是对立的统一，一般只是大致地包括个别，任何个别都不能完全地进入一般，一般寓于个别之中，个别包含着一般，两者在时间和空间上都是不可分离的，任何一个事物都是一般与个别的统一体。在一般与个别的问题上，存在着辩证法与形而上学两种观点的斗争，不论是唯实论还是唯名论，都犯了把一般与个别对立起来，割裂开来的形而上学错误。这里需要注意的是，切不可把一般与个别的关系同精神与物质的关系混为一谈，一般与个别都是客观存在的，是辩证地统一在一起的，并不像精神与物质的关系那样有一个谁先谁后的问题。

只有从认识论的意义来说，只有当人们把共相作为"概念"来理解的时候，共相与具体事物才是精神与物质、思维与存在的关系，在这里才存在着谁先谁后、谁第一性、谁决定谁的问题，存在着是从物到感觉和思想还是从思想和感觉到物的唯物主义与唯心主义两条路线的斗争。我们才能说，唯名论强调具体事物的客观实在性，指出"概念""精神"是第二性的东西，因而具有唯物主义的倾向，唯实论把"概念"看成是存在于上帝之中的先于具体事物的精神实体，这完全是露骨的唯心主义观点。

我们知道，唯名论只承认作为"概念"的共相，而否定作为"一般"的共相的客观存在。唯实论虽然肯定"一般"的客观性，但却又把它看成是独立于具体事物之外的神秘的精神实体。国内欧洲哲学史教科书在分析唯名论、唯实论的错误时，仅仅谈到经院哲学家们不懂得一般与个别的辩证法，受神学唯心主义世界观的局限等，而往往忽略了他们唯心主义和形而上学错误的认识论根源，我认为这种认识论根源就在于自中世纪经院哲学家们在判断某一对象是否存在的时候，总是以"它能否为人所感知"为标准，而不是看它是否具有不依赖于人的意识、不以人的意志为转移的客观实在性。"我们只能看见和摸到个别的马、一匹白马、两群黑马，而看不到一般的马、马这个类"，这就是唯名论者否认"一般"具有客观实在性的依据。而唯实论一方面坚决肯定作为"一般"的共相的存在，另一方面又不得不承认这种客观存在无法为人们所感知这一事实，为了能够自圆其说，他们只好像柏拉图那样求助于上帝，把"一般"说成是精神性的实体，认为它在尘世中不能被我们感知，却不妨在天国里为上帝所感知。以"能否为人所感知"作为判断某一事物是否存在的标准，是一种狭隘的感觉经验论的意识，这种意识不仅导致了唯名论的形而上学和唯实论的神秘主义，而且也构成了几个世纪以后出现的贝克莱"存在就是被感知"思想的理论来源，最终促使了英国唯名论向主观唯心主义的转变。

第十六章
试论黑格尔的总念

黑格尔在《小逻辑》中讲道："我们并不形成总念，而总念并不可认作有什么起源之物。……宁可说总念才是真正的在先的。事物之所以是事物全凭内在于事物并借事物而呈示其自身的总念的活动。"[1] 需要说明的是，"总念"，德文是Begriff，有的中文译为"概念"。有的学者认为，这段话足以表明黑格尔是把精神性的东西——总念看作是先于具体事物而独立存在的实体，足以反映黑格尔唯心主义概念学说的实质。有的学者则认为黑格尔讲的总念在先，不是从时间意义上说的，而是从逻辑的意义上说的。我们认为，要正确解决"在先"问题，必须首先搞清楚黑格尔所强调的"总念"的含义究竟是什么。它是否只是指人的主观精神的"概念""观念"？它是否可以简单地理解为柏拉图所说的"理念"？我觉得这并不是一个单纯的名词术语的释义问题，而是关系到我们能否正确地、实事求是地理解和评价黑格尔的哲学思想的问题，关系到如何使黑格尔哲学的研究沿着健康的轨道深入发展的问题。

在黑格尔的著作中，"总念"一词的德文是Begriff。国外许多研

---

① 黑格尔：《小逻辑》，商务印书馆1981年版，第333–334页。

究黑格尔的专家、学者都一致认为，黑格尔哲学中概念术语纷繁杂多，但Begriff是其中最重要的一个术语，也是他的哲学思想的核心内容。Begriff的性质实质上构成了全部黑格尔哲学的绝对基础。Begriff不仅是重要的，而且也是很"独特的"，正如德国学者克罗纳（Richard Kroner）所说的："黑格尔把'Begriff'一词同一种意义联系起来，这种意义是他以前任何一位别的思想家所没有也不可能有的，因为以前没有人想过黑格尔在这个词上所考虑过的内容。"① 由于Begriff的含义的独特性，国外学者在把它译成相应的英文时，意见是不一致的，于是出现了两种译法。Begriff的第一个英文译名是Notion，在斯特林（James Hutchison Stirling）的《黑格尔的秘密》（*The Secret of Hegel*，1865）一书中首先出现，接着瓦莱士（William Wallace）也采用了Notion的译法，后来这个译名就得到了普遍的使用。在英文中，与Begriff这个词相对应的除了Notion以外，还有Concept。斯退斯（Walther Terence Stace）在他的《黑格尔哲学》（*The Philosophy of Hegel*）里解释了选择Notion而不选Concept的理由，他认为，Notion比Concept更符合Begriff的含义，Begriff与我们一般人所使用的Concept是完全不同的，普通意义上的Concept是一种抽象的普遍（共相），而黑格尔的Begriff则是具体的共相，它包含着特殊和单一于自身之内。用Notion这个译名，能表示Begriff的独特含义，而不至于使Begriff同人们通常讲的观念、概念（Concept）混为一谈，避免人们误入迷途。美国学者罗森（Stanley Rosen）也是持有这种观点的。但是另一些学者认为把Begriff译成Concept也未尝不可。劳尔（Quentin Lauer）在他的《黑格尔的上帝概念》（*Hegel's Concept of God*）一书中指出，把Begriff译成Notion，这

① 克罗纳（Richard Kroner）：《从康德到黑格尔》，Mohr Siebeck出版社1977年版，Bd 2，第270页。

固然是有优点的，特别是如果这个词恢复了古希腊 nous（心智）一词的"能动"的含义的话。但是，对于我们大多数人来讲，Notion 一词并不能引起"能动"的联想。相反地，Concept 这个译名的优点在于它与"conceiving"（"从内部产生"）的活动相关，并保留了 Conereteness（具体）和 Comprehension（包含）的含义，而这几点——"能动的活动""具体""包含"，都是 Begriff 的重要特征。Begriff 的汉语译名也有两种：一个是"概念"，一个是"总念"（请参阅《小逻辑》商务印书馆 1980 年版，贺麟先生的"译者序言"）。笔者认为，"概念"这个译名从字面上看很难反映 Begriff 的独特性质，很难同一般意义上的"概念"一词区别开来，特别是对于初次接触黑格尔哲学的人，易于造成误解。"总念"这个译名的优点在于，可以使读者对这个特殊的术语引起注意，从而不得不深究一下它的含义，以便正确地把握 Begriff 的性质。

总之，不论是在英语里还是在汉语里，都很难找到一个完全合适的词来做 Begriff 的译名。单从这一点就可以看出，黑格尔的 Begriff（总念）是一个具有特定含义的哲学术语，不能简单地理解为我们通常所讲的"观念""概念"。那么黑格尔的"总念"究竟有几层意思？在回答这个问题之前，我们先来考察一下黑格尔"总念"学说是怎样形成的。

一、"总念"（Begriff）学说的形成

Begriff 一词出现在黑格尔的著作里，并且成为他的哲学思想的中心内容，这绝不是偶然的，而是整个西方认识史特别是德国古典哲学发展的一个必然的、历史的和逻辑的结果。

关于人类认识主体（即主观的思维活动）与认识的对象（即客观现实的内在结构，自然界的本质、规律）之间的关系问题，是一个古老的哲学问题。"哲学的最后的目的和兴趣就在于使思想、概念与现实得到和

解。"① 黑格尔认为，在他以前，这个问题一直都没有得到很好的解决。

在古希腊，亚里士多德的观点占据着统治地位。他认为，人的心灵就像一块白板，现实就印在它上面，心灵具有一种特殊的能力，可以接受现实留下的印记而形成"观念"，这些"观念"如果是按照正确的方式产生出来的话，就保证可以起着"忠实地再现"现实的作用。何以证明"观念"忠实地"再现"了现实呢？亚里士多德以因果律为根据，认为自然界里因果现象的反复出现，使人们形成了相应的因果观念。人们运用这种观念去观察事物，预测未来，又往往能够得到成功的验证，从而证明了人的因果观念是自然界因果律的"再现"，观念与现实是一致的。以上就是亚里士多德的基本观点。非常明显的是，他一开始就把观念与现实看成是两种完全不同事物，预先就把它们设定为分属于两个不同的世界，然后又来证明观念世界与现实世界是能够相符合的，前者可以忠实地再现后者。亚里士多德关于现实与观念是两种根本不同的东西、有着明确的界限的观点，对于后人产生了很大的影响。以后的哲学家都是以如何完成从观念世界到现实世界、如何证实前者与后者本质上具有一致性为己任的。

到了近代，自然科学的发展迫切需要人们对知识的可靠性做出有效的论证，于是在哲学上，关于观念和现实的关系的研究也就出现了新的特点。在这一时期不论是英国的经验论还是欧洲大陆的唯理论，都侧重于对观念本身进行更为详尽的探索和考察，力求在"观念世界"中为观念的真实性寻找依据。但是他们都没有有效地解决观念与现实如何达到统一的问题。以莱布尼茨—沃尔弗为代表的唯理论"独断"地肯定观念与现实是一致的，不加证明地断言理性自身所具有的原理或范畴即是客观事物本身的再现或规定。而以休谟为代表的经验论则完全否定了观念

————————————

① 黑格尔：《哲学史讲演录（第四卷）》，商务印书馆1978年版，第372页。

与现实一致的可能性。因为休谟以在作为观念的基础的经验中找不到普遍性与必然性为理由，否定了作为亚里士多德关于现实与观念具有一致性的学说的理论依据的因果律的存在。

在康德的哲学中，对观念与现实之间关系的研究又发生了一个新的转折。按照亚里士多德的传统观点，认识应该与对象一致，观念应当与现实一致。但是证明这种一致性的理论基础由于休谟的批判而发生了动摇，所以沿着传统的道路走下去必然是行不通的。于是，康德来了一个"哥白尼式"的转变，假定对象应与我们的知识一致，现实应与观念一致，从而就能够有效地解决形而上学的任务，既可以使两者的一致得到证明，又能够避免以因果律作为这种一致的理论基础。所谓对象应与我们的知识一致，现实应合乎我们的观念，就是指：对象是知识创造的，现实是观念设定的，人的理性为自然立法，人的观念（即先验范畴）是自然规律的根源。但是康德承认，他所讲的"现象界""客体"是靠主体所建立起来的，客观世界的本质是不可知的"自在之物"。因此，他的所谓观念与现实的一致、主观与客观的统一，归根到底只是在意识的范围之内所运作和达到的，而真正的现实（即客观事物的内在结构、本质和规律）却被排斥在认识的范围之外，则从根本上讲这种"统一"完全是以思维与存在、观念与现实的彻底割裂为前提的。

人类认识的发展历史表明，不论是通过从现实过渡到观念的方式，还是通过从观念过渡到现实的方式，在有效地解决观念与现实何以能够统一的问题上，人们都遭到过失败。这种状况促使哲学家们对传统的思考问题的方法进行分析，发现前人在论证观念与现实的同一性的时候，总是以两者本来就是对立的，分别处于两个不同的世界的设定为论述的前提或出发点，然后人们又反过来想方设法去证明这两个事物具有一致性。但事实表明，在以这个假定为前提条件的情况下，所有的论证都没有获得成功。"如果观念不首先同现实同一，则就无法使它们与现实同一。"① 于是，人类理论思维的矛盾运动合乎逻辑地出现了新的转折，人们抛弃了观念与现实本来是对立的这样一种假设，提出了两者本质上就是统一在一起的新论断。这个论断首先出现在费希特的哲学思想里。费希特认为，主体与客体、思维与存在、观念与现实原来就是统一在一种"绝对"之中的，从这个"绝对"里既可以引出自然界一切事物的客观本质、发展规律，又可以引出人类的主观知识以及主体的实践活动。费希特深受康德的影响，他把这种绝对称为"自我""理智"，"自我""理智"就是"存在的系列和观念的系列"的统一体。但是，把观念与现实都归结为"自我"，这也是不能自圆其说的。黑格尔指出："费希特提出的这种自我就有着模糊的意义，它既是绝对自我、上帝，又是具有个人特殊性的自我。"② 自我既然是"共有个人特殊性的自我"，那么它也就是人的主观精神，也就是主体自身。但是把主体作为观念与现实的统一体，正好是重蹈了康德的覆辙，统一体中的所谓现实、客体仍然是主观的东西。所以后来就出现了谢林的"同一哲学"。谢林指出，作为观念与现实之统一体的绝对，不能是人的精神（这正是费希特的失误），而应该是"绝对精神"，在这个绝对精神里，主体与客体、思维与存在、观念与现实，一句话，人的理性结构与自然界内在的现实结构是无差别地绝对地统一在一起的。但是，谢林的"绝对精神"具有神秘的色彩，他只对它进行了陈述而并没有证明它是真理。当然谢林的"绝对精神"的基本原则得到了黑格尔的肯定和继承。

黑格尔正是在研究和总结了前人关于观念与现实、主体与客体的关系的认识发展史的基础上，提出了自己哲学的基本观点。黑格尔认为，真正的、理性的人类思维的结构的的确确证实了自然的现实结构，这并

---

① 劳尔（Quentin Lauer）：《黑格尔的上帝概念》，Suny Press出版社1982年版，第236页。
② 黑格尔：《哲学史讲演录（第四卷）》，商务印书馆1978年版，第341页。

不是因为思想的结构与现实的结构是相似的，而是因为它们根本就是同一个东西。"事物和对事物的思维，……自在自为地是一致的"①，"绝对的内容和绝对的形式是同一的——实体本身与认识是同一的"②。它们都统一于一个绝对的思想之中，这个思想不是指人类的精神，"反之，这里所指的却是完全客观的思想，普遍者、主动的心智"③，也就是谢林所说的"绝对精神"，或者"客观精神"。由于客观精神既包含了客体又包含了主体，并把两者绝对地统一于自身之内，因此，在黑格尔那里，客观精神这一概念实际上就具有三个含义：首先，它是指一切自然现象与精神现象的最高统一——世界"大全"；其次，它是指自然界的客观事物之中的内在结构、本质和规律；最后，它是指人类思维之中的理性、概念、范畴。黑格尔认为，正是由于提出了"绝对者、真实者只是那主观性与客观性是同一物的东西"④，哲学史上关于认识与认识对象何以能够统一的问题才可能得到彻底的解决。

大家知道，黑格尔对概念、术语的使用并不是十分严格的，同一个概念，可以根据场合和需要的不同，表述为不同的术语。再加上"客观精神"这一概念包含着十分丰富的含义，所以，在黑格尔的著作中经常出现的"绝对"、"绝对观念"、"精神"、"理念"、"理性"（Nous）、"思维"、"思想"、"逻辑思想"、"纯粹思维形式"、"真理"、"上帝"、"具体共相"、"普遍者"、"普遍性"、"逻各斯"（Logos）等概念往往就是"客观精神"的同义语。但黑格尔使用最多的、最有代表性的、最能清楚而全面地表述"客观精神"这一概念之本义的术语就是Begriff（"总念"）。当然，黑格尔的Begriff（"总念"）有其独特的内涵。下面我们就来详尽地分析一下

① 北大哲学系：《十八世纪末—十九世纪初德国哲学》，商务印书馆1975年版，第327页。
② 黑格尔：《哲学史讲演录（第四卷）》，商务印书馆1978年版，第376页。
③ 黑格尔：《哲学史讲演录（第一卷）》，商务印书馆1981年版，第343页。
④ 黑格尔：《哲学史讲演录（第二卷）》，商务印书馆1981年版，第355页。

Begriff（"总念"）的三个含义。

二、"总念"（Begriff）的三个含义

第一，"总念"就是指"具有无限的形式的全体"①、世界大全。

如前所述，"总念"即客观精神。而客观精神是囊括宇宙间万事万物的绝对总体，因此，"总念"的第一个含义就是指主观与客观、精神与自然的最高统一（也就是马克思和恩格斯所说的斯宾诺莎的实体与费希特的自我的矛盾统一）；是指理性的、无所不包的宇宙整体或具有最高意义的世界"大全"②。黑格尔说，"总念"是一个有机的系统，一个全体，宇宙间的一切具体事物，无论是自然的还是精神的，都是"这唯一生命的反映和摹本"③，都是这个有机整体的环节或组成部分，"它们只有在理念的统一里，才得到它们的实在性"④，"由于理性和在理性之中，一切现实才能存在和生存"⑤，"而它们的区别或不同的特性，也只是理念的表现和包含在理念里的形式"⑥。

"总念"不仅是无所不包的宇宙整体，而且也是一个自我展现的整体，一个活生生的能动的实体。由于"总念"把宇宙间万事万物都作为自己的环节包含在内，因此也就囊括了差异和矛盾，矛盾就是"总念"自我决定、自我发展的动力。于是，"总念"作为"一个强有力的能够实现它自己的原则"⑦，而处于一种永恒的独立自主的连续活动之中。"总念"的发展是一个从潜在到现实的过程，它自己把潜在的东西展现出

① 黑格尔：《哲学史讲演录（第四卷）》，商务印书馆1978年版，第343页。
② 黑格尔：《小逻辑》，商务印书馆1981年版，第99页。
③ 北大哲学系：《十八世纪末—十九世纪初德国哲学》，商务印书馆1975年版，第434页。
④ 北大哲学系：《十八世纪末—十九世纪初德国哲学》，商务印书馆1975年版，第434页。
⑤ 黑格尔：《历史哲学》，三联书店1958年版，第47页。
⑥ 北大哲学系：《十八世纪末—十九世纪初德国哲学》，商务印书馆1975年版，第434页。
⑦ 黑格尔：《历史哲学》，三联书店1958年版，第76页。

来，就好像种子发展成植物一样。在这个过程之中，发展的主体自始至终都是同一个事物，即"总念"。无论在什么阶段，无论采取哪种形态，"总念"都能保持自身。因此，自然也是"总念"的一种形式，不过是一种异在的、潜在的形式，是"一个没有意识的思想体系"。而人的精神、人的理性范畴则是"总念""自在自为"的形式，人以及人的精神都是"总念"的一个环节，因而人对"总念"的认识就是"总念"自己对自己的认识。正如劳尔所说的，"在人中所发生的只是概念地构造起来的现实在概念地构造出来的主观思想中的自我呈现；能动的思想结构在现实中的发现与思想所构成的现实在思想中的自我表现是同一个运动"[①]。"总念"正是通过人的精神而达到了自觉。

第二，"总念"就是指客观具体事物内在的本质、规律成类。

"总念"是宇宙大全，是能动的实体，同时又是人们在知觉中所认识不到的。但黑格尔指出，我们不能因此而以为"总念"是远在彼岸世界的神秘物；"总念""并不在现实世界的彼岸，在天上，在另一个地方，正相反，理念就是现实世界"[②]，就存在于为我们感觉得到的自然界的一切具体事物之内。每一客观事物都具有类的性质，都是由某种本质所决定的，都是由某种规律所支配的，而这"类"（共相）、"本质"和"规律"就是这一事物的"总念"。世界上的客观事物都是具体多样、纷繁复杂的，因此，如果说作为实体与自我的统一的"总念"、作为包罗万象的世界大全的"总念"是"一"的话，那么，作为客观对象的内在本质、规律和类的"总念"就是"多"。

第三，"总念"就是指人类最高的理性思维形式——范畴或"具体概念"。

① 劳尔（Quentin Lauer）：《黑格尔的上帝概念》，Suny Press出版社1982年版，第81页。
② 黑格尔：《哲学史讲演录（第二卷）》，商务印书馆1981年版，第178-179页。

既然"总念"是客观"对象本身固有的内在本质"①，所以，它就是一种现实的东西，一种客观实在的东西。"总念"不仅是客观的，而且也是"主观"的，因为它是一种"理性"的存在，这种"理性"的存在是自然界本身所无法显示出来的，"总念"只有在人的精神中表现为理性范畴的形式，才能显示自身，获得纯粹形态的存在。在黑格尔看来，理性范畴是"总念"自在自为的存在形式，"总念"只有表现为范畴才能为人所认知和把握，从而达到自觉。可见，客观事物的本质、规律和类，与人类主观的基础性范畴是同一个"总念"的不同存在形态。斯退斯对黑格尔的范畴的性质做了如下的总结："范畴是绝对（即"总念"——引者注）的界说、概念或思想，但是界说以及它所修饰的事物，范畴及绝对自身，是同一个东西。范畴一方面是我们的精神的形式，另一方面，又是客观的实在。"②

"总念"作为范畴，也是一个在内部矛盾推动下由潜在发展为现实的运动过程。黑格尔的《逻辑学》就是对"纯概念""纯范畴"的逻辑推演的一个描绘。"总念"作为范畴，具有"三种较切近的定性"③，即普遍性、特殊性、个别性。纯范畴正是按照这三个定性的节律螺旋式地前进，从"存在"一直过渡到"绝对理念"的。在这整个过程之中所出现的一系列逻辑范畴都不过是同一个"总念"的自我展现，它们是"总念"发展的不同环节，因而是有机地联系在一起的，形成了一个不可分割的统一整体，每一个个别的范畴只有在这种与整体的内在联系中才能存在。黑格尔指出："逻辑理念的各个阶段"是"一系列的对于绝对（即"总念"——引者注）的界说"④，实际上也就是"总念"这个"绝对"本

---

① 黑格尔：《自然哲学》，商务印书馆1980年版，第14页。
② 斯退斯（Walther Terence Stace）：《黑格尔哲学》，Dover Pubns出版社1955年版，第77页。
③ 黑格尔：《美学（第一卷）》，商务印书馆1979年版，第139页。
④ 黑格尔：《小逻辑》，商务印书馆1981年版，第328页。

身。黑格尔的纯范畴的逻辑推演经历了三个阶段，"存在论"中包含着普通逻辑学里的范畴，"本质论"中包含着科学和一般形而上学里的范畴，"总念论"中则是哲学里的范畴。[①]

《逻辑学》里出现的纯概念、纯范畴，都具有适用于一切客观事物的特点，都是"总念"的"界说"或组成部分。但黑格尔同时又指出："存在自身以及它的特殊的准范畴，同一般逻辑学上的范畴一样，可以看成是对绝对的界说。"[②] 因此，按照黑格尔的观点，我们可以这样说，《逻辑学》以外的其他概念、范畴，如"植物""人"等，虽然只适用于部分事物，但只要它们不是抽象观念，而是像《逻辑学》里的纯范畴那样，是"不同规定的统一体"、是"具体概念"的话（关于这点本文的第四部分还要作阐明），那么，我们也应当把它们看成是"总念"的"界说"或组成部分，它们同"质""量"等《逻辑学》里的范畴一样，都是"总念"的范围之内的东西。

综上所述，黑格尔的"总念"（Begriff），既是主客体的最高统一——世界大全，又是每一具体事物所固有的内在本质、类和规律，也是存在于人的精神之中的范畴或"具体概念"。总念作为世界大全，是"一"；作为本质、类和规律以及范畴，又是"多"。但归根结底，这三者所指的是同一个东西。因为正如斯退斯所指出的那样，在黑格尔看来，"在我们中，在世界中，只有一个理性"[③]。

三、"总念"与客观具体事物的关系

我们知道，在黑格尔哲学中，"总念"是"本质""规律"和"类"（共相）的同义语。"类"（共相）是一个古老的概念，从古希腊的柏拉图、

① 黑格尔：《小逻辑》，商务印书馆1981年版，第187页。
② 斯退斯（Walther Terence Stace）：《黑格尔哲学》，Dover Pubns出版社1955年版，第76页。
③ 斯退斯（Walther Terence Stace）：《黑格尔哲学》，Dover Pubns出版社1955年版，第86页。

亚里士多德到中世纪的经院哲学，共相与个别事物的关系问题，一直都是哲学研究的一个重要问题。随着近代自然科学的发展，具有时代特征的"本质""规律"之类的范畴在人类哲学思维中的地位越来越突出；人们似乎已经厌倦了经院式的关于共相有无实在性的纯思辨的争论，而侧重于探讨科学知识的可靠性问题——在感觉经验中感知不到的事物的内在本质和规律是否存在。但是这种有关本质和规律是否存在于客观事物之中的研究，实质上是共相与个别事物之关系的争论的继续。因为本质、规律同共相（类）具有相类似的性质，黑格尔把类（共相）与本质、规律统统归为"总念"，就说明了这一点。我们也可以说，黑格尔通过"总念"这个特定概念的使用，扩大了古老的"共相"范畴的涵义。于是，在黑格尔那里，关于共相与个别事物的关系这个具有悠久历史的探索，就变成了关于"总念"与客观具体事物的关系的研究，这一研究不仅涉及共相（类）是否存在这个曾经是纯学术的问题，更重要的是涉及本质、规律有无客观实在性这个自然科学向哲学所提出的具有重大现实意义的、在当时迫切需要解决的问题。黑格尔关于"总念"与具体事物关系的理论，不仅体现了他的一般与个别的辩证观，而且也体现了他的本质与现象的辩证观。我认为，黑格尔运用辩证的方法全面而又详尽地探讨了"总念"与客观具体事物的关系，通过对狭隘的感觉经验论之局限性的揭露和对"现实"与"现存"两个不同概念的区分，论证了"总念"的客观实在性，把"总念"看成是与个别的具体事物不可分割的本质，看成是决定事物发展的内在规律，看成是同类事物所共同具有的共相、类。从而有力地批判了形形色色的否认科学研究对象——本质、规律的存在的不可知论，从某种意义说，坚定了人类认识和改造世界的信心，在一定程度上排除了科学发展道路上的一些障碍，推动了人类认识活动的深化。这就是"总念"学说具有重大理论价值之所在。现在我们就首先来看一看黑格尔是怎样论证"总念"（即本质、规律和类）具有客观实在性的。

类、共相是否存在？这是哲学史上长期争论不休的一个问题。对共相的客观实在性持否定态度的哲学家的最主要的理由就是：我们"在感觉方面找不到证据"[①] 来说明共相是存在的。"事物都是个别的，一般的狮子并不存在。"[②] 这一铁的事实使得像柏拉图这样坚持共相、理念的客观存在性的哲学家陷入了困境，因而柏拉图不得不诉诸超验的"理念世界"，断言理念（共相）诚然在尘世的此岸世界不可感知，但不妨在彼岸世界中有其客观存在。显然，这种神秘主义的论证丝毫无助于问题的实质性地解决。

黑格尔深刻地指出，问题的症结就在于，以前人们的"存在"观念通常总是同"感觉"标准联系在一起的。正如贝克莱所说，"存在就是被感知"，存在着的事物一定能够被感知得到，反过来，感觉不到的东西就一定不存在。如果以"感知"作为判定事物是否存在的标准，那么一切坚持共相具有客观性的企图不免都要失败。但是这种"感觉标准"观只是常识性的观点，而不是哲学的观点。正是在这里，我们看到了哲学与常识的区别。哲学根本不是以感觉经验作为判定认知对象有无实在性的标准。黑格尔指出："哲学不应该是发生了什么东西的叙述，而是对其中什么是真的东西的认识。"[③] 那么何者为真，何者不真呢？黑格尔说："在哲学的意义上，谈起仅仅是经验的实在的东西，就好像是在谈一个无价值的实有物一样。"[④] 因为在哲学看来，"经验"中的实在的东西，都不过是现象[⑤]，不过是偶然之物，"感性的东西，直接存在的东西，

---

① 黑格尔：《小逻辑》，商务印书馆1981年版，第116页。

② 黑格尔：《自然哲学》，商务印书馆1980年版，第10页。

③ 黑格尔：《逻辑学（下卷）》，商务印书馆1982年版，第253页。

④ 黑格尔：《逻辑学（上卷）》，商务印书馆1977年版，第104页。

⑤ 黑格尔：《小逻辑》，商务印书馆1981年版，第276页。

事物的现象不是真的东西，因为它们是在变迁中的"[1]，"凡是存在的，必受时间的限制，转瞬可以变为不存在"[2]。为什么感性的、现象的东西会变为不存在？黑格尔认为，这是由于偶然的个体事物都不能完完全全地符合它们的"总念"，有时甚至根本就不符合。

黑格尔进而指出，哲学所研究的是"真"的东西，是现象中的本质规定，是偶然性中所贯穿着的必然性、规律性，是感性事物中内在的起支配作用的类、共相，即"总念"（Begriff）[3]。"总念"与偶然的现象物相反，它不是"变化不居""注定消亡"的，而是永恒不变的。所以它是"真正存在"的东西。

但是，黑格尔又指出，应该把这里所讲的"存在"同感性事物的"存在"区别开来。感性事物诚然也可以说是存在着的，但这种存在并没有"真实性"。按照哲学的观点，感性事物的这种在时空中的存在应该被称为"现存"，而"真"的东西、具有真实存在的"总念"则叫作"现实"[4]。黑格尔认为，"现存"的事物就它是为其"总念"所规定的而言，就它注定要消亡而言，是非独立的东西，而是从属于"现实"的，只是"构成概念的一个理想性的环节"[5]。而"现实"的事物就它的能动性而言，就它"完全能起作用"来支配现存的东西而言，乃是完全独立的东西。柏拉图正是因为没有摆脱把感觉作为衡量事物是否存在的标准的常识性观念，没有区分"现存"与"现实"的差异，所以他在论证共相的客观存在性时陷入了不可克服的矛盾之中。因而，麦克塔加尔特（John McTaggart）把黑格尔看成是"比起以前的任何一位哲学家来，都

① 黑格尔:《哲学史讲演录（第二卷）》，商务印书馆1959年版，第202页。

② 黑格尔:《小逻辑》，商务印书馆1981年版，第124页。

③ 黑格尔:《逻辑学（上卷）》，商务印书馆1977年版，第14页。

④ 斯退斯（Walther Terence Stace）:《黑格尔哲学》，Dover Pubns出版社1955年版，第6页。

⑤ 黑格尔:《小逻辑》，商务印书馆1981年版，第327页。（所谓"概念"即"总念"。——引者注）

更深刻地洞悉了现实的本质"①的人，这不是没有道理的。

　　一方面，"一个偶然的东西不配享受现实的美名"②，现存的东西都不是现实的；另一方面，现实的东西也不是现存的。因为"总念"不存在于感性经验之中，"不是感官所能把握的"，"星球运动的规律并不写在天上"③。黑格尔指出，要想认识和把握具有现实性的"总念"，就"必须把真理好像必定是某种可以用手捉摸的东西那样的意思，放在一边"④，而应该"对经验世界加以思维"⑤，通过"反思作用去改造直接的东西"⑥，"打破感官事物的锁链而进到超感官界"⑦，最后"感性材料的内在实质，即可揭示出来"⑧。因此，"总念"的客观性，不是感性知觉中所反映出来的客观性，而是人的理性思维所把握得到的那样一种客观性。在黑格尔看来，这种客观性还可以通过人的语言的存在得到反映与证明。语言的客观性是毋庸置疑的，而"语言是属于意识范围，亦即属于本身是共相或具有普遍性的范围"⑨，"凡语言所说出的，……没有不是具有普遍性的"⑩。除了个别名词之外，语言"仅仅表示共相"⑪。因此，"对于黑格尔来讲，语言不只是一种工具。而是理性的结构自身显现于其中的某种事物"⑫。

---

① 麦克塔加尔特（John McTaggart）：《黑格尔逻辑学注解》，剑桥大学出版社1931年版，第311页。

② 黑格尔：《小逻辑》，商务印书馆1981年版，第44页。

③ 黑格尔：《小逻辑》，商务印书馆1981年版，第76页。

④ 黑格尔：《逻辑学（上卷）》，商务印书馆1977年版，第32页。

⑤ 黑格尔：《小逻辑》，商务印书馆1981年版，第137页。

⑥ 黑格尔：《小逻辑》，商务印书馆1981年版，第77页。

⑦ 黑格尔：《小逻辑》，商务印书馆1981年版，第136页。

⑧ 黑格尔：《小逻辑》，商务印书馆1981年版，第137页。

⑨ 黑格尔：《精神现象学（上卷）》，商务印书馆1983年版，第72页。

⑩ 黑格尔：《小逻辑》，商务印书馆1981年版，第71页。

⑪ 黑格尔：《逻辑学（上卷）》，商务印书馆1977年版，第111页。

⑫ 麦尔（Josef Maier）：《论黑格尔对康德的批判》，剑桥大学出版社1939年版，第77页。

　　综上所述，"总念"作为"真的东西"是一种通过"反思"作用而得到认识的"现实"的存在。但是，我们知道，感性经验"并不提供必然性的联系"[1]。那么，这是否意味着，"总念"（现实的事）与感性的具体事物（现存）之间毫无关系呢？当然不是。这样，我们就讲到了第二个问题：黑格尔在论证了"总念"的客观实在性的基础上，是怎样进而阐述现实与现存、"总念"与具体事物之间的辩证关系，从而进一步解决了"总念"究竟是如何存在的问题的。

　　如前所述，总念并不是感性的存在，而是需要借助于人类理性思维才能把握得到的。这样，人们不禁要问，"总念"既然看不见、摸不着，但却又说它是"独立"的东西，而且是完完全全现实的事物，那么"总念"存在于何处？它究竟是怎样存在的呢？其实，这样的问题早在古希腊的柏拉图那里就遇到了。黑格尔之所以比柏拉图高明，就在于黑格尔并没有把"现存"与"现实"割裂开来，把一般与个别对立起来；并没有像柏拉图那样在神秘、虚构的理念世界中寻求共相的存在。黑格尔认为，"总念"作为现实的东西是独立的，这不是指"总念"是具体的感性事物之外的独立存在，而是指"总念"具有能动性，是起决定作用的东西。但"总念"只是对于现存的事物而起决定作用。既然"总念"是支配、决定现存的东西，因而它就与个别的具体事物有着不可分割的内在联系。"总念"只有在现存中才能存在。在黑格尔看来，现实的"总念"与现存的具体事物的辩证关系就是："总念"作为现实的东西，作为独立自主之物，对于现存的个体事物来讲，是逻辑在先的。但与此同时，"现实"又存在于"现存"之中，每一个具体事物都包含着"总念"；每一具体事物发展过程的自始至终都贯穿着"总念"。这两点下面我们分别加以阐述。

---

[1] 黑格尔：《小逻辑》，商务印书馆1981年版，第116页。

首先，黑格尔认为，"总念"是逻辑在先的。

按照黑格尔的观点，"总念"（现实）与感性的具体事物（现存）的关系的第一个方面就是："总念"是在先的。在我们通常的意识中，"先后"总是指时间或空间上说的，所以根据"总念"在先的学说，人们很容易把"总念"理解为一种在自然界及人类社会产生以前、在万事万物出现以前就存在的东西。当然，关于"在先"问题，黑格尔本人并没有做过清楚详尽的说明和解释，但从黑格尔的基本思想来看，上述的理解显然是一种误解，是不符合他的原意的。因为这样一来，就会把黑格尔同柏拉图等同起来，把黑格尔的"总念"看成是脱离了一切具体事物、并在彼岸世界的某个地方独立现存着的神秘物了。其实，他早就讲过："自然在时间上是最先的东西。"[①]这表明，他的"总念"在先，并不是指时间在先。按照黑格尔的观点，世界上从时间来讲先出现了什么，后发生了什么，这并不是哲学的研究对象。哲学研究的是所谓"真"的东西、本质性的东西、起决定和支配作用的东西。凡物莫不属于其类，凡物莫不有一内在的本质决定其性质，凡物莫不有其规律决定其发展，因此，这现实的类、本质和规律，即"总念"，比起它的现象和表现——现存之物来，从道理上说，从逻辑上说，是真正在先的，是绝对在先的。事物之所以是事物，全凭内在于事物并显示它自身于事物内的总念活动。所以，黑格尔的"在先"说，是从"总念"与具体事物、现实与现存哪一个更重要，哪一个更根本的意义上来讲的。

当然，逻辑在先的思想早在亚里士多德的"目的"学说和康德的"现象"学说中就有所体现。黑格尔的"总念"在先的理论是在亚里士多德和康德思想的影响下形成的。因而，细分起来，黑格尔的"总念"在先说还可以按两层意思来理解。

[①] 黑格尔：《自然哲学》，商务印书馆1980年版，第28页。

一方面，按照亚里士多德的理论，质料是消极被动的，形式则是积极主动的，有了形式事物才得以成为"是什么"，因此，形式是在先的："如果认为形式先于质料而更为实在，那末，同样理由，形式也将先于两者的组合。"① 根据他的四因说，"动力因""目的因"最终都可归结于形式因。所以，质料所追求的目的（即形式）是在先的，目的（形式）是质料存在和发展的逻辑前提。亚里士多德的这一观点在黑格尔的"总念"学说中得到了进一步的发挥。"总念"也是集"动力因""目的因"于一身的"形式"。同亚里士多德的"形式"一样，"总念"是"目的"的同义语。在亚里士多德那里是目的在先，在黑格尔这里，就是"总念"在先。黑格尔是这样论证的：整个宇宙万事万物之发生发展所追求的最高目的就是自在自为的"总念"。从"生成"的角度来看，先有自然界，后有人类社会，人类社会经过漫长的发展道路最后在"哲学"中才达到对"总念"的概念式的把握，"总念"才以人类理性思维的"范畴、具体概念"的形式存在着，从而实现了自在自为。可见"范畴、具体概念"（自在自为的"总念"）是最后出现的东西。但是，黑格尔指出："按生成说出现最后的东西，按性质说却是最先的。"② 这是因为，宇宙万物既然是以自在自为的"总念"为最终目标，则自然界和人类社会所发生着、存在着、发展着、灭亡着的一切也就都是由这个目标所决定的，万事万物都是这个作为目标的"总念"的自我实现的一种表现、结果和工具。一切现存事物都是被决定者，被决定者的存在必然是以决定者（目的，即"总念"）的存在为前提条件的。因此，从时间上讲，自在自为的"总念"出现得最晚，但从本质上讲，它作为始动者、决定者才是真正在先的。黑格尔进一步指出，"目的不仅在实现之前先行存在于意想

---

① 亚里士多德：《形而上学》，第7卷，第三章。
② 黑格尔：《哲学史讲演录（第一卷）》，商务印书馆1981年版，第202页。

之中，而且也存在于实在里面"①。这是因为，"总念"（目的）不仅仅表现为人的"范畴、具体概念"，而且也表现为客观事物的本质、规律和类。所以，实际上"总念"在达到自在自为的存在之前早就作为自然界的本质、规律和类内在于无限多样的具体事物之中，并发挥着支配和决定的作用。自然界的本质、规律、类是自在自为的"总念"（范畴）的潜在形式。从这个意义上讲，目的、自在自为的"总念"是从一起头就存在的，是最初者，只不过是以潜在的形式存在罢了。

另一方面，按照康德的"现象"学说，作为人的认识对象的外在世界都是"现象世界"，而现象世界则是"物自体"所提供的感觉材料与人的"先验形式"、概念范畴综合的产物。用他自己的话说，认识对象"就是被给予的直观杂多在其概念中被联结起来的东西"②。因此，在康德看来，虽然从本体论上讲，在人的主观世界之外的确存在着一个独立的客观世界——物自体，而且从认识秩序上讲，知识是从"物自体"刺激感官引起感觉开始的，但是，从认识论的角度来看，作为认识对象的现象世界的存在却是以人的先天的直观形式——时空和先天的思维形式——范畴为先决条件的。因而，时空和范畴逻辑上是先于现象、经验的。"当某种外在的东西被表象为在不同的地方或时间时，空间和时间的观念必定已经先在了。"③一切事物只有通过这种先天的形式才能呈现给我们。康德的范畴在先说得到了黑格尔的肯定和继承。黑格尔认为，康德的"现象"理论明确地指出了"凡是对我们表现为客观、实在的东西，只应当从它与意识的关系中来看，而不应当离开这个关系来看"④。这一真理明确地说出了先验的形式是经验及经验对象成为可能的

---

① 黑格尔：《哲学史讲演录（第一卷）》，商务印书馆1981年版，第370页。
② 康德：《纯粹理性批判》，商务印书馆1982年版，第103页。
③ 黑格尔：《哲学史讲演录（第四卷）》，商务印书馆1978年版，第265页。
④ 黑格尔：《哲学史讲演录（第二卷）》，商务印书馆1959年版，第28页。

决定性的前提条件。但是黑格尔并不满足于康德只把范畴在先的思想局限在认识论的范围之内的基本立场。他指出，在康德那里，"意识"只是人的主观"自我意识"，时空和范畴只是人的主观的直观形式和思维形式。事实上，思想、概念并不像康德所说的那样只是人的主观的东西，而是"客观的"，是存在于一切事物之中的，是一切事物的"本质"。因此，在黑格尔看来，不仅从认识论的角度来讲，客观事物作为认识对象，正像康德所说的那样，是以思想、概念（即总念）为逻辑前提的，而且从本体论的角度来讲，"事物之所以是事物"，事物自身之所以存在和发展，都是由内在于事物的"总念"所决定的。"总念"是一切事物自身得以存在的根本前提，因而从任何意义上讲"总念"都是绝对优先的。

其次，黑格尔认为，"总念"就存在于每一现存的具体事物之中。

黑格尔的"总念"在先，是逻辑上在先，而不是指它存在于自然界、人类社会出现之前的彼岸世界。这一点，在他的关于"总念"存在于现存的具体事物之中的论述里表现得更为明显。黑格尔是一位辩证法家，他论证了普遍与特殊、一般与个别的辩证关系，正确地揭示了在一切具体事物和感性现象内部都包含着固有的客观本质和贯穿着不以人的意志为转移的客观规律。黑格尔关于"总念"存在于现实事物之中的思想可以从两个方面来理解。

从静态、横的角度来看，"总念"弥漫于一切客观具体事物之中。黑格尔认为，所谓"总念"，就是"普遍和特殊的统一"[1]。一方面，总念"并不存在于遥远的某处，而是作为实体性的类属存在于个别事物之内"[2]，总念如果脱离它的客观存在，就不是真实的，它的"现实性只有

---

[1] 黑格尔：《小逻辑》，商务印书馆1981年版，第13页。
[2] 黑格尔：《自然哲学》，商务印书馆1980年版，第28页。

在具体个别事物里才能得到"①。例如，种族只有作为自由具体的个体，才是现实的；生命只有作为个别的有生命的东西才能存在。另一方面，"特殊性也含普遍性在内"②。"个别的特殊的事物也只有在普遍性里才能找到它的现实存在的坚固基础和真正内容（意蕴）。"③因此，黑格尔指出，"自然是由精神设定起来的，而精神自身又以自然为它的前提"④，"精神以自然界为自己的前提，总是已经包含于自然之中"⑤，要想认识"精神"，认识"总念"，就必须通过理解和把握"精神"所创造的自然界、"总念"所设定的具体事物才能达到。⑥

黑格尔进一步指出，"总念"存在于自然界之中，"在自然界里隐藏着概念的统一性"⑦。但在自然界中"总念"的存在形式、它的"统一性"的方式是复杂多样的，从而造成了自然界的层次性、差异性。在《美学》里，黑格尔提出了"总念"的三种存在形式：⑧

第一，"总念"存在于"外在性"的物体中。这类"外在性"的物体的各个组成部分都是独立的、彼此仅以机械的和物理的方式相关，没有内在的必然联系，没有一种完整的组织。例如，金属就是这样，其各个颗粒都是该物体这个总和的部分，颗粒的性质与这个总体的性质是相同的，颗粒并不是完整体系中的环节，因而颗粒的丢失，并不会影响总体。在这类物体中，"总念"固然也是存在着的，但它的统一性还没有显示出来。所以，这是"总念"最抽象的存在形式。

---

① 黑格尔：《美学（第一卷）》，商务印书馆1979年版，第185页。
② 黑格尔：《哲学史讲演录（第一卷）》，商务印书馆1981年版，第23页。
③ 黑格尔：《美学（第一卷）》，商务印书馆1979年版，第231页。
④ 黑格尔：《小逻辑》，商务印书馆1981年版，第425页。
⑤ 黑格尔：《自然哲学》，商务印书馆1980年版，第617页。
⑥ 黑格尔：《小逻辑》，商务印书馆1981年版，第185–186页。
⑦ 黑格尔：《自然哲学》，商务印书馆1980年版，第21页。
⑧ 黑格尔：《美学（第一卷）》，商务印书馆1979年版，第149–150页。

第二，"总念"存在于具有整体性的物体中。这类物体的各个组成部分虽也具有独立的客观存在，但同时却都统摄于同一系统，这样"总念"的统一性，它的统摄作用就显示出来了。例如，太阳系就是以这样的方式而存在。太阳、彗星、月球和行星一方面是作为互相差异的独立自在的天体，另一方面它们只有根据它们在诸天体的整个系统中的所占的地位，才成为它们之所以为它们。这种统一使各个个别存在的天体互相关联而结合在一起。但"总念"的这种存在形式也还有缺点，那就是各个差异面是各自独立的、互相外在的，统一是以一种物体（例如太阳）为代表，而这个代表又是与各个差异面相区别的，还不是内在地融合于各个组成部分之中的。所以这种"总念"的统一是自在的，还是抽象的。

第三，"总念"存在于有机组织（生命）之中。在上述两种形式里，"总念"都不能达到真正的存在。这是因为死的、无机的自然是不符合理念的，只有活的、有机的自然才是理念的一种现实。在有机组织里，"总念"的本质——内在的同一和普遍性得到了体现，各个差异而不是拼凑在一起的外在的部分，并不像建筑物中的石头或行星系统中的各行星、月球、彗星那样，而是一个有机整体中的成员；差异面得到了内在的统一，只有在这个统一中，它们才有真正的存在，正像割下来的手就失去了它的独立存在那样。这种统一出现在各个成员中，作为它们的支柱和内在的灵魂。所以，在黑格尔看来，"总念"只有在有机体中、在生命中才能"达到显现自身的阶段"[1]。当然，"有生命的东西虽说是概念在自然中的最高实存方式，但在这里，概念也不过是潜在的，因为理念在自然中只是作为个别的东西现实存在着"[2]。"总念"只有在人的精神里，才有可能最终达到自在自为的存在。

---

[1] 黑格尔：《自然哲学》，商务印书馆1980年版，第35页。
[2] 黑格尔：《自然哲学》，商务印书馆1980年版，第616页。

从动态、纵的角度来看，"总念"主导着每一具体事物发展的全过程。如前所述，"总念"就存在于客观的具体事物之内。正如种族只有作为自由具体的个体，才是现实的那样。反之，每一个体事物也正是由于其所包含的"总念"才具有现实性。这是从静态、横的角度来讲的，反映了"总念"同具体事物之间的内在联系。下面我们从动态、纵的角度，从每一个具体事物的发展过程，来看一看"总念"究竟是怎样在个体中体现其存在的。我们知道，任何一个具体事物都不是静止不变的，都具有一个发生、发展和灭亡的过程。事物的整体就是由依次交替的众多的发展环节所构成的。那么，推动着这特定事物不断向前运动的力量是什么呢？黑格尔认为，就是包含在这一事物之内的"总念"——事物的类的规定性、本质和活动规律。他是这样分析的：任何特定事物的发展都有一个开端，这叫作事物之自身（an sich），而事物之自身恰恰就是此类事物的"总念"之潜在状态的表现。在"总念"的潜在状态里潜伏着、包含着这一事物发展的全部过程和力量。比如种子是植物的开端，种子还不是植物本身，但在种子自身中却包含着"树木的全部性质和果实的滋味色相"[1]，包含着"树的全部力量"[2]。而这一具体事物在不同时期所呈现出的不同的形态正是它的"总念"的潜在性的展示，特定事物之诸环节的推移和过渡正是内在的"总念"自我发展的各种表现形式。植物的"枝叶花果的发展阶段皆各自出现，而内在理念才是这种依次开展的过程之主导的决定的力量"[3]。枝、叶、花、果诸形态从不同的侧面体现了这一"内在理念"。所以，"总念"就在从自己中发展出来的各个环节里，是各个环节的整体和灵魂。[4] 由此可见，在黑格尔看来，

---

[1] 黑格尔：《历史哲学》，三联书店1958年版，第56页。
[2] 黑格尔：《法哲学原理》，商务印书馆1961年版，第1页。
[3] 黑格尔：《哲学史讲演录（第一卷）》，商务印书馆1981年版，第33页。
[4] 黑格尔：《小逻辑》，商务印书馆1981年版，第142页。

从具体事物的发展过程的角度来说，事物发展的不同环节、阶段都是由它的"总念"决定的，是从它的"总念"中产生出来的，是"总念"自我展现的不同表现形态，事物的发生、发展的过程就是"总念"从潜在到展开的过程。这就表明，一方面，"总念"（普遍）就存在于事物发展的各个环节（特殊）之内，存在于事物运动过程的始终；另一方面，既然事物的各个环节是从"总念"中发展而来的，因而事物的不同环节、阶段归根结底都是包含在它的"总念"之中的，黑格尔的"总念"是包含着特殊在内的普遍。[①]

黑格尔进一步指出，"总念"不仅存在于个体的全部发展过程之内，而且也存在于个体之间的绵延交替之中。每一特定事物、每一个体终有消亡，但从旧个体中还能产生出新的个体。从旧个体到新个体的过渡，反映了"总念"的回复过程和圆圈运动，"总念"正是在无穷无尽的个体之交替中，获得其永恒的存在的。

不论是从静态还是从动态，不论是从横的还是从纵的角度，黑格尔都证明了"总念"与客观的具体事物之间具有内在的、不可分离的本质联系。黑格尔的观点是十分清楚的，"总念"决定现存的客观事物，但"总念"的存在，它的决定作用，只有体现在每一个具体事物及其发展过程的始终，才可能实现。

黑格尔关于"总念"与具体事物的关系的理论明确地肯定、系统地论证了事物内在的本质、规律的客观存在，论证了人们揭示本质和规律的途径与方法，对于哲学史上由来已久的一般与个别之关系的争论做出了历史性的总结，这无论是在科学史、哲学史还是在方法论上，都具有非常重要的意义。

在科学史上，按照黑格尔的学说，事物的普遍性、必然性诚然不

---

① 黑格尔：《小逻辑》，商务印书馆1981年版，第35页。

是感性经验的认识对象，却是可以通过人的理性思维加以把握的，是"真"的、客观实在的东西。这就冲破了狭隘的经验论对人们思想的束缚，驳斥了休谟对因果律的否定，保卫这一自然科学研究的指导原则，使人们重新坚定了对科学知识的可靠性的信念，增强了认识世界的信心。从而为科学的健康发展扫除了思想障碍。

在哲学史上，黑格尔的学说，既肯定了感性经验在认识论中的地位和作用，又批判了把知觉当作唯一真理的狭隘的经验主义，在更高的基础上恢复了古代亚里士多德和近代培根所倡导的感性认识与理性认识结合起来的思想传统，为马克思主义的科学认识论提供了宝贵的理论来源，推动了人类认识水平的提高。

同时，黑格尔对本质、规律和类的客观性的肯定和论证，从某种意义上讲，也为马克思主义哲学——辩证唯物主义的形成，奠定了有益的思想基础。辩证唯物主义的特征之一就是它的唯物主义的彻底性，它不仅承认我们感知到的外在事物是客观存在着的，而且承认我们感知不到的事物的类、本质和规律也是客观实在的，并且是决定事物性质、支配事物的发展的东西。辩证唯物主义判断某一事物是否存在的标准，就在于看它是否具有不依赖人的意识的、不以人的意志为转移的客观实在性。

在方法论上，黑格尔考察"总念"的客观实在性时，所运用的抽象方法，对于马克思的政治经济学研究方法的形成无疑具有重要的影响。马克思对整个资本主义经济关系的研究是从分析商品开始的。商品是价值和使用价值的矛盾统一体，这是商品所固有的内在本质，是不以人的意志为转移的客观实在。但是，商品的价值是我们看不见、摸不着的，因此，全部政治经济学的研究从一开始就需要一种科学抽象的方法。正如马克思所说，分析经济形式，既不能用显微镜，也不能用化学试剂，而是要用抽象力。马克思正是依靠科学抽象方法的运用，从而揭示了资本主义生产关系的内在联系，阐明了资本主义社会经济现象的本质、内在矛盾和内部规律，创立了科学的政治经济学理论的。

四、"总念"与抽象概念的关系

我们在本章的第三部分谈的是作为类、本质和规律的"总念"与具体事物的关系。下面我们将要研究的是作为人的范畴或"具体概念"的"总念"，也可以说，认识论意义上的"总念"。用黑格尔的话来讲，我们真正地具有两个理念，一个是作为认知的主观理念，另一个是实质的、具体的理念，而这两个理念（即"总念"）或"两个总体"都不过是同一个世界本体——主客体的最高统一、世界大全的"双重化"的表现。[1] 实质的、具体的理念是存在于自然界中的"总念"，"作为认知的主观理念"是存在于人的精神中的"总念"，人的范畴、"具体概念"是"总念"的最高存在形式。

为什么"总念"只有在人的精神中才能达到其最高的存在呢？黑格尔认为，"总念"虽然作为类、本质和规律现实地存在于自然界的具体事物里，但在自然界里"总念"并不是"自为的"，还没有达到"实存"[2]。因为"自然界不能使它所蕴含的理性（Nous）得到意识，只有人才具有双重的性能，是一个能意识到普遍性的普遍者"[3]。因此，"概念只是在精神中有其真实的存在"[4]，才能成为"自为之有的概念"。黑格尔进一步指出，具有双重的性能的人从本质上来说是作为"总念"自我发展的一个环节而存在的，是"总念"的一个组成部分。从这个意义上讲，人对"总念"的认识就是"总念"自己对自己的认识，"总念"通过人的精神而返回到其自身了。当然，另一方面，并不是任何人都能获得

---

[1] 黑格尔：《哲学史讲演录（第一卷）》，商务印书馆1981年版，第106页。
[2] 黑格尔：《哲学史讲演录（第二卷）》，商务印书馆1959年版，第352页。
[3] 黑格尔：《小逻辑》，商务印书馆1981年版，第82页。
[4] 黑格尔：《哲学史讲演录（第四卷）》，商务印书馆1978年版，第152页。

"总念"的体现者的美名的。"人只有当他克服了其自然性时才能实现其精神性的存在。这种克服只有在以下的前提下才是可能的，即：人性与神性自在自为地合为一体；并且，人，就他是精神而言，具有属于上帝的概念的本质性和实在性。"①换句话说，"主观的、个体的精神"，要成为"总念"的最高体现、成为"普遍的、神的精神"的前提条件就是，"前者理性地意识到后者"，"后者在每个主体、每个人中显示自身"②。另一方面，"总念"在人类精神中的体现是一个历史的过程，"在这种发展的过程里，理念的某一形式或某一阶段在某一民族里得到自觉"③。"总念"的各个环节是在人类发展的不同时期得到反映，最后达到完全的展现的。

　　人类精神是怎样体现"总念"的呢？如前所述，具体的个别事物的本质、类和规律是"总念"在自然界中的存在形式。本质、类和规律是客观实在的，但却又是自在的东西。"自然不能把本质作为本质表现出来。"④本质、类和规律是"普遍的""理性的"事物，作为本质、类和规律的总念要表现出来，只有靠具有抽象思维能力的、能够意识到普遍性的人的活动。"总念"只有在人那里"被当作概括性的认识之简单性的结果的情形下，才是真理，才是直接的"⑤。而这种"概括性的认识之简单性的结果"就是人的范畴、"具体概念"。在黑格尔看来，范畴、"具体概念"就是本质、类和规律的自为的存在形态，而本质、类和规律只

① 黑格尔：《世界历史哲学讲演录》，转引自劳尔（Quentin Lauer）：《黑格尔的上帝概念》，Suny Press出版社1982年版，第15页。
② 黑格尔：《历史哲学导论》，转引自劳尔（Quentin Lauer）：《黑格尔的上帝概念》，Suny Press出版社1982年版，第38页。
③ 黑格尔：《哲学史讲演录（第一卷）》，商务印书馆1981年版，第37页。
④ 黑格尔：《哲学史讲演录（第一卷）》，商务印书馆1981年版，第371页。
⑤ 黑格尔：《哲学史讲演录（第二卷）》，商务印书馆1959年版，第180–181页。

有在"为思想所把握"时①，只有在被人的意识所认识时，一句话，只有作为范畴、"具体概念"时，才是"真正的"存在。由于范畴、"具体概念"是本质、类和规律——"总念"的自为存在形式，是"总念"的最高形态，可见，人的精神是通过其范畴、"具体概念"而体现"总念"的。

那么，人的理性范畴、"具体概念"又是怎样形成的呢？黑格尔认为，一方面，"理念不是直接在意识中，而乃是在认识中，……只有通过认识的过程才在我们心灵中产生出来"②。认识从感性经验开始，"个别知觉是第一位的东西"③，"那在外在方式下最初呈现给我们的东西，一定是杂多的，我们把这些杂多的材料加以内在化，因而形成普遍的概念"④。从这个意义上讲，范畴、"具体概念"是"思维建立起来的东西"⑤，"共相是后起的，是我们造成的"⑥。但是，另一方面，黑格尔又指出，切不可以认为作为"总念"的范畴、"具体概念"是从外界材料中得来的，"对事物的表象诚然是从外界来的，但共相、思想却不是从外界来的"⑦。因为，同一切具体事物一样，人也具有潜在的"总念"，本质是在精神自身里面的。⑧人正是通过认识活动，"从而深入自身，把潜伏在我们内部的东西提到意识前面"⑨，这就是以范畴、"具体概念"的形态出现的"总念"。范畴或"具体概念"是被意识到了的"总念"。因此，人获得"总念"达到对"总念"的认识，"不是别的，只是一种回

---

① 黑格尔：《哲学史讲演录（第二卷）》，商务印书馆1959年版，第195页。
② 黑格尔：《哲学史讲演录（第二卷）》，商务印书馆1959年版，第180–181页。
③ 黑格尔：《哲学史讲演录（第四卷）》，商务印书馆1978年版，第140页。
④ 黑格尔：《哲学史讲演录（第二卷）》，商务印书馆1959年版，第184页。
⑤ 黑格尔：《哲学史讲演录（第二卷）》，商务印书馆1959年版，第28页。
⑥ 黑格尔：《哲学史讲演录（第四卷）》，商务印书馆1978年版，第140页。
⑦ 黑格尔：《哲学史讲演录（第二卷）》，商务印书馆1959年版，第183页。
⑧ 黑格尔：《哲学史讲演录（第一卷）》，商务印书馆1981年版，第375页。
⑨ 黑格尔：《哲学史讲演录（第二卷）》，商务印书馆1959年版，第184页。

忆，一种深入自身"①。而人的精神对于自身潜在的"总念"——本质、类和规律的自我意识，不过是"总念"自己对自己的认识。从这个意义上讲，范畴、"具体概念"又"不是建立的，因为是自在自为的"②。正如罗森（Michael Rosen）所说，"黑格尔根本就反对从经验获取共相，它们是在能动的思想的自我发展中获得的"③。而前面所讲的"认识过程"、对感性材料加以"内在化"，不过是人获得范畴或"具体概念"的认识、达到对"总念"的自觉、使"总念"从潜在状态提到意识面前的必要条件而已。这就又从范畴、"具体概念"的形成的角度，证明了范畴或"具体概念"是本质、类和规律从潜在达到现实、达到自为存在的表现形式，是"总念"的最高存在形式。

黑格尔把范畴（"具体概念"）与本质、类、规律等同起来，看成是同一个"总念"的两种存在形式，把反映者与被反映者混为一谈，这是他把本体论与认识论融为一体的哲学体系的基本特征所决定的，是他的唯心主义的思维与存在同一说的集中体现。但难能可贵的是，黑格尔在这里深刻地指出了人的范畴、概念与客观事物的本质、类、规律之间的密切关系，看到了反映形式与反映内容之间的本质联系，阐明了范畴的客观属性，揭示了"思维的范畴不是人的用具，而是自然界的和人的规律性的表现"④这一真理，强调了概念、范畴在人类认识和把握客观物质世界的过程中的地位和作用。这对于辩证唯物主义科学的概念范畴观的形成——列宁的概念定义的创立，无疑具有巨大的推动和启迪作用。同时，黑格尔关于范畴、"具体概念"是人类自身的潜在物的观点，客观上

---

① 黑格尔：《哲学史讲演录（第二卷）》，商务印书馆1959年版，第184页。

② 黑格尔：《哲学史讲演录（第二卷）》，商务印书馆1959年版，第28页。

③ 罗森（Michael Rosen）：《黑格尔的辩证法和它的批判》，剑桥大学出版社1982年版，第104页。

④ 列宁：《哲学笔记》，人民出版社1956年版，第65页。

猜测到了后来恩格斯所明确提出的——理论思维是人类天赋的能力的思想（请参见《哲学史讲演录》第四卷，有关"天赋原则"的论述）。

从黑格尔对作为范畴、"具体概念"的"总念"的形成途径的描述，我们可以清楚地看到，黑格尔所讲的"Begriff"（作为范畴、"具体概念"的"总念"）与我们通常对"Begriff"一词的理解是大不相同的。在一般人看来，所谓Begriff（即"概念"）就是通过去异求同的抽象活动所形成的对某一同类事物的共同属性的概括，黑格尔把这种"概念"叫作形式逻辑的概念、知性概念或抽象观念（Gedank），而把他自己的Begriff（范畴、"具体概念"）称为理性概念。他一再告诫人们，千万不要按照一般的用法来理解他的Begriff（总念），不要误把"总念"理解为"仅仅的共同之点"的知性概念、抽象观念。那么，具体来讲，"总念"（范畴、"具体概念"）与抽象观念究竟有哪些区别呢？

第一，抽象观念具有抽象性，"总念"具有具体性。

抽象观念就是"一般人所说的概念"，例如，"这是一个人，而不是别的动物"中的"人""动物"，就是抽象观念。这种概念是按照亚里士多德传统逻辑的方法，通过分析归纳，把某一对象中的共同的东西抽取出来而形成的名词。它们仅仅表现了客体中的一个最显著的特点，只是事物的符号。抽象观念的优点在于"使对象得到其特定的区别"[1]。形成抽象观念，这是人们认识过程的第一个步骤，是哲学思维的最初阶段。但是抽象观念是通过对同类事物的特殊性加以排除后所得到的共同点，所以它只是"单纯的规定""抽象的普遍性"。所谓"抽象"，是指在它里面不包含任何其他规定，没有任何差异。抽象观念不过是"与独立自存的特殊事物相对立的共同性"[2]。

---

[1] 黑格尔：《小逻辑》，商务印书馆1981年版，第173页。

[2] 黑格尔：《小逻辑》，商务印书馆1981年版，第338页。

而黑格尔的"总念"（范畴、"具体概念"）则是具体的。所谓"具体"，"即是不同的规定、原则的统一"[①]，"概念是具体的，概念自身，甚至每一个规定性，本质上一般都是许多不同规定的统一体"[②]。换句话说，具体概念作为"普遍是包括一切特殊性于其中的东西"[③]。

黑格尔"逻辑学"中的纯范畴、纯概念就是具体概念的典型形式。在"逻辑学"里，任何一个"总念"都是诸规定性的统一，是矛盾的统一体。每一个范畴都是普遍（如"有"），其内部又包含着特殊（"无"），经过特殊又过渡到个别（"变"），个别（"变"）是前两者的有机统一。"绝对理念"则是最大的普遍，其中包含着"逻辑学"中全部的范畴作为自己内在的不同的规定性。

黑格尔指出，一切"总念"，不论是"逻辑学"以内的还是以外的，只要它称得上是"总念"的话，都一定是包含着各种差异面的统一体。例如"人"这个"总念"就包含着感性与理性、身体和心灵这些对立面，"人就是这些对立面所结成的具体的经过调和的统一体"[④]，如若不然，"人"就不是"总念"，而只是抽象观念了。

第二，抽象观念具有固定性，"总念"具有流动性。

抽象观念的职能是确定对象的特征，"树立界碑"，因此它的内容是固定的。

黑格尔的"总念"则不然。由于具体概念是不同规定的统一体，是矛盾的统一体，而"这种内在的矛盾本身，就是促进发展的推动力"[⑤]。所以，具体概念是流动的，是不断前进运动的。黑格尔的"逻辑学"，

---

① 黑格尔：《哲学史讲演录（第二卷）》，商务印书馆1959年版，第163页。
② 黑格尔：《小逻辑》，商务印书馆1981年版，第102页。
③ 黑格尔：《小逻辑》，商务印书馆1981年版，第357页。
④ 黑格尔：《美学（第一卷）》，商务印书馆1979年版，第137–138页。
⑤ 黑格尔：《哲学史讲演录（第一卷）》，商务印书馆1981年版，第30页。

就是关于逻辑理念在内部矛盾的推动下从一个范畴过渡到另一个范畴，由潜在到展开、由抽象到具体的发展过程的描述。当然，黑格尔认为，"逻辑学"所叙述的范畴的运动，不仅仅是逻辑上的推演，"总念"的发展是现实本身的客观历史，"总念"的逻辑推演完全是实际历史过程的一种再现。总之，具体概念具有历史性，是一个实际运动着的事物。

黑格尔的"人"的"总念"最能反映具体概念的这种流动性。他认为，"人"的"总念"是自由，"自由是人的本性"[①]。但历史上并不是任何人都知道人的本质是自由的。在人类历史的发展中，"人"这个"总念"经历了一个由潜在和抽象到现实和具体的运动过程，"人"的"总念"在不同的历史时期便呈现出不同的特点。黑格尔认为，古希腊以前人们都不懂得自己是自由的，不知道什么是人的本质，因此他们只具有完全潜在的"人"的"总念"。在古希腊人那里，"人"的"总念"才开始突破潜伏的状态，但还是没有达到展开和具体。所以希腊人只知道一部分人是自由的，他们相信自己与野蛮人本质上不同，相信一些人自然是奴隶，因此希腊人还蓄养奴隶。到了基督教时代，由于"基督教里有这样的教义，在上帝面前所有的人都是自由的"[②]。这样，"人"的"总念"才在一定程度上现实化、具体化了，人们享有展开了的"人"的"总念"，正因为如此，奴隶制度在近代欧洲才得以消灭。只有在发达的、自觉的具有理性的人们中间，才存在完全具体、完全现实的"人"的"总念"。黑格尔用唯心主义的观点来解释历史，这是完全错误的。但是，他在这里清楚地表述了"总念"的流动性的思想，在他看来，"总念"不是固定不变的，在不同的历史时期，它的潜在性的展现程度也是不同的，因而，"总念"是发展变化的。黑格尔的这一观点包含着深刻

---

① 黑格尔：《哲学史讲演录（第一卷）》，商务印书馆1981年版，第26页。
② 黑格尔：《哲学史讲演录（第一卷）》，商务印书馆1981年版，第52页。

的辩证法因素。

第三，抽象观念具有感性色彩，而"总念"则没有这一特征。

黑格尔有时称知性概念、抽象观念为表象（Vorstellung）式的概念："通常一般人们所了解的概念只是一些理智规定或只是些一般的表象，因此，总的说来只是思维的一些有限的规定。"[①] 为什么抽象观念是表象式的概念呢？因为，当人们看到或听到这种观念时，往往能够在脑海里形成一种联想，产生出这个观念所代表的事物的图像来。比如，当我们一提起"钱"的观念时，我们的脑海里便会浮现一枚金币或几枚银币或一张钞票。所以，知性概念、抽象观念具有"感性色彩"，是"感性的共相"，这反映了抽象观念往往只是与某类具体事物相关的特点。

黑格尔的"总念"却不是表象式的概念。一方面，黑格尔受康德哲学的影响，他的"逻辑学"里的理念、范畴都具有最大的概括性，每一个逻辑理念都是适用于一切事物的共相，因此，不可能使人们产生感性形象的联想。另一方面，即使是"逻辑学"以外的其他"总念"，由于它们是具体的、不同规定性的统一体，是运动变化的，而这些特点都只有靠抽象思维才能把握，所以黑格尔所讲的具体概念是不可能用感性形象来表达的。

第四，我们认为，抽象观念明显地反映了亚里士多德以来直至近代，自然科学的主要任务是收集材料和对对象进行分析归类、鉴别异同点的时代特点。而黑格尔的"总念"则反映了十八至十九世纪自然科学的主要任务是对感性材料进行综合整理，揭示事物的本质和规律及内在联系，把对象作为一个过程，作为不同规定之统一的整体来考察的时代特点。

综上所述，黑格尔哲学中作为范畴、"具体概念"的"总念"（Begriff）

---

① 黑格尔：《小逻辑》，商务印书馆1981年版，第330–331页。

同一般人通常对"Begriff"一词的理解（即抽象观念）有着远远不同的意义。既然如此，黑格尔为什么还非要用"Begriff"这个一般的术语，来表示他所讲的具有特殊意义的"具体概念"，以致易于使人们产生误会和混淆呢？如果我们研究一下黑格尔关于抽象观念与"具体概念"之间的内在联系的论述，这个问题就不难回答了。黑格尔认为，知性概念（抽象观念）与理性概念（具体概念）固然是有区别的，但它们并不是两种独立的概念，并不是说知性概念是一种Begriff，理性概念是另一种"Begriff"，"Begriff"只有一种，只是它的含义有着较低层次与较高层次之区分。抽象观念、知性概念是"Begriff"含义的较低层次的反映，"只是表示我们的（认识）活动""仅停留在概念的否定的和抽象的形式里"[①]，反映着我们对"Begriff"的初步理解，知性概念并不代表"Begriff"的完整的本义，因此它不配享有"Begriff"的美名。而具体概念、理性概念则是在知性概念的基础上对"Begriff"含义较高层次的反映，它表示我们的认识活动"按照概念的真实本性把概念理解为同时既是肯定的又是具体的东西"[②]，它完整地表达了"Begriff"的真义，因而是真正意义上的"Begriff"。当然，理性概念、具体概念是以知性概念、抽象观念为前提并把它包含在内的。

五、结束语

总之，黑格尔的"总念"是他的全部哲学思想的核心内容，是我们理解和把握他的纷繁庞杂的哲学体系的关键。因此，对"总念"的复杂含义进行一番细致的考察，是黑格尔哲学研究的一个重要方面。

弄清楚"总念"的含义，对于深入地发掘和吸收黑格尔哲学中丰富

---

① 黑格尔：《小逻辑》，商务印书馆1981年版，第358页。
② 黑格尔：《小逻辑》，商务印书馆1981年版，第358页。

的辩证法思想，具有重要的意义。在黑格尔的"总念"学说中，包含着他对客观世界是一个有机的整体，宇宙间一切事物都是互相联系、互相影响、彼此不可分割地统一在一起这一真理的科学洞见；包含着他对客观具体事物所固有的内在本质、所遵循的必然规律的深刻理解；包含着他对个别与一般、本质与现象之间辩证关系以及理性思维的重要作用的正确认识；包含着他的关于人的范畴、概念是物质世界的本质及规律的表现因而具有客观性质，以及概念是具体的、具有流动性的天才猜测；包含着他对科学知识的可靠性、物质世界的可知性的坚定信念。这些都是黑格尔辩证法理论宝库中的重要组成部分，从而成了马克思主义哲学的思想来源之一。

最后，基于全文的分析，我们再来研究一下文章的开头所引用的黑格尔的那句话，就不难得出以下结论：他讲的"总念"在先，不是指时间上在先，而是指逻辑上在先，他所说的"事物之所以是事物全凭内在于事物并借事物而呈示其自身的总念的活动"中的"总念"，显然是指客观事物的内在本质、类和必然规律那个意义上的"总念"。

寻踪德语学林

———————————

第十七章
德国应用伦理学的兴起

把伦理学著作作为哲学的经典并十分注重道德学说的具体应用,这是自古希腊时代以来直至十九世纪末西方哲学的一个传统。虽然这一传统从二十世纪初始到二十世纪六十年代后期由于哲学过于专注思辨的理论问题的探讨而一度有所中断,但从二十世纪七十年代起,实践哲学、应用伦理学以大量的相关学术论著的出版为标志在欧美世界又蓬勃发展了起来,在德国以政治伦理、经济伦理、法律伦理、生态伦理、科技伦理、媒体伦理、医学伦理、基因工程伦理、两性关系伦理及动物伦理为研究对象的应用伦理学,甚至被人们称为最有生命力并在政治上最有现实意义的一个哲学分支。

一、兴起背景

应用伦理学兴起并在"二战"之后颇为盛行,但与从二十世纪七十年代始广受尖锐抨击的"现代化理论"(该理论的实际后果是生态危机与西方中心主义)的式微有着密切的关联。众所周知,以自主与富裕为涵义的现代化运动在当今的西方社会已普遍受到质疑。人们对现代化的批判集中在两个方面:一方面,现代化使人类比以往任何一个时候都更能创造生物的生存基础，同时又比以往任何一个时候都更能破坏它。现代化推动人类朝着毁灭自己的方向行进。另一方面，现代化不仅耗尽了人类的自然资源，而且也耗尽了其道德资源。现代化通过诱导个人主义的极度膨胀而毒害了人类的整体意识。所以，在西方世界便有了"后现代"（Postmoderne）以及"第二个现代化"（der zweite Moderne，倡导人是德国社会学家 Ulrich Beck）的号召，其核心内容就在于扭转现代化的这种以自然与道德的终结为后果的盲目的自我演进的状况，使人类有可能在一个可生存的生态环境中有尊严地得以延续。

有关现代化社会之基本特征的最权威、最有影响的描述来自韦伯。他的主要命题是：形式的合理性（即劳动手段之合理性或工具理性）之增强构成了西方工业文明产生以来社会发展的一个总趋势。同时西方生活进程的"合理化"冲击着人们对魔力的信仰，使世界进入了一个持续不断的"解魔化"（Entzauberung）历程，即原则上讲再也不会有人相信这个世界上存在某种对人类生活环境起支配作用的神秘的、难以捉摸的力量，原则上讲人们可以对一切通过估量进行统治。世界越是解魔化，便说明我们通过自然科学所获得的知识就越多；我们的知识越多，便越发现这个世界并没有什么统一的客观的目的与意义，发现价值观方面的事物没有任何客观的终极根据，也得不到科学的理性论证，它们不是科学的对象，而是信仰的对象。因而，各种不同的价值观之间的殊死搏斗便成为不可避免。在价值观方面的竞争中，谁也无法占有绝对的优势。在韦伯看来，价值判断由于以信仰为基础，与科学知识没有必然的关联，因而也就无所谓合理性可言。

韦伯的有关价值判断无终极的理性根据的学说实际上是对西方现代社会在个人物质主义的冲击下传统道德普遍沦丧之状况的一种写照。由于西方世界在价值观念上似乎失去了根基，"一切都是可以的"好像成了行为准则，因而大部分人在寻求生活的目的与意义之问题上也就都深感无助和无望。与此相联人们就看到了如下两种现象：

一是与伊斯兰世界的冲突。许多来自伊斯兰国家的青年学子到达西方后，便感到这里没有信条，没有准则，没有与责任相联系的道德学说，而这一点正是令伊斯兰世界看不起的地方。对于伊斯兰社会而言，宁愿保护一位基督教徒或犹太教徒，也不能容忍一个无信仰者，因为无信仰者无异于行尸走肉。所以这些青年学子回到母国后不少人便带头搞伊斯兰原教旨主义运动，他们坚信西方已经没落，只有伊斯兰的真主之城才是兄弟之邦和正义之地。

第二种现象是许多人求助于东方神秘主义来寻找精神依托或者创建新的宗教教派，试图掀起一场新的宗教运动以解脱人们于精神危机。对于这些人来讲，一个没有统一的道德准则、没有作为该准则的创立者与监督者的上帝的世界是不可想象的。早在二百年前法国文学家萨德（Marquis de Sade）便曾叹道：如果没有上帝，没有道德原则，如果我们一天到晚总想着如何满足自私的愿望，那么还有什么能够阻止我们共同把生活变成地狱？在他看来，天空上那由上帝空出来的位子不能用我们自私自利的人的躯体来填补。由谁来填补？我们找不到答案。在这人们将生活变成地狱的年代，在这几乎所有后补宗教都失败的年代，我们空手而立苦苦寻求，萨德希望哲学家能回答一个问题：什么是好，什么是坏？但由于哲学内部痛苦的争论，在今天已经没有多少人还像他那样寄希望于哲学家，没有多少人相信哲学伦理学可以为道德准则提供根据。《明镜》周刊1995年第三十九期所公布的调查报告显示了这样一个事实：百分之七十的德国人都认为善恶之标准应由自己把握，百分之二十的人认为应由社会确定。

二十世纪七十年代起伦理学内部发生的从专注于形而上学理论及历史理论的研究向应用伦理、具体领域之伦理的转变，从某种意义上讲可以看成是哲学对来自社会的批评与期许的一种回应。当然哲学家未必有能力为了解决现代化社会提出的历史性难题而掀起一场浩大的宗教运动，哲学家的作用甚至也不一定在于为各个领域的具体问题呈示现成答案，而毋宁说是为各个专题的研究提供理论上的启示。

二、价值根基

德国应用伦理学家们没有也不可能回避伦理准则的论证这个前提性的问题。他们一方面否定了康德有关伦理道德是客观的实践理性的说法，否认道德可以基于某种绝对前提而经受住一场严格的终极论证（麦金太尔认为近代对道德进行理性论证的方案无一例外都是失败的，因为道德并非哲学反思的对象）；另一方面他们也不赞同韦伯关于在价值观上不可能有共通的东西，不过是一场无法解决的言论分歧的非理性殊死斗争的见解。他们认为伦理判断的根基是普遍得到认可的信念。《应用伦理学》一书的主编、哥廷根大学教授尼达-吕梅林（Julian Nida-Ruemelin）便指出：伦理理论"是以普遍的信念为根基的，并依赖于此信念"[1]。理论的作用就在于使信念系统化。这样一种共通的信念在先验主义那里可以表述为人类内在的、不证自明的先天意识，在情感主义那里可以表述为人类固有的情感（Emotionen）。无论是先验意识说还是固有情感说，都表明人类的行为动机不能像功利主义那样单纯归结为求乐避害、追求自我益处，而是还包含着关爱心、道德心、尊严感以及对安全、稳定的渴望等诸多复杂的因素。即便是有人否认人类拥有先天的道德意识，认为道德观念来自父母、学校或教会的教育，那么这种道德观念也会在人身上内在化，而成为自我的一个不可分割的组成部分。道德观念一旦内在化，人们便视价值为其自身的东西，而不再是

---

[1] 尼达-吕梅林（Julian Nida-Ruemelin）：《理论与应用伦理》，载尼达-吕梅林（Julian Nida-Ruemelin）主编：《应用伦理学》，Alfred Kroener出版社1996年版，第56页。

他们必须去适应的外在条件。人们越是基于道德义务行动，便越能做到持之以恒。

三、理论特点

在我们描述德国应用伦理学的基本特点之前，还有必要考察一下当代哲学家对"伦理学"这一概念的理解。尼达—吕梅林认为，所谓伦理学就是"关于正确行为的理论"[①]。伦理学规定准则，使我们在决策过程中把握住行为方向。而所谓"正确的行为"就是"道德的行为"。所谓道德，按照亚里士多德的定义，"是对于两个极端之关系的正确尺度"。这当然只不过是对道德的一种理解。按照此理解，道德并不是要求行为的主体需做出多么大的让步或牺牲，更不是要求行为的客体作出多么大的让步或牺牲，而是要求在主客体之间，或者当人们遇到两难的处境（Dilemmasituation）之时应把握适当的尺度。例如就生态伦理而言，未来的人拥有耗用自然资源的权利，我们已活着的人当然也有这样的权利。问题不在于要么这样或要么那样，而在于不同利益之间平衡的考量。当然，"把握适当的尺度"是一个相当抽象的准则，而人类社会生活实践中涌现的问题都是十分具体的。准则若是过于抽象，它就显得贫乏无力。所以，伦理学必须朝着实践性、应用性和专业性的方向发展。应用伦理学就是为当代文明的不同领域阐述道德指针的科学，它是当代哲学中最有生命力、最有实践意义的一个分支。

相对于近代理论伦理学，应用伦理学具有下述特点。

第一，它不仅要研究个人道德，更要强调"结构伦理"（Strukturethik）。

本质上，作为一门实践哲学的伦理学，其生命力便在于可行性、有

[①] 尼达-吕梅林（Julian Nida-Ruemelin）主编:《应用伦理学》，Alfred Kroener出版社1996年版第Ⅶ页。

效性。康德的"绝对命令"的道德准则之所以在社会实践中被证明为软弱无力，是因为他过于强调个人行为的主观动机方面。而人类社会，特别是现代化社会是一个充满着有机联系的错综复杂的巨大系统，个人的行为不仅受到个人主观意愿的支配，而且受制于客观的社会整体的行为规范。因此，应用伦理学若是希望道德准则有切实的效力，就必须研究如何使道德准则内在于调节人们行为的社会法规与制度之中并通过后者使自身得以体现。由于在这里所强调的主要不是个人的正当的行为，而是正当的结构，于是道德的实施便获得了强制性，从而就解决了康德的只讲行为动机的道德理论的条件下，道德的人可能（暂时）受损而不道德的人可能渔利的问题。

第二，它不仅是近距离的伦理，而且也是远距离的伦理。

被西方誉为责任伦理学大师的德裔美籍哲学家约纳斯认为，以前的西方伦理学，不论从时间还是空间的角度来看，都算是近距离的伦理学，它所涉及的均是人与人之间的直接关系，具体而言，是指当代人之间的关系，更确切地讲，是同一种族、同一文化圈内的当代人之间的关系。像"爱人如己"、"绝不将他人作为自己的手段"等道德准则，毫无例外都是以当下为适用范围。而约纳斯则开创了一种远距离的伦理学：从时间上看，不仅目前活着的人是道德的对象，而且那还没有出生，当然也不可能提出出生之要求的未来的人也是道德的对象。[1] 从空间上看，人不再仅仅是对人才有义务，而且对人类以外的大自然、作为整体的生物圈也有保护的义务，并且这种保护并不是为了我们人类自己，而是为了自然本身。[2] 于是，通过约纳斯，在人们眼前一下子就浮现了体现在未来人身上的时间和体现在大自然身上的空间这伦理学上的两个以前未

---

[1] 约纳斯（Hans Jonas）:《责任之原则》，Suhrkamp出版社1979年版，第36页。

[2] 约纳斯（Hans Jonas）:《责任之原则》，Suhrkamp出版社1979年版，第28–29页。

曾有人论及过的新的维度。

约纳斯的观点对当代应用伦理学造成了极大的影响。大家知道，在有关道德的对象之问题上以前一直是康德的理论占主导地位。康德认为道德关系应是对称的、相互的，道德的客体必须同时也是道德的主体。这种状况只会出现在人的身上。人只有对人才有义务，只有人才能够同时具备道德的主体与客体双重身份，因而道德联系只能存在于思维着的主体之中。这里康德讲的人是指现实中活着的并有思维能力的人。而约纳斯指出道德对象还应包括那些尚未出生的未来的人。因为现代社会的实践已经表明，今天人类对自然的掠夺肯定会导致我们后代的生存基础的毁灭，所以我们今天的人对未来的人有着一种无可推卸的责任，我们有义务在自己的需求与未来人的生存之间把握住一个正确的尺度，有义务为后人留下一个可以生存、可以居住的环境。就此而言，在道德的对象的问题上，约纳斯的理论贡献得到了大部分当代伦理学家们的肯定。

但是约纳斯远距离的伦理学还有如下观点：不仅未来的人是道德对象，且人以外的大自然、作为整体的生物圈也是道德的对象，大自然、生物圈本身就拥有不可侵犯的权利。约纳斯是要建立一种新的"人与自然的等价的关系"，他的这一观点在德国哲学界引起了两种针锋相对的反应。一种是以施贝曼（Robert Spaemann）等人为代表，他们认为动植物及无生命的自然物并不是人类需要它们才应受到我们的保护，而是因其本身拥有价值、拥有尊严、拥有美，所以我们必须尊重。施贝曼认为只有摒弃作为近代伦理学之基础的人类中心主义，把自然本身作为价值来看待，并强调人与自然的宗教式的关系（因为环境的破坏是在宗教意识日趋淡薄的情况下发生的，要保护环境就必须依靠宗教的力量），才能真正成功地维护作为人类生存基础的大自然。另一种观点的代表者是比恩巴赫尔（Dieter Birnbacher）等人，他们认为约纳斯、施贝曼的理论不过是本世纪初医学家史怀泽（Albert Schweitzer）伦理学神秘主义的翻版。而史怀泽的学说早已被他自己的实践所否定。他声称对一切生物，甚至微生物都作为神圣的东西加以尊重，而且要对它们担负起无限的责任；但在非洲行医时，他又不得不承认为了挽救一种生物的生命就须放弃另一种生物的生命。若他不认为他所救治的人的生命比细菌更有价值，那他的行医就毫无意义。可见他在实践中不得不承认一种生命形式高于另外一种，承认价值的等级。在比恩巴赫尔看来，史怀泽的伦理学不过是一种顶着"敬畏生命"之名义的伦理学的神秘主义。比恩巴赫尔指出，我们不能一批判人类中心主义便倒向自然中心主义，不能因保护环境就要神化自然。他说，动物本身并没有什么权利，而是我们有义务避免对动物施加无意义的痛苦。河流本身也没有什么权利，我们污染河流，河流自己无所谓痛苦，但靠河生活的人痛苦，可见一切还是为了人。"假如我们确信，地球从2000年以后永远不再适于人类居住，则也就不存在伦理学上、美学上的理由，为什么我们不可以把世界弄成垃圾堆留在那儿。"① 在保护自然的问题上，生态的、经济的、科学的、美学的"所有这一切理由最终都这样或那样地与人类的利益有关，而不是自然本身的利益"，自然只是"满足人类需求的工具"②。

第三，它不仅是良知（或信念）伦理（Gesinnungsethik），而且是责任伦理（Verantwortungsethik）。

良知伦理与责任伦理的区分是韦伯做出的。前者的特点是强调行为者的内在动机，后者则强调可见的行为效果。良知伦理的倡导者以康德为主要代表。康德伦理学的基本要求就是人的行为的动机要善，且要至

---

① 比恩巴赫尔（Dieter Birnbacher）：《我们对大自然负有责任吗？》，载比恩巴赫尔（Dieter Birnbacher）主编：《生态与伦理》，Reclam出版社1986年版，第132页。

② 比恩巴赫尔（Dieter Birnbacher）：《我们对大自然负有责任吗？》，载比恩巴赫尔（Dieter Birnbacher）主编：《生态与伦理》，Reclam出版社1986年版，第132页。

善。但人们一般都批评康德的目标过于高远，他的伦理学不够谦逊，因为至善这一目标人类似乎永远也达不到，这一点康德自己也是同意的。所以在当代德国应用伦理学中，人们更强调约纳斯的"责任与谦逊"之伦理。按照约纳斯的理论，人之所以为人在于他拥有理智，理智不仅使我们赢得了最近二百年发展起来的全部知识与技术以及启蒙运动以来形成的自由之概念，而且也使我们具备了责任感：人类是唯一能为其行为承担责任的生物，"我们有责任的理念，我们也为有此能力而感到骄傲"①。责任感比英雄式的至善的理念来得实在：我们有责任感，我们就能致力于履行这一责任，并能按计划逐步达到我们的目标。

第四，它不只是以原则为导向的伦理（Prinzipienorientierungsethik），而且是以问题为导向的伦理（Problemorientierungsethik）。

有人讲当代应用伦理学的产生与发展，从某种意义上看是亚里士多德实践哲学的复兴。因为在亚里士多德哲学中伦理学被视为一种专门性的、实践的思维方式，它同理论的思维方式有着根本的区别。实践的思维方式以具体的社会生活经验为出发点，它承认社会生活经验及道德感受的多样性，承认道德判断的产生离不开这些具体的经验事实。因而它不赞同将复杂的道德方面的事物联系简单归结为几个基本类型，对普遍适用的规范及伦理学的太高的理论目标持怀疑的态度。

然而，到了近代出现了背离亚里士多德实践哲学的趋向。从休谟经过康德直至莫尔（George Edward Moore），这些人都特别注重伦理学上规范性问题与描述性问题的区分。他们认为属于描述性问题之领域的道德情感不应是哲学伦理学的研究对象，而应划归为心理学。哲学伦理学应只探讨规范性问题，康德的伦理学便是一种典型的规范伦理学，它所强调的是道德法则的普遍适用与绝对必然性。

---

① 约纳斯（Hans Jonas）：《离罪恶的结局更近了》，Suhrkamp出版社1993年版，第97页。

　　只是随着解释学的兴起，人们才开始注意到近代伦理学偏重规范之做法的弊端。伽达默尔指出，规范的应用应包含着一系列创造性的元素，每一具体事物都有其独特性，并非简单运用原理便可解决，因而原理须在应用中得到扩充和纠正。有人甚至认为在处理具体问题的时候，抽象的总原则不仅没有什么效力，而且或许还会起阻碍的作用。比如堕胎问题，单凭一个抽象的原则根本就无法解释：究竟是胎儿有生命的权利还是妇女有自我决定的权利？所以伽达默尔主张一种与具体问题相联系的伦理学、一种适时适地的与特定条件相关的合理性。这就是要复兴亚里士多德的"实践的明智"："实践的明智是一种在近代伦理学中受到漠视，但在道德生活中无法取代的要素，这种要素是通过倾向于解释学与烦琐哲学的学术理论而得到复兴的。"①

　　当然"实践的明智"之复兴，应用伦理学的兴起并不意味着要告别原则伦理。马尔夸特（Odo Marquard）在他的《告别原则》（*Abschied vom Prinzipielle*，1981年版）一书中称："原则是永久的，生命是短暂的；我们不能永恒地等待原则的批准，才开始生活；死亡比原则来得迅速，这使我们不得不告别原则。"如果我们把马尔夸特的"告别原则"说看成是出于对近代规范伦理学极其反感的一种情绪化的、矫枉过正的提法，那他的行为还是不难理解的。但如果真的告别原则，那后果就不堪设想了。有人是这样反驳马尔夸特的："在特定的情况下我们可以撒谎，但这是在一般情况下不允许撒谎这一前提下发生的。"我们总得有个原则，相应的准则是我们行动的理所当然的前提，否则人们就无所适从了。赫费教授就指出："当然从道德原则中不可能引导出对于每种情形均适用的具体的行为指导及行为理由。但完全正当地得到要求的判断

---

① 拜耶慈（K. Bayertz）：《作为应用伦理的实践哲学》，载拜耶慈（K.Bayertz）主编：《实践哲学》，Rowohlt出版社1991年版，第17页。

力的复兴，绝不与告别原则有什么联系。"① 当代应用伦理学的特点就在于把普遍的伦理准则应用到具体的问题上去。它甚至不一定要提供解决问题的答案，而是在把握各门具体知识的细节的前提下，在对个案的细致的分析中为答案的形成以呈现哲学依据的方式作出贡献。

---

① 赫费（Otfried Hoeffe）：《普遍主义伦理与判断力：以亚里士多德的眼光来看康德》，载哲学研究杂志（Zeitschrift fuer philosophische Forschung）1990年第44期，第537–563页。

第十八章
德国应用伦理学近况

根据中国社会科学院外事局与德国研究协会（DFG）的交流协议，2007年夏，笔者到慕尼黑大学进行了三个月的学术访问。这是笔者回国十年后重返慕尼黑。网络缩短了空间的距离，夏时制减少了时间上的差距，再加上慕尼黑与北京之间每日两个航班的来来往往，令人感到慕尼黑并不遥远。

不只是地域上的距离并不遥远。笔者今天看到的这个城市与当年离开时的那个样子几乎可以重叠在一起。除了当年的教授已经退休，当年的同学已当上了教授之外，慕尼黑本身令人惊异地几乎没有变化。连房子都显得还是那么新亮，街道与房间的空气中散发的那种味道，感觉又回到了十年前，如同植物人经过长年的沉睡一下又苏醒了那样。同样不曾改变的是这里人们的精神风貌：自信的面孔、从容的步态、精细缜密的思维习惯以及一丝不苟的行事风格都根源于一种百年历练出的、特有的民族文化气质，它使所有生活在这片土地的人的言行都固化在一种恒定的模式中。

这种气质是有吸引力的。恬静、守序、敬业、尽责，整个社会就是在这样一种精神气质的滋润下平稳运行，如同一架设计精密的时钟。其实这正是浸透在德国国民心灵深处的伦理意识发挥作用的结果，而这种伦理意识的形成，既得益于宗教传统提供的养料，更源于严密精细的法律制度对人们行为的形塑与规范作用（见死不救可以判刑一年，盗窃自行车可以判刑三年的刑法规定即是其法律力度的体现）。所有被问及这个问题的德国朋友都会说，良好的道德习惯的形成从根本上说取决于从儿童时期就开始的长期教育，道德养成至少需要几代人持续不断的努力。而这一切，都是我作为伦理学研究者最感兴趣的地方。

几年之前，我在《学习时报》发表了一篇短文，介绍了我所了解和体会的德国民众的价值观的情况。我当时就提出：德国民众的价值观念的形成与特点，不仅与德意志民族思想、文化传统及德意志民族国家的世俗化、现代化的进程相关，而且也深深地刻下了德国作为一个实施市场经济制度的民主国家的成长历史的印记。概括起来，德国民众的价值观念有四个显著的特点：

第一，自主意识。受康德哲学的影响，德国民众坚信自主意志、自我选择与决定的权利是天赋人权，也是人区别于一般动物的根本特征之一。这一信念不仅营造了一种宽松、自然的社会氛围，而且也铸就了民众的一种坦诚、开放的精神风貌。民众勇于开诚布公地表达自己的所思所想，从他们真挚的话语中看不出任何虚伪、隐瞒与矫揉造作。广播电视、报刊、集会场所，处处都可以听到或看到不同的声音、不同的见解，讨论、争议的情景。民众们坚信争论是万物之母（赫拉克利特之语），国家的一切决策都应是建立在这样一种民主论辩的基础上，才能保障其程序的科学性及质量的完美与无懈可击。

第二，责任意识。责任意识是自主意识作用的必然结果。因为是自我决断，那么作为一个人，就应当为他自己的选择或决定负责。反之，如果人们没有选择的可能性，那么他们也就难以建立起一种根深蒂固的责任意识。德国民众的责任意识体现在敬业、办事认真严谨、讲究信用等方方面面。他们做事情，一是一，二是二，绝无"马马虎虎、大概齐、差不多就行"，他们戏称自己的脑袋是方的，不是圆的，做事打不得半点折扣。可以说从任何一件普通商品上，都可以看得出来设计者、制造者、销售者事事处处着眼于顾客的良苦用心，让人难以挑出瑕疵。这样一种严谨、诚信的精神气质，使"Made in Germany"（德国制造）成为一块闻名遐迩的世界品牌，德国的产品与售后服务质量为德国人赢得了值得自豪的国际声誉。

第三，秩序意识。有人说，德国整个社会像一架结构复杂，但运行精确灵巧、有条不紊的机器。这一状态除了取决于德国法律法规的健全完善之外，还要归因于民众的一种守纪律、守秩序的良好习惯。德国人在排队的时候，人与人之间必有一定的间距，这意味着每个人无形的一种"私人空间"不得受到侵犯，假如有人硬挤到前面，服务员自然也会主持公道，不让"聪明者"得逞。红灯停、绿灯行对于每个人都是一条铁律。甚至在夜深人静、周围没有任何其他车辆、行人之时，也不会有人闯红灯。

第四，尊重意识。德国人常讲，在德国没有中心，因为在这个国度里处处都是中心，每个地方的人都受到同等的尊重。在德国的民众看来，一个人之所以应受到尊重，得到人道的对待，并不是受尊重者的出身、社会地位及成就所使然，而是因为他（她）的人类属性，因为他（她）是人，所以就应享有受到尊重的尊严。因此，受尊重者的范围不仅仅局限在有自我意识的人身上，而且也扩展到了精神病患者、植物人、人类胚胎等身上。德国社会对个人独立性的尊重，体现在许多方面。例如，个人的价值观、道德观念、宗教信仰、党派倾向等都是其私事，国家不予干预。一个人行为违法，警察、检察院会来调查处理，但不一定要通知其所在单位，使他不至于因此而丢掉饭碗、丧失改过自新的机会。个人的患病情况更属于他的高度隐私，除了他所信赖的医生之外，任何外人都不得擅自了解打听。尊重个人权利的观念，成为德国社会的一种普遍共识，应当说，也是文明社会的一个重要标志。

现在重新站在德国的土地上，我感到这一概括总结确实合乎实际，特别是它已经带有我与国内情况的某种参照对比。

当然，德国同行对中国发展的兴趣并不亚于我对德国社会的兴趣。7月上旬正赶上慕尼黑的中国周，孔子雕像的矗立与孔子学院的成立仪式将活动推向了高潮。正如德国报纸的大标题所言，德国未来的一部分在中国。所以不难理解的是，我一见到合作教授霍曼（Karl Homann）博士，就得到了在慕尼黑伦理能力中心（Muencher Kompetenz Zentrum Ethik）介绍应用伦理学在中国的兴起与发展的邀请。这个慕尼黑大学校内跨学科研究中心成立于2005年7月，其引人注目之处不在于其编制规模，而在于它是在本校哲学系的教席被砍掉一半的情况下成立的。

2007年，德国联邦教育部部长称该年为人文科学年，但人文学科的意义与目的一直是个备受争论的话题。争论的结果是至少已有两个大学（曼海姆与帕绍大学）准备关掉哲学系。回首二十世纪七十年代末，西德高校曾经历了一段黄金期，所有的学科（包括边缘性、冷僻型的小学科）都获得了强劲发展。在这种势头下，大量的年轻人涌入人文社会科学的研究队伍。从1995年至2000年，人文社会科学领域申请教授资格奖学金获得者与博士生奖学金获得者竟翻了一倍，以至于社会上出现了"我们的人文社会科学家是不是太多了"的疑问。近些年来，德国政府大大缩减了对人文社会科学的支持力度，高等学校与科研单位都面临着学科调整的任务。经验表明，人文学科如果进行跨系整合共同从事对现实问题的研究，或许是延长寿命的惟一途径。例如康斯坦茨大学就组织了一个题为"整合的文化基础"的课题（"整合"指外来族群整合进德国社会），每年650万欧元的经费从今年起可以持续四年，这使约70位历史学家、社会学家、神学家、文学家、法学家、政治学家马上有了经济保障。慕尼黑伦理能力中心以及2006年7月埃尔朗根—纽伦堡大学的应用伦理和科学交流中心研究所的建立恐怕是缘于相同的背景。慕尼黑的这个中心就坐落在原哲学系图书馆的地方，而这里正是我当年到德求学的第一站。

中心除了开办讲座、出版文集之外，还计划招收应用伦理学博士生〔到目前为止（2017年），明斯特和汉堡大学建立了应用伦理学硕士班〕，由不同学科的导师共同指导。中心颇具特色的工作还包括对委托的项目进行伦理评估与鉴定。例如目前德国有约七百万人签立了"病人预前嘱托"，讲明在诸如失去意识等极端情况下自己有何种意愿。但这些"病人预前嘱托"可以有各种不同的解释。因此，人们就很有必要确定在这样重要的嘱托里应当和必须包含哪些特别值得慎思的内容。该中心从伦理学的视角来探究这个项目，并结合医学家、法学家和神学家的观点提出自己的解答方案。再如，保险机构对罹患重病者或遭遇事故者的医药护理费用应支付到什么地步？是支付到当事人病愈或伤情好转，返回到工作岗位之时，还是支付到其完全恢复的时候？对于这样的问题，该中心也有能力做出判断并提供自己的伦理建议。这或许就是它自称"伦理能力中心"的原因之所在。

伦理能力还体现在对国家重大政策的道德性质的判断上。去年（2016年）7月24日，欧盟就人类胚胎干细胞的研究达成妥协方案，即允许进行人体胚胎干细胞研究，但不得动用欧盟的研究经费用于从人体胚胎中提取干细胞。第二天，慕尼黑伦理能力中心就在自己的网页上发表了由8位分别来自医学系、生物学系、法学系、新教神学系以及哲学系的教授，同时也是本中心成员的联合声明，坚决支持欧盟允许进行人体胚胎干细胞研究的立场，称该项研究将会给目前罹患绝症者带来治愈的希望。

然而，是否允许进行人类胚胎干细胞的研究，是当前德国争论最激烈的话题。关于这个话题，我本想借来德机会，拜访一下2004年11月9日访问过中国社科院哲学所，并做了题为"哲学的伦理学是什么？"和"现代的终结？"的学术演讲的慕尼黑大学哲学教授施贝曼教授，听听他的看法，但遗憾的是后来因故未能成行。施贝曼是当代德国著名伦理学家、2001年雅斯贝尔斯奖获得者。由于其亲天主教的学术立场，施贝曼教授与吕伯（Hermann Luebbe）和马尔夸特（Odo Marquard）一起被视为德国所谓"新保守主义"阵营中的主要代表。他的"保守性"不仅体现在学术观点上，而且也体现在他对伦理学是否还能够出现理论创新的怀疑态度上。在他的《幸福与善意》一书中，竟然有这样一段文字："这次关于伦理学的尝试但愿不会包含什么新的东西。一旦涉及正确生活的问题，那只有错误的东西才会是真正新鲜的东西。"

就学术观点而言，施贝曼理论的出发点在于，道德哲学必须以理论哲学为根基，伦理学离不开形而上学，伦理学拥有理论的、本体论的意蕴。作为说明伦理学拥有理论的、本体论的意蕴的一个核心概念就是伦理体验，亦称道德直觉。道德直觉具有超越一切时空、族群及文化限制的客观性，是伦理应当的起点，是道德哲学之所以为道德哲学的前提，是人之所以为人、之所以获得人之应有的敬重的理由。基于这种道德直觉的理念，他阐发了一种以善意原则为特征的伦理学。其内核是自然目的论与基督教伦理的综合，同时又映现着亚里士多德式的幸福与成功生活基本概念的理论背景。本着这样一种善意原则的伦理学，施贝曼教授参与了当代德国应用伦理学一系列重大问题的争论。他抨击以利益权衡与理性算计为特征的功利主义，反对治疗性克隆的一切方案。他抨击商谈伦理，坚持政治应保持在道德的界限之外，更不能成为道德的模式。他批评孔汉思（Hans Kueng）的世界伦理项目，他反对人类中心主义立场，主张人类理性与自然及所有存在物的和谐一致。他否定单数的、普遍的、必然的、绝对意义上的进步观，认可复数意义的进步，并且追问任何一种进步的局限性、进步的代价以及我们是否愿意付出这种代价。他反对压制特殊性的普遍主义，倡导一种容纳差异、认可各种文化和宗教及政治之特殊性并力求与之和解的后现代的普遍主义。

我们回到是否允许进行人类胚胎干细胞研究的争论。医学家希望放宽限制，天主教神学家马上举起黄牌，并告知这可不是神学黄牌，而是伦理黄牌。黄牌上"人性尊严"几个大字赫然在目。"人性尊严"在德国不仅是一个伦理概念，而且也是一个法律概念。德国《基本法》第一条第一款明确规定："人的尊严不可侵犯，尊重和保护人的尊严是全部国家权力的义务。"神学家认为人类胚胎干细胞研究无疑是对胚胎生命权的践踏，是对人性尊严的亵渎。

但是《基本法》对"尊严"的具体含义并无明确说明。这样，也就为人们对尊严的解释留下了很大的空间。当神学家以人性尊严为武器抨击人类胚胎干细胞的研究之时，该项研究的支持者则高扬捍卫需要救助的病人的人性尊严的大旗。支持安乐死的人援引人性尊严作为自主死亡权利的依据，而反对者却指出无条件的生命保护是人性尊严的重要体现。

与对尊严概念的反思密切相关的是有关恐怖分子与犯罪嫌疑人的尊严是否应得到与普通民众同等的维护，更极端地说，恐怖分子或犯罪嫌疑人的尊严是否比受害者的生命还要重要。德国式的原则主义的严酷以及对人类正当情感的漠视体现在一些人对2002年9月发生的法兰克福绑架案中警察行为的态度与处置上。9月27日，一位法律系学生绑架了一名11岁的儿童并将其勒死。在希望尽快破案的巨大社会压力下，当时的法兰克福市警察局副局长指令办案警察采取威胁、恐吓手段迫使犯罪嫌疑人交代了被绑儿童已被杀害的事实以及尸体的藏匿地点。2003年7月绑架者被判终身监禁。2004年12月法兰克福地方法院判警察局副局长有罪，理由是对被告的逼供行为违背了作案人的人性尊严，而对基本的人性尊严的侵犯无论如何也得不到辩护和宽恕，并且对这种人性尊严的保护在极端情况下必须付出代价。然而，警察局副局长的辩护者则强调被告当时处于一种前所未有两难的情境之中，他不得不在作案人的尊严和被绑架的孩子的尊严乃至生命之间进行权衡并做出抉择。如果国家将天平倒向罪犯，则所有的公民马上就会感到自己时时刻刻处于危险之中，对国家权力的信任顷刻间将荡然无存。

与此相关的还有一个例子。"9·11"以后，德国从社会大多数公民的生命及尊严保障出发，搞了一个航空安全法，从2005年年初生效。该法规定允许国防军将任何被劫持的民用飞机击落，以防止该架飞机作为武器来攻击整个城市。尽管飞机上有无辜者，但其生命应当为地面其他人群的生命做出牺牲，况且他们在那种状态下本来就没有生还的可能。该法令一出台就备受争议。批评者强调飞机上无辜者的生命价值并不比地面潜在受害者的生命价值低下，一个人的生命与一千条生命同样珍贵。2006年2月德国宪法法院判定该法律与《基本法》相悖，必须废除。理由是该法既违背了飞机上无辜者的生命权，也侵犯了其作为主体的人性尊严，因为他们的生命变成了国家救援其他生命的行为的工具。而对人性尊严的维护决不能打任何折扣。

由于"人性尊严"已经成为立场对立者共同的意识形态的武器，因此著名的法学和伦理学家赫斯特（Norbert Hoerster）教授甚至建议干脆将这个被他认为是没有任何描述性内容的空洞概念从当代伦理学词汇表中剔除出去。但是更多的人则认为，既然人性尊严在德国宪法体系中拥有如此至高无上的地位，那么，与其任凭论敌借助"尊严"武器进行猛力攻击，不如充分利用自己对尊严概念的解释权利，把武器夺过来，掌握在自己手里。因此，关于尊严概念的讨论已经成为当前德国伦理学界，特别是应用伦理学界最为热门的话题之一。2005年第4期的《德国哲学杂志》将"尊严"作为重点内容。2006年12月波茨坦大学人权中心和哲学所共同举办了"尊严的文化"学术研讨会。据不完全统计，仅从

2003至2007年，有关尊严的德文著作就出版了25部。这场讨论也波及到瑞士和奥地利。2003年维也纳一家出版社出版的维特根斯坦协会的系列丛书的第32本，书名就叫《人性尊严——对一个概念的接近》。

一谈到对"尊严"概念持拒斥态度者，赫斯特教授的名字总是被人们提及。应用伦理学是一个其论题充满争议的学科，从事应用伦理学的人难免生活在争议的阴影之下，有时甚至需要为此付出巨大代价。赫斯特教授的个人遭遇亦说明了这一点，同时也成为德国学术自由有限性的一面镜子。从其所谓"利益/兴趣伦理学"的基本立场出发，他认为人的生命权仅始于出生之后，因此他不仅坚决反对德国刑法对人类胚胎的保护以及堕胎禁令，而且积极主张成年病人的主动安乐死以及罹患重病的新生儿的被动安乐死。这些挑战禁区的言论马上使他陷入猛烈的抨击之下，完全就像1989—1990年间辛格在西德所遭遇的那样。1997—1998年间，多特蒙德大学的学生向赫斯特立下了禁言令。他任教的美因茨大学的学生声称自己的忍耐已达极限。从残障者及基督徒阵营发出的声音是一样的：这个家伙必须滚蛋！抗议信件挤破了他的家门，抗议电话吵得他全家没有片刻安宁。最后他出门竟需要警察保护！终于，自行提前退休成为他平息风波的惟一选择。支持和反对赫斯特的人都懂得，说不到的东西肯定也做不到。不论要想成事还是败事，必须先在言论权上做文章。支持赫斯特的人们坚决捍卫他的言论表达自由。他们的大本营是1994年成立的纽伦堡批判哲学协会。该协会秉承卡尔·波普尔的批判理性主义精神，其任务在于弘扬欧洲启蒙和人道主义思想传统，推动不同的甚至对立的哲学世界观间的对话。其主要刊物是自称为"自由思想与人道主义哲学的杂志"——《启蒙与批判》，编委会名单中除了赫斯特自己之外，还有目前任教于普林斯顿大学的辛格、德国功利主义最著名的代表比恩巴赫尔，德国生命伦理学的开拓者之一萨斯（Hans-Martin Sass）的名字也特别醒目。

　　由于天主教道德神学观点成为《启蒙与批判》的主要抨击对象，因此该刊物自然会引起神学界的不满。神学界比较温和的反批评是《启蒙与批判》所发表的文章并不客观，没有顾及梵蒂冈第二届大公会议（1962—1965年）带来的天主教道德神学的变化。比如早在1992年，慕尼黑大学就成立了"技术—神学—自然科学研究所"（TTN），由神学系与自然科学的教授组成。其任务是推动对自然科学中的伦理问题进行跨学科的对话。这是道德神学探索新的研究领域与研究方法的可贵尝试。

　　值得注意的是，应用伦理学在德语世界的兴起，不提及神学界的作用是绝对不公允的。早在1987年，瑞士的圣伽伦（St.Gallen）经济与社会科学高等学校就设立了欧洲第一个经济伦理讲座教授的职位，而理念和资金均来自天主教与新教两大教会。比较早的经济伦理学德文专著也出自宗教系的教授之手。这充分体现了道德神学界对新的学术增长点的敏锐性以及对新兴学科的高度兴趣。我感到，在一个价值观念日趋多元且公民的宽容意识日趋强烈的社会里，没有哪种伦理学（不论是世俗的还是宗教的）能够担负起弥合人们世界观上的分歧的重任。我们的时代所期待的并不是这样一种使命，而是所有有着不同意识形态背景的人们能够真正坐下来，认真探讨一下大家能否形成一种共同解决问题的能力，就像2004年启蒙思想家哈贝马斯与后来当上教皇的枢机主教拉辛格（Joseph Ratzinger）以及2007年6月政治观点完全对立的两位文豪格拉斯（Guenter Grass）与瓦尔策（Martin Walser）的历史性会晤那样。因为目前看来现实伦理问题带来的挑战要比公民因价值观的分歧所造成的冲突更为严峻。

第十九章
具有瑞士特色的伦理学问题

　　瑞士是一个在伦理学研究领域非常活跃的国家。早在1987年，瑞士的圣伽伦（St.Gallen）经济与社会科学高等学校就设立了欧洲第一个经济伦理讲座教授的职位，该校也成为当代欧洲经济伦理学的发源地。1989年，瑞士生物医学伦理协会成立，并创办学术刊物《生物医学论坛》。著名的"全球伦理学网络"（www.globethics.net）是瑞士人在日内瓦创办的。2002年，瑞士学者卡普兰（Helmut F. Kaplan）还出版了一部著作《伦理学的世界公式》。根据中国社会科学院和苏黎世大学的合作协议，受"瑞士联邦政府中瑞科技合作基金"的资助，2010年8月23日至9月5日，笔者到苏黎世大学伦理学中心进行了学术访问。有趣的是，在"瑞士联邦政府中瑞科技合作基金"申请书里，还特别列出"申请人所申请的研究项目是否在伦理道德上会出现问题"的提问。

　　苏黎世大学伦理学中心是瑞士最早致力于伦理学教学与研究的学术机构。这个受到校长费舍尔（Andreas Fischer）教授直接支持的研究中心是由神学系的社会伦理学研究所、哲学研究室的伦理学工作与研究站以及医学系的生命伦理学研究所共同组成的。该中心的两个单位——伦理学工作与研究站和社会伦理学研究所占据了整整一栋漂亮的别墅，这个离大学校区有两公里远、坐落在风景如画的苏黎世湖畔的建筑是二十世纪六十年代一位富人临终前向苏黎世州捐献的一份大礼，明定用于科学研究的目的。

三个单位分属于学校不同的科系，却又因共同的伦理学问题联合在一起，从而突显了应用伦理学跨学科的基本性质。

伦理学工作与研究站（AFE）成立于1989年。其建立得益于Arnold Corti-Stamm基金会委员会1987年关于将资金用于资助伦理学研究的决定。该站的研究重点是应用伦理学的基础理论问题。接待我的教授沙伯尔（Peter Schaber）是应用伦理学讲座教授，在元伦理学、人权和人的尊严等研究领域均有很深的造诣，经常出现在瑞士媒体上阐述其伦理学立场，堪称瑞士应用伦理学界的领军人物。

尽管这次瑞士之行时间短暂，但瑞士人的热情好客和特立独行的态度与气质却给我留下了很深的印象，而这两种态度与气质似乎又影响了瑞士人对某些伦理学问题的看法与判断，比如死亡辅助和银行保密制的伦理问题，在我看来，这两个充满巨大争议的探讨和研究对象恰恰构成了具有瑞士特色的伦理学话题。

瑞士人的热情好客、助人为乐堪称楷模。在苏黎世，不要怕开口求助，可以说当地人就怕您不问。您只要张口，对方就会给您细细讲解，不厌其烦，必要时还可能送您一程。帮人帮到底，这句话在苏黎世具有独特的含义。如果在生活上需要帮助，您不会发愁没有援手。如果因不治之症的折磨失去了生存下去的意愿，在苏黎世，也有人会提供援助。这就涉及死亡辅助的问题了。

在瑞士，间接死亡辅助是不违法的。间接死亡辅助不同于主动死亡辅助（或称主动安乐死），后者是指应病人本身的要求直接给其口服或注射药物，导致病人死亡。目前，只有荷兰和比利时允许申请主动死亡辅助。而间接死亡辅助则是指医生出于同情心，把药物送给遭受极端病痛折磨并明确要求以死来解脱的病人，由其自行服下。在瑞士，有关死亡辅助问题的讨论已经持续了四分之一个世纪，议题既包括主动实施的安乐死，也包括间接的死亡辅助。天主教会警告说，死亡辅助问题关涉到生存与死亡的意义与尊严，人们对欲死者的态度触及到民众共同生活的准则与质量。然而，瑞士民众普遍分享的理念是，对自己生命终结的决断完全是个人的私事，不应成为国家干预的对象。故瑞士刑法并不禁止自杀企图，也不禁止间接死亡辅助，前提是死亡诱导与死亡辅助并不是出自辅助者自私的目的。到目前为止，联邦的立法机构也没有变法的计划。所以并不奇怪的是，在瑞士出现了"解脱"（EXIT）和"尊严"（DIGNITAS）两大死亡辅助组织。

"解脱"成立于1982年，为瑞士国民提供死亡辅助。它拥有自己的伦理委员会，其领导人还写信给沙伯尔教授，希望得到伦理学界的舆论支持。死亡辅助的伦理学问题已经成为沙伯尔教授2010年秋季学期的一门课程。

"尊严"则是1998年由《明镜》周刊前记者、现瑞士律师米内利（Ludwig A. Minelli）创建的另一个间接死亡辅助的机构。其宗旨是尊严而生，尊严而死。其任务是基于死亡是最后的一项人权的原则，为成员就自杀事宜提供咨询、陪伴和协助。2008年有成员六千多，来自五十二个国家。至2008年4月底，该组织给八百六十四人提供了自杀协助。许多严禁死亡辅助的国家（如德国、英国）的欲死者闻讯赶来，苏黎世成为死亡旅游目的地。这引起当地民众的恐慌，该组织所在地被迫辗转迁移，极端时甚至出现在停车场的汽车里辅助死亡的情况。2008年传出的该组织成员将死者骨灰沉入苏黎世湖的丑闻，以及2010年7月份有关米内利将辅助健康的老人自杀的宣示，更使得"尊严"组织的公众形象遭受重创。

有关间接死亡辅助的争论呈现了病人的死亡自决权与国家及医生保

护生命的职责以及生命的质量与生命的神圣性之间的矛盾冲突。自称是人权卫士的米内利坚信人的死亡自决权构成了人权的最后一项。他认为，死亡是生命的一个组成部分；最后的人权就是对自己的终结做出决断的权利，就是拥有这个没有风险没有痛苦的终结的可能性。2008年10月9日，德国司法部也表示，纯粹的对自杀的援助原则上说是无罪的。相反地，如果违背病人意愿而尽全力施救则可以被视为身体伤害而要受到惩罚。

有句格言大意是：既然谁也没有问过我，我是否乐意出世，我当然也就可以自己决定什么时候离世。这本身没有问题。问题在于，让医生来辅助死亡，这就违背了医生的职责。故对死亡辅助开绿灯的瑞士医学科学院并未将医生的死亡辅助工作视为属于医疗活动。2004年该科学院公布的"死亡辅助准则"与"照料活着的病人的准则"是完全分开的。批评者进一步指出，当代姑息医学有能力减轻最严重的病痛。医生应在尊重有自杀欲望的病人自主意志的同时，不能忘记自己对其关怀的义务和责任。而且，对病情及医疗措施的尽早详细的解释是病人及其家属形成自主意念与决断的前提条件。其中，医生的态度又起着关键的作用。而医生的任务，绝对不是为死亡开绿灯。

米内利本人并不否认这一点。他的死亡辅助活动是以先前大量的劝告、安慰，力求使欲死者回心转意的努力为前提的。只有当穷尽了这些努力以及回转的可能性，并且可以确凿断定自杀是病人的最佳选项之后，医生才会做出辅助死亡的准备。米内利说，而恰恰是由于得到能从医生那里获得死亡药方的保障而深感解脱，约有百分之七十的欲死病人进而又有了活下去的力量。尽管背负着来自全球的巨大的舆论的压力，米内利并没有停止其脚步的打算。

病人的死亡自决权与国家及医生保护生命的职责之间的矛盾冲突，同应用伦理学领域其他伦理悖论一样，原则上讲需要一种平衡考量的智慧来得到应对。在恪守道德原则的同时，对决断的情境性的权衡也是一个不可或缺的环节。这就意味着，相互冲突的原则必须基于每一个案的独特性而得到考量并得以处置。

苏黎世州总检察院与"解脱"签订了一个"关于有组织的自杀辅助的约定"，为死亡辅助活动制定了规范框架：

死亡辅助活动应服务于达成如下目的：尊重一种合乎尊严的死亡权利。维护自决权。对有自杀倾向的人予以关怀。按规定开出和使用药物。按规定检查死亡情况。

据说，瑞士政府打算针对死亡辅助活动出台的新法规，要求病人必须从两名医生那里获得其病痛无可救药且其生命在数月内终结的证明。需要出台的新法规还包括杜绝对健康人予以死亡辅助。同时，瑞士联邦政府已经计划扶植和推动姑息治疗领域的研究。

瑞士人的另一种气质是特立独行。这来自于这个国家长期的中立状态的滋养。瑞士实行半直接民主，许多国家大事由人民投票决定，所以瑞士人拥有非同寻常的自主决定的意识。独特的货币、怪异的电源插口以及满街的十字瑞士国旗，会给初来乍到的人强烈的视觉冲击。最近瑞士人提出恢复死刑的动议，尽管马上又自动收回，但这在欧盟国家此种动议是根本不可想象的。沙伯尔教授本人的学术观点就很有瑞士人的特色。在什么是人的尊严这样一个充满巨大争议的问题上，他没有沿袭德国学者将人的尊严视为人权的根基的主流看法，而是把尊严看成是一项不被侮辱的权利，于是尊严的载体就不是所有人类个体，而是拥有自尊能力的行为主体。他承认自己之所以能够观念"另类"，就是因为瑞士人没有那么大的意识形态上的历史包袱，可以轻装前进，更自由、更理性地思考问题。我感觉到，在许多充满争议的伦理学问题上，瑞士人都会有自己独特的看法，并且习惯于坚守自身的独特性。一旦形成法律，在执行上必定一以贯之，决不会受邻国非议的左右。例如，备受争议的银行保密制。

瑞士的银行保密制度使瑞士境内的银行得以吸纳世界各地的巨额资产，同时也使瑞士成为"逃税天堂"而受到来自全世界的伦理舆论压力。但是中立国毕竟有中立国向来我行我素的行事风格，瑞士并没有计划松动有关银行客户保密的法律规定，也不感到有什么道德上的歉疚，而是视之为基于深厚的伦理考量因而必须持之以恒的规章制度。面对"逃税天堂"的质疑，瑞士人看到的只是银行客户保密法与用户纳税义务之间的伦理冲突。这种具有鲜明应用伦理学特色的道德悖论只能通过两者兼顾、以达均衡的方法得到解答。

银行用户保密法并不是瑞士的一种孤立法律设置。而是得到伦理论证的瑞士法律体系的一部分。其根源是瑞士宪法。该宪法保障每位个体自由的行为空间以及对其私人生活予以尊重的需求，保障个人信息免遭滥用。这一构成瑞士法律秩序核心价值的基本原则在各种层面的法律法规上都得到了体现，这当然也包括银行法中有关为用户保密的法律规定。

银行客户的秘密首先并不是银行的秘密，而是银行客户的秘密。保障个人在财产方面的私密性构成了银行与其客户之间相互信任的基石，这一点不仅适用于瑞士公民，而且也适用于国外客户。在瑞士，银行客户的秘密受到侵害会受到刑法的制裁。

当然，无可争议的，保护个人隐私的原则也绝非逃税的借口。假如国家没有能力收税，则纳税就会作为自愿的善举而变成可有可无的事宜。反之，如果国家不惜采取一切措施来断绝任何逃税的可能性，则国家就会成为一个警察国家，而个体自由也就荡然无存。瑞士人基于自己对国家理念的理解，并不乐于建立并屈从于一个无所不知的国家，即便所指的是对国家对民众纳税情况的了解。

瑞士税收体系蕴含的措施的一个亮点是，首先基于纳税人的自我责任。这就意味着银行对税务局并没有主动告知的义务，无须对客户在纳税方面的诚实性进行监视并向有关部门汇报，无须自愿成为税务局的延长了的探手，但对于客户却有证明的义务。即便是在遇到客户有可能逃税而受到税务部门的警告时也是如此。为客户保守秘密意味着银行也对客户在纳税上的道德义务并不承担任何责任，它既不向相关部门告发偷逃税嫌疑人，也不必敦促客户自觉做出正确的税收申报。

但是，瑞士的银行客户秘密从来都不是绝对的。瑞士的银行法明确保留了联邦和州有关银行必须履行向相关当局作证和告知义务的规定。对法定的调查机构的告知义务是由民法、民事诉讼法、法律援助法和刑法等法律所确定的。假如客户卷入骗税案件并且进入司法程序，则银行就不能再坚守其保密义务了，因为骗税意味着客户在证明文件上做了假。制约和限制逃税和骗税的行为，是任何一个法治国家必然做出的政治决定。瑞士不想成为逃税的避风港。积极地帮助客户逃税骗税，不仅有损于银行家的职业道德和职业形象，而且也是严重的违法行为。

如果客户没有履行作为纳税人的自我责任，则国家就必须采取不同程度的制裁措施。纳税人的自我责任是靠违规时国家的巨额罚款和对征税的正当性以及税款的有益运用培育和认知支撑起来的。

对银行客户保密制度的坚守，反映了瑞士民众对法治理念的自我理解和对一个中立、民主的联邦制小国自我形象的尊重。

在苏黎世大学伦理学中心的短短半个月的学术访问，上述两个具有瑞士特色的伦理学问题给我留下了最深刻的印象。在一个法治国家，法律的改变是一件不容易的大事，要经过漫长的酝酿准备期。在法律改变之前，人们必须依照现有法律行事，受现有法律的保护，即便是遇到再大的舆论压力也无须屈服。无论是变法不易还是拒绝压力，都体现了一个成熟稳定的法治国家的重要特色，那就是法律的尊严得到了最大程度的尊重，从而杜绝了朝令夕改的随意性。

第二十章
应当之哲学

——德国先验哲学慕尼黑学派

长期以来，在我国学术界，对德国古典哲学一直存在着一种误解，即认为德国古典哲学自康德起，经费希特、谢林至黑格尔体现为一个一脉相承的发展历程。这种误解或许与克洛纳（R. Kroner）的《从康德到黑格尔》一书有关。其实，在德国古典哲学中，康德的批判主义与费希特的知识学代表着一个方向，谢林的同一哲学与黑格尔的绝对唯心主义则代表着另外一个方向。康德、费希特都强调自由是人的本质这第一要义，对人的尊严和价值主体之地位进行了哲学上的辩护。而谢林、黑格尔所强调的则是凌驾于自然界及人类社会之上的所谓客观理性、客观精神，由于这一客观理性，便决定了人在这个宇宙整体中作为工具、作为手段的历史地位，决定了"自由选择""自我决断"等概念根本没有存在的价值和意义。由此可见，从思想主旨上看，康德、费希特与谢林、黑格尔是完全不同的。在德国古典哲学"终结"之后，出现了非理性主义的思潮，非理性主义者"反理性"之概念的内涵十分复杂，但矛头主要是指谢林、黑格尔这一脉的客观理性。也就是说非理性主义是对以黑格尔为最大代表的客观理性主义的否定。然而在康德、费希特这一脉，就没有遭遇到像黑格尔那样被彻底否定的命运。相反地，他们对人的自由、人所应有的价值主体之地位的强调对现代西方人权及民主价值观念的确立都造成了一定的影响。康德、费希特哲学对后来的学术思想的影响，不仅体现在以后出现的新康德主义上，而且也体现在伽达默尔的解释学理论的阐发上，因为康德只不过是提出了意识的先天（或先验）结构构成了人类一切知识之可能存在的前提条件，而伽达默尔则沿着这一方向前进了一步，指出构成了人类一切知识之前提条件的还有我们的前理解，即期望的地平线。当然，公开宣称自己是康德、费希特之当今继承者的，当数德国先验哲学慕尼黑学派。

当代德国先验哲学慕尼黑学派是二十世纪六十年代起出现的。这个以国际费希特协会主席、巴伐利亚科学院院士、慕尼黑大学教授赖因哈德·劳特（Reinhard Lauth）及其弟子（包括原慕尼黑大学哲学系主任Manfred Zahn教授，慕大哲学系Michael Brueggen教授、G.Storck博士、Hans Gliwitzky博士、Albert Mues博士，巴伐利亚科学院Erich Fuchs博士等）为群体，以创建一个统一的道德秩序为宗旨的哲学学派，是以康德、费希特为代表的德国先验哲学在当代的一种发展形式。劳特从1961年起便开始了《费希特全集》（巴伐利亚科学院版）的主编工作，这项浩繁的学术工程几乎耗尽了他后半生的全部心力。为了这个项目，他拒绝了来自包括柏林自由大学在内的国内外数家高校的教职邀请。作为享有国际声誉的哲学家，劳特教授在德国古典哲学研究领域，特别是在对先验哲学的阐释方面作出了杰出的贡献。对某种真理性事物的绝对信仰与无条件的追求和恪守，是劳特教授学品与人品最重要的风格与特色。这不仅体现在他穷尽几十年的精力致力于费希特思想研究的坚忍毅力上，而且也体现在他对至善理念的执着的身体力行上。在伦理学方面，劳特教授坚决反对道德相对主义，他坚信宇宙间存在着一种绝对的自明的终极真理。作为一位虔诚的天主教徒，他称该真理为上帝，作为一位哲学家他称之为善的理念。在他看来，这种绝对真理是永恒的、非历史性的、不可逾越的。

劳特教授1967年在慕尼黑出版的《哲学的概念、论证和辩护》（*Begriff，Begruendung und Rechtfertigung der Philosophie*，慕尼黑/萨尔茨堡1976年版）一书被看成是德国先验哲学慕尼黑学派的奠基之作。几十年来，在劳特教授的主持下，学派成员以德国最大的大学——慕尼黑大学和巴伐利亚科学院为基地，编辑出版了到目前为止最为准确和完整的《费希特全集》，主办了哲学学术期刊《费希特研究》，召开了几次国际费希特哲学大会，撰写了系列丛书《先验哲学论著》。慕尼黑学派积极的学术活动引起了国际哲学界的高度重视。

一、从实存之哲学到应当之哲学

先验哲学慕尼黑学派认为，哲学不应当像多少年来许多人所认为的那样是一系列封闭的、包罗万象的体系，而应当是一种对整个现实世界从原则上加以把握的精神性活动。哲学所要掌握的只是一系列事物的最基本最统一的原则，而这种原则是任何其他一门具体科学所缺乏的。但哲学并不因此就应当呈现出完全空泛抽象的性质，相反地，从本质上讲哲学属于绝对具体的应用科学，它与人类的现实生活息息相关。

在笛卡尔以前的时代，哲学从总体上来看都只是关于现实或实存（Realitaet oder Sein）的学问，换言之是本体论（Ontologie）占主导地位。这种本体论又是以坚持决定论（Determinismus）的原则为主要特征的。在西方哲学史上，决定论的思想有两种形式：一种是以拉美特利和斯宾诺莎为代表的机械决定论，一种是以谢林和黑格尔为代表的有机决定论。无论哪种决定论，均是把现实世界视为一个按照某种既定的规律运动、变化、发展的必然过程，在这样一种决定论的宇宙图景中，人的"自由选择""道德责任"等概念和思想根本就没有存在的地位。

　　按照先验哲学慕尼黑学派的理论，决定论的世界观之所以形成，是因为长久以来，人们对"常规"（Regel）和"规律"（Gesetz）这两个概念一直就没有加以精确地定义和严格地区分，以至于把常规等同于规律，把实际上由常规所充斥的自然界看成是一个由必然规律所统治的自然界，从而得出"宇宙是因果必然性之序列的展现"这样一种错误的结论。

　　在慕尼黑学派的主要代表劳特看来，绝大多数具体的自然和社会科学所研究的，都是在自然和社会现象中反复出现的那些东西。这些东西只能叫"常规"，而不能叫"规律"。常规所表现的是一种时间上的先后次序关系（劳特常以 Ursache-Wirkung 来表示），例如人们从经验中每每发现 A 出现后总会接着出现 B，于是就会确定 A 与 B 之间存在着某种关联（Assoziation），从而构造出"A-B 常规"。可见常规是后验的（a posteriorisch），它并不表示任何一种必然的联系。常规只是具体的自然和社会科学的研究对象，但不是哲学的研究对象。

　　哲学的研究对象是规律。规律所表现的是一种内在的因果联系（Grund-Folge），在这样一种联系中，结果被包含（Implikation）在原因之中，结果之所以可以推导出来，与时间因素毫不相干，而是由于结果与原因之间存在着一种必然的逻辑关联。规律不是从经验中总结出来的，而是先验的（a priorisch），它作为不证自明的绝对真理，先天地存在于我们的逻辑活动之中，它所代表的是一种不可抗拒的必然性。

　　如上所述，决定论者把常规看成是必然规律，因而勾画了一幅决定论的宇宙发展图景和人类历史发展的图景。但是这种图景与我们迄今所知道的人类历史事实不符，因为历史所呈现的不是一个可以进行逻辑推演的必然过程，而是一连串由偶然的自由决断所造成的事件的组合，我们所面临的世界只是许多可能的世界中被选择出来的一个。

　　客观的历史事实对决定论世界观的否定，为先验哲学的发展扫清了道路。先验哲学认为，哲学只是研究规律，而不研究自然和社会现象中的众多的常规，因此先验哲学不是关于现实或实存的学问，并不是"实存之哲学"（Seinsphilosophie）。作为哲学之对象的规律，本身与实存、自然无关，而仅仅是人的精神活动的产物。因此，哲学从根本上说是研究人的。如前所述，人类历史并不是像决定论者所理解的那样一个必然的过程，而是人类自由创造的产物。这说明人类不是被决定的，而是自由的。从客观的历史事实出发，把自由规定为人的本质，这是从康德、费希特到慕尼黑学派的先验哲学的第一原则。在此基础上，先验哲学慕尼黑学派为自己确立了两项任务：第一，为"自由是人的本质"这一原则进行严格的理论说明。该学派认为，人的自由本质即是人的精神活动中的必然规律的一个方面，换言之，自由是人的一个必然规律，既然是规律，因而人的自由之性质便是先验的，它作为绝对清楚明白的真理显示（erweisen）在我们的意识中，它不能被证明（beweisen），是不证自明的。第二，对"自由的人应当如何正确地行动（Handeln）"进行严肃的哲学探讨。在慕尼黑学派看来，这个任务与第一个相较更显得重要和紧迫，因为从历史上看，正是人们对自由权利的无知滥用导致了思想的混乱和社会的灾难。慕尼黑学派认为，哲学的根本任务在于指导人们应当怎样把握自己自由权利的尺度，应当如何规范自己在世间的行为。所以该学派将自己的先验哲学称为与实存之哲学截然不同的"应当之哲学"（Sollensphilosophie）。

二、从笛卡尔到康德、费希特

慕尼黑学派的先验哲学思想起源于笛卡尔。该学派认为，笛卡尔把"我思故我在"（cogito ergo sum）作为他的哲学的第一原理，这实际上就在哲学史上第一次提出了认识论应当是本体论的前提的思想。按照笛卡尔的观点，就认识论而言，认识活动的主体的存在逻辑上先于认识对象的存在，前者是后者的前提条件；任何一个有关认识之客体的陈述，都与陈述者的主观因素紧密相关，绝对纯粹客观的陈述是不可想象的。

在慕尼黑学派看来，康德继承并发展了笛卡尔的"第一原理"。因为康德认为，不仅应当说主体是客体的逻辑前提，而且还应该更精确地指出，客体实际上就是主体能动地建构（konstituieren）起来的，康德把这种客体称为现象（Erscheinung），整个自然界对于我们来说都是现象，现象是主观因素与客观因素的统一。康德的《纯粹理性批判》所叙述的，正是现象世界如何通过人的先验的认识形式（时空直觉、知性范畴）被建构起来的具体过程。

但是康德的哲学有一个缺陷，即他所讲的"现象"只是指自然界，他只谈到物质世界的建构，却没有谈到人的世界——社会的建构。所以他就无法更加深入地探讨只有在人的世界中才出现的自由、道德意志等重要的哲学问题。他虽然也写了研究伦理学内容的《实践理性批判》，但他没有能够将实践理性与理论理性有机地统一在一起，即他没有将人类的道德意志上升到理论的高度进行严格的逻辑论证，他只是将"善良意志"简单地规定为一种强制性的"绝对命令"，因此他的道德法则被后人称为形式的道德法则。

把理论理性与实践理性统一起来，把物质世界的建构与人的世界的建构统一起来，把"实存"（Sein）与"应当"（Sollen）统一起来，就构成了费希特以及以后的先验哲学的历史使命。而费希特哲学正是慕尼黑学派最坚实的理论根基。

在西方哲学史上长久以来就有一种信念：物质世界的规律与人类社会的规律是同一的。康德批判了这种观念，并正确地指出道德法则与自然之法则截然不同，道德法则并不是从经验知识中抽象出来的，不是反思的结果，而是先验的。费希特把康德的这一思想向前推进了一步，通过对道德法则的先验性进行理论上的论证，从而使在康德那里属于空白的人的世界（社会）的建构成为可能。

费希特的论证思路如下：

A. 任何一个认识对象都是通过认识主体能动地建构起来的，外在世界的一切事物均统一于我们的意识之中，因此每一个本体论的问题都与认识论的问题紧密相连（这是从笛卡尔、康德那里继承过来的思想）。

B. 任何一个本体论和认识论的陈述（Aussage）——例如："未来世界是我们选择的结果"——均包含两个层面，一是这个陈述本身的内容，二是陈述者对所陈述的内容之真实性的肯定和渴望。陈述者毫无疑问自然会要求（beanspruchen）他的陈述是真的，这是一种理所当然的最原始、最根本的要求，是不证自明、完全先验的。所以上述陈述完整的表示应是："我相信这是真的，或这应该是真的：未来世界是我们选择的结果。"费希特认为，既然每一个理论陈述都包含着陈述者对真实性、对真理的先验的绝对必然的要求，而"对真理的要求"本身就是一种道德意志的表现，这样看来，道德意志是先验地贯穿在理论陈述之中，并且实质上构成了理论陈述的基础和前提，也就是说，认识活动同时也就是一种意志活动，理论理性（认识）与实践理性（意志）本来就有着不可分割的内在逻辑联系。

通过对理论陈述中所蕴含的陈述者"求真"的先验需求的展示，费希特便为人的世界（社会）的建构奠定了一块牢固的基石：求真是人类最原始最根本的欲望，人类的一切活动、一切创造都以此为根基。

三、从绝对自由到善良意志

慕尼黑学派认为，费希特所论证的人类求真的欲望（Intention），不仅是实践的，而且也是理论的。正因为这种欲望或意欲是先验的，所以它才是理论的。先验哲学之所以叫先验哲学，就是因为它把先验的、不证自明的、放之四海而皆准的东西视为最根本的哲学理论，视为人类整个知识大厦的基础。

　　在慕尼黑学派看来，费希特所论述的"求真之欲望"，是人类最深层、最基本的欲望和需求。这种完全自发的（spontan）、不受任何外界因素限定的人类需求，正是人的本质——自由的体现。从"欲求"概念中导出"自由"概念，这表明慕尼黑学派有别于康德，前者没有像后者那样把自由仅仅看成是"实践的东西"，相反地，而是把自由这一个本质规定建立在严格的理论说明的基础上。

　　"自由"是先验哲学慕尼黑学派建构人的世界的另一基本概念。在人类社会中，自由意志属于人的天性；如果没有自由意志，那么也就不会有道德义务。但是自由其实有两种形态：第一种是绝对的、为所欲为的、以自由本身为生活之目的的自由。绝对自由是对社会秩序的一种否定，如果人的世界为绝对自由所统治，那么它就根本无法得到维持和发展。第二种是与道德伦理相联系的自由。按照这样一种"自由"的观点，正因为人们享有天经地义的自由，才使人们有责任去思考：应当如何行使自己的自由权利，从而使自己的自由赢得价值和意义。这就是慕尼黑学派所主张的"道德的自由观"。

　　按照慕尼黑学派的道德自由观，自由本身并不是人生的目的，而是实现某种道德理想的手段。这种道德理想就是与"求真之欲望"一样先验地存在于人类的意识中，并且人人都能清晰地领悟到善良意志（das Gute）。人应该绝对地行善，这一洞见并不是我们纯粹逻辑推论的结果，也不是我们权衡利害得失之后的决断，而是来自人类先天的理性的力量。与自由相比，绝对的善良意志具有更大的重要性，它是人之世界中最高层次的范畴；因为一切自由的行为，只有以善良意志为基础和根源，才有实际的意义和价值。

　　从"求真的欲望"推演出"自由"之概念，然后将"善良意志"确定为最高的价值目标，这一思想进程展示了先验哲学慕尼黑学派的基本理论构架。该学派认为，哲学不是完成了的学术体系，而是一项自由的使命，即在有关"求真的欲望""自由"和"善良意志"之先验性的理论论证的基础上，建构起一个完整的人类道德世界，从而最终使至善的目标得以实现。

四、评价

慕尼黑学派是康德、费希特为代表的德国先验哲学在当代的一种发展形式，二十多年来，它在德国的哲坛上一直都有相当活跃的表现。这一学派继承了费希特的思想，将康德所确立的认识论上的人的中心地位扩展至伦理学，从而开创了一种"认识—伦理"之先验人本主义哲学体系。该学派对自由、善良意志的强调，对于抗击以黑格尔为代表的西方传统理性主义的决定论世界观，有着相当积极的作用。特别是在当今某种极端个人主义日益盛行的社会里，该学派有关重建社会伦理、谋求统一的道德向心力的主张，更是显示出非常紧迫的现实意义，对于正在兴起的合理性哲学关于价值合理性问题的研究，亦具有十分珍贵的理论启发的价值。

但是，德国先验哲学慕尼黑学派由于坚信道德统一的根据是人的先验的洞察，无此先验洞察之整合力就谈不到人类的道德统一，因此便过于强调人类整体之大我的先验同一的一面，过于注重对认识的先验性的纯学术的论证，而明显忽略了现实世界是由具体的小我、具体的个人所构成的这一事实，忽视了小我之间及大小团体之间观念、利益的必然差异，更缺乏对化解这些差异及争端的有效方式的研究。所以慕尼黑学派虽然也一再强调哲学应贴近、干预生活，但是在具体的现实生活面前，它的"纯粹的爱""绝对的善"的原则，与中国儒家由家庭之爱到团体之爱、再扩展到整个人类社会之爱的论证思路相较，就显得过于空泛抽象、过于理想化而不切实际。这就是先验哲学慕尼黑学派在青年学生中的反响似乎并不是很大的主要原因。

第二十一章
艰难的抉择

——当代德国哲学界的困境

一、哲学国度的衰微

十六世纪及以前，在欧洲读大学的人们，不论是学何种专业，都需花一段时间研究哲学与物理。这段历史突显了哲学曾经作为一切学科之母体的崇高地位。然而今天的情形已经大为不同。在德国，尽管人文科学（历史与艺术、哲学、古代文化与文化科学、语言与文学研究）的全部专业仍都被列在哲学院之名下，尽管所有撰写人文科学方面之论文的人，最后拿到的学位也都叫"哲学博士"学位，然而真正的哲学的地位，即在哲学系中被研究和讲授的那些内容的地位，目前正面临着一个前所未有的巨大挑战。拥挤的慕尼黑大学教学楼群，充斥着经济系与法律系密集的课表和海报；神色匆匆的年轻学子疾驰的脚步，仿佛是在追赶校外工商社会高速运行的节奏。相形之下，哲学系却被挤在楼群的一角，无奈地品尝着冷清与孤独。

把哲学看成是知识的总体，把哲学定义为百科全书式的学识，这在西方作为一个传统一直延续了十几个世纪——从亚里士多德开始，经过培根、霍布斯，直至莱布尼茨、沃尔夫。可是后来"科学"一词逐渐与"哲学"一词分离，越来越多的学科慢慢脱离了自己的哲学母体，步入了各自的发展轨道。自从哲学的核心地带相继分崩离析，逐渐演化为一门门独立的学科以来，人们对哲学本身的必然失落应当说早已有了充分的精神准备。然而，近几年来的情况发展似乎已经超出了许多人的心理承受程度，因为社会对哲学（准确地说是学府哲学）的冷漠，迫使哲学家们不得不思索和讨论的已经不再是哲学的失落与危机的问题，而是哲学的终结或灭亡的问题了。

一个民族的哲学发展水平，源于其历史文化传统和现实的经济基础，同时又反映了该民族的精神风貌与思维深度。在哲学濒于消亡这样一种严峻的形势下，在德国这个号称是"哲学的国度"里，并非每一位哲学家都是能够保持无动于衷、依然故我之心境的。许多人对哲学前途的忧虑，对哲学之终结的恐惧可以在最近的一系列有关"拯救哲学"之举措中得到证实：

为了使成千上万的德国观众能够感受到哲学的存在，认识到哲学对社会确有意义，德国电视一台（ARD）慷慨地伸出了援助之手：该台在1992年的第二天播放了一个以"哲学家能够改变世界吗？"为题的讨论会节目，特邀当代国际著名的政治哲学专家吕勃（H.Luebbe，苏黎世大学）、正统马克思主义代表人物沙夫（A.Schaff，华沙大学及维也纳大学）、当代欧洲知名女哲学家赫尔施（J.Hersch，日内瓦大学）以及年轻一辈的哲学家代表慕尼黑的斯罗特戴克（P.Sloterdijk），就有关"在战争与灾难面前，哲学家能否提出有益的建议，从而使人类免于跌入无理性之迷乱的怀抱"等问题高谈阔论，力图使观众产生社会亟需这些理性思考者的感受。紧接着，斯图加特市的J.B.Metzler出版社在一群青年哲学学者的鼓励下，推出了《国际哲学杂志》（*Internationale Zeitschrift fuer Philosophie*）1992年创刊号，以德、英、法三种文字发表来自法、意、美、瑞士、德等国家的哲学论文，其宗旨是缩小欧洲的文化差别，加强国际哲学力量的整合，为作为一个整体的人类的思想、行为和生活确定方向。不久，历史悠久、实力雄厚的《德国哲学杂志》(*Deutsche Zeitschrift fuer Philosophie*) 也不甘落后，在德国科研协会（DFG）的全力支持下，从1993年起该杂志扩大篇幅、增加期数，重组编委会，联络当代德国哲坛上的几条好汉（如法兰克福的哈贝马斯、阿佩尔，慕尼黑的亨里西，汉堡的施耐德巴赫）以及国外的普特南（H. Putnam）、泰勒（Chr. Taylor）等知名学者，决心为提升德国哲学的国际影响力，摆脱哲学渐被冷落的窘境而作出最猛烈的一搏。早在1991年，德意志联邦哲学专业协会为了推进全德的哲学教学，就曾支持编写了两套德国《哲学学习指南》，帮助高级中学毕业生进入哲学的门槛。慕尼黑大学哲学系为了提升该系的威望，增强哲学的吸引力，培养全校各系学生的人文气质，从1991/1992年冬季学期开始，在大学礼堂举办了持续三个学期的哲学大型系列讲座，试图以哲学学术之清风，来驱散校园中过于浓厚的商业之气。

　　然而上述的这些努力，是否就能形成一种有效地阻挡哲学急剧衰落的力量，是否能够达到关怀哲学的有识人士所期待的效果，对此人们目前还很难作出肯定的答复。

　　有些人把哲学的失落归咎于现代社会的"功利化趋势"，认为在高速运转的社会机器中，人们已经不可能产生十八世纪时那样的闲适的心情来欣赏哲学。也有人把目前哲学的失意境遇与现代艺术的破落景况联系在一起，指出当传统写实艺术臻于极致并逐渐被现代抽象艺术取代之后，艺术的表现及发展形式便失去了章法；哲学亦是如此，当传统的形而上学体系分崩离析之后，有关哲学还能继续成为一门严格的科学的希望，也就跟着破灭了。社会无法挽救艺术与哲学，国家只能挑选极少数艺术家和哲学家供养在艺术院和哲学所里，充当本国民族文化方面的点缀。上述两种说法似乎都把哲学的衰落视为一种历史发展的必然，却回避了在哲学界内部来寻找"哲学已走向终结"这一命题之所以产生的最深刻的原因。

二、学府哲学的遗风

哲学给当今的德国公众所留下的印象是：一种在大学里被传授得高深莫测的抽象学问，即哲学就是所谓"学府哲学"。这种学府哲学仅属于大学里教授及该专业的学生：教授们稳坐在宁静的书房里，从广博的哲学史料中选取一个个自己感兴趣的人物或题目，然后确定中心，引证材料，通过精致的概念璎珞将自己的所思所想奇巧地串联一体，形成雕镂精细、篇幅浩瀚的学术巨著。尽管其内容往往冷僻琐碎，读来令人兴味索然，其语言往往佶屈聱牙，阅后令人不堪忍受，然而越是如此，却越能显示作者的"博学多闻、功底深厚"。学生们则端坐在宽敞的教室里，醉心于对哲学大厦的审视及形式的思维能力的培养，学习哲学的目的似乎就在于掌握解读文献和逻辑论辩的技巧，鲜有人关心所学的哲学内容的实质性应用。

德国哲学界的"学府哲学"之风气由来已久，且至今仍然强盛不衰。德国的"学府哲学"大体上讲有两个特点：第一是排斥英国的经验论。十七世纪开始的英国经验论与欧洲大陆唯理论的论争，可以说是英吉利海峡两岸一方重视经验，另一方强调思辨的两种思维方式上的差别的一种反映。直到今天，德国的不少哲学家仍然断定培根的经验论不是哲学，而仅仅是一种科学方法论。所以就不难理解，英美分析哲学、科学理论长久以来在德国哲学界一直就没有受到足够的重视和认可。只是随着逻辑实证主义向历史主义的转变，德国哲学界才终于稍微改变了对科学哲学的冷漠态度，才在慕尼黑形成了一个以施泰格缪勒（W.Stegmueller）为中心的分析哲学与英美思想文化研究基地（然而1996年6月施泰格缪勒的突然病逝，无疑给英美经验主义在德国的渗透带来了极大的负面影响）。

第二是排斥对现实问题及当代哲学思潮的研究。如前所述，从近代起欧洲哲学就分为英国派与大陆派，大陆唯理论中又以德、法哲学家为主。德、法哲学家虽然均以专注于思辨哲学的理论建构为特征，但在有关现实问题的研究方面，两国的哲学家之间却差异很大。由于社会历史之原因，十八世纪法国百科全书派的代表都是积极的社会活动家，他们自觉地把哲学探索与社会实践紧密地联系在一起。而德国的哲学家几乎都只是大学教授，他们大多缺乏勇气也没有机会以哲学家的姿态参与历史变革，而仅能借助晦涩笨拙的学术语言来折射自己的政治理念。于是，久而久之，在德国哲学界便形成了一种奇特的风气：哲学只是学术研究，参与社会现实问题的探讨不能算是哲学活动。慕尼黑大学的许多哲学教授甚至认为所谓社会哲学、政治哲学也不可列入正宗哲学课程之名下，哲学有其"神圣的不容侵犯的"界限。所以尽管韦伯这样有影响力的学者晚年曾执教于慕大，但哲学系里从未有人讲授他的社会、文化哲学的思想；尽管哈贝马斯作为法兰克福学派在当代的最大代表，被青年学生奉为精神导师，但他就是无法得到慕大哲学系教授群体的允许，而获取该校客座教授的职位，因为不少人把他"贬为"社会政治活动家及学运思想领袖，否认他是学养深厚的正宗哲学学者。

与对现实问题持鄙视态度相联系的是，在德国哲学界有关当代哲学新思潮的探究也受到相当的冷遇。1991年9月，波恩的德意志联邦哲学专业协会对德国西部地区36个中等以上的哲学系作了一项调查，发现开设"当代哲学思潮"的哲学系只有一半。翻开慕大哲学系课程表，全部内容虽被划分为"逻辑、理论哲学、实践哲学、语言哲学与符号学、哲学史"五大类，但教授们的授课与著述内容却大多集中在哲学史与理论哲学方面。在回应人们对大学哲学教授把哲学变成了"学府哲学"，对现实存在的人生与社会问题漠不关心之做法和态度的诘难之时，这些深谙概念推演及理论游戏之技巧的哲学家们几乎都是"振振有辞"的：我们没有时间！在哲学系和科学院我们要讲课，要考试，要开会，要维持教学机构的正常运转。我们也没有兴趣！参与艰难无比、危险万分的现实具体问题的讨论，如何能够证明我们的学术水准，如何能够增加我们升等提级的保险系数？

然而教授们感兴趣的东西，并不能也没有引起社会公众的激动，反倒导致了他们的极大冷漠与反感。这恐怕才是"哲学已走向终结"这一命题之所以产生的真正原因。这里所谓的"哲学"，应是指闭门造车的"学府哲学"。

三、公众哲学的挑战

由此看来，哲学家们不反躬自问，反倒把哲学之失落的责任全然推到社会公众的身上，这是极欠公允的。其实当前德国社会对哲学的热情和期许并没有丝毫的消减。当大学教授们隐藏在个人的小书房里笔耕墨耘，玩弄着一套又一套概念游戏的时候，德国的普通公众自发地在校园之外热烈地展开了自己的哲学活动，他们定期聚集在一起，讨论当前最急切的现实的哲学问题，探究理性与情感、战争与伦理、生存的意义、生命的价值、安乐死与堕胎中的道德问题，从而推动哲学的通俗化、具体化。他们绝不像"学府哲学家"那样作茧自缚，把自己牢牢地限定在一个所谓"纯哲学理论"之狭窄范围内打转转，而是把哲学视为一个公开的思想交流的领域，认为任何一种思想，只要它与人类的终极真理与行为定向有关，只要它稍微超出具体的生活层面而涉及到某种普遍的战略性的规则，便属于哲学之列了。

人们把这种公众自发组织的哲学活动称为公开的思维（Oeffentliches Denken）或者自由哲学（Freie Philosophie）。与"学府哲学"的情形构成鲜明对照的是，自由哲学受到整个社会的热情关怀和大力支持，它的蓬勃发展将会使德国大众文化提高到一个崭新的层次。鉴于德国雄厚的经济实力，有人甚至建议进行依靠民营企业来设立完全独立于大学的自由哲学之研究机构的尝试。

当然更多的人还是期待"学府哲学家们"的觉醒，希望他们"至少是将一只脚迈进社会"，把自己的哲学研究尽可能地与公众的普遍兴趣结合在一起，就像十八世纪的启蒙哲学家们那样。而"学府哲学家们"也应当意识到社会对哲学的期许即意味着对哲学的挽救，同时也应意识到回应社会的期许并不是一件易事，它需要哲学家们的勇气和毅力。因为当哲学家投身"自由哲学"研究之时，他就不能像以前那样把学术活动仅仅局限在哲学史料的重新注释、再三解析上，而应在对社会的各个层面进行准确把握的前提下，对当代人类状况的本质性内容作出阐明；他不能像以前那样以纯思辨的精细之心态及宁静不紊的风格，用鸿篇巨制来构筑自己学术上的成功阶梯，相反地，他要有足够的思想准备来面对严峻和复杂的现实问题的挑战，要有不怕失败的精神；他不能像以前那样只关心自己熟悉的东西，奉行仅研究一部哲学著作的所谓"一本书主义"，或仅研究一位哲学家的所谓"一个人主义"，而必须开阔视野，积极汲取自然及社会科学探索中具有普遍意义的最新成果。例如，被视为第三次哥白尼式转折之标志的"自组织理论"（Selbstorganisationstheorie）（列其名下的有系统论、进化主义、混沌理论、耗散结构论、协同学、进化认识论）的研究，极有助于缩小科学之间的鸿沟，因而或许有可能在未来带来一次哲学的复兴。对这一崭新的自然科学思潮，哲学家们不应当视若无睹。

康德是德国近代哲学家中第一位讲座教授职位的拥有者。但他早就说过，哲学并不只是被研究和讲授的东西，而应同时也是被实践的东西；哲学不能仅存在于纯思辨的形式里，而应成为一种生活方式，哲学的内容应在实践中获得展示。然而今天的"学府哲学家们"仅仅是继承了康德式的讲座教授之职位，继承了这种职位带来的社会荣耀，而没有继承康德对实践哲学的重视和强调。如果当代德国哲学仍然是以一种停滞、僵死的"学府哲学"的形式存在着，如果"学府哲学家们"真的完全丧失了对现实世界的热忱，依然我行我素、冷漠身退，拒绝对哲学的概念、目标重新进行审视和定位，拒绝以哲学家精纯的创造来为实际的社会生活服务，那它就确实没有什么发展、延续的价值和必要。

不可否认的是，任何一个新生事物在社会上获得安身立命的机会之前，都要有效地回应历史对它提出的较之现有事物更高的要求，都要经受更严峻的考验。学府哲学家跨入自由哲学的行列，其步履之艰难是可想而知的。然而，任何一位有社会责任感的哲学家都不应逃避这次艰难的抉择。因为不难理解的是：积极的尝试、行动总比静坐待毙来得聪明，关怀、支持的态度总比怀疑、冷漠和无动于衷来得高尚。

第二十二章
统一与多样

——谈谈第十四届德国哲学大会

统一性与多样性是一对具有高度概括性特点的哲学范畴。统一与多样的有机结合表现在社会生活中，便是指奠定在共同的社会价值观上的一部统一的宪法与民众的生活方式及生活旨趣的多种多样。这是一种相当理想的状态。铁板一块式的统一或极端的多样都是偏颇的、不合宜的。当然，统一性与多样性不仅关涉人们的社会生活，也涉及其他众多领域。如何看待统一与多样在自然、精神与社会现象中的各种表现形式，并试图对此做出某种哲学层次的总结，便是1987年9月21日至26日在联邦德国黑森州的吉森市举行的第十四届德国哲学大会的主题。

联邦德国的民众是从纳粹德国时代以"一个民族、一个国家、一个领袖"为特征的高度统一的思想的阴影中解放出来的，战后随着民主的政治体制与市场经济体系的逐步建立与完善，在学术、文化领域人们也享有高度开放与自由的空气。例如在大学的哲学教学中，没有统一指定的教学大纲和教材；教授讲什么、研究什么、拥有怎样的观点，学生读哪本教材、看谁的原著、听谁的课，都完全由他们自己来决定。这样在学术界就普遍形成了一种商谈争论的风气。正如古希腊哲学家赫拉克利特早就说过的那样，争论是万事之母。有竞争力、生命力的思想正是在争论中、在较量中脱颖而出的。总之，学术争论应当说是有益于人们的思想与观念的进步和提升的。

德国哲学界学派众多，山头林立。德国哲学大会是全德哲学协会每三年举办一次的在联邦德国较有声望的学术会议。全德哲学协会的历届主席都是些重量级的人物，如本届的马尔夸特以及后来的施耐德巴赫、伦克（Hans Lenk）等。但并不是所有有名望、有代表性的学者都愿意来参加这样的大会。每个教授都有他（她）感兴趣的课题与学术圈子，对在此之外的会议或组织他（她）都可能不屑一顾。所以德国哲学大会就不能被视为全德哲学代表大会，不能说它可以反映德国哲学研究的全貌。这正体现了德国学术界的特点，即人们似乎很难找到什么统一的东西。当然，从历届德国哲学大会的内容中，还是可以看出联邦德国哲学发展的一些动向的。

吉森大学的马尔夸特教授作为本届大会主席，致了题为"统一性与多样性"的开幕词。在当代德国实践哲学的发展中，马尔夸特这个名字是颇为响亮的。众所周知，受美国生命伦理学的某种影响，在当代德国的伦理学研究中，也出现了告别康德的规范伦理，恢复亚里士多德明智的实践智慧的趋向，即主张对应用伦理学中的问题，应采取比较灵活的具体问题具体分析的态度。马尔夸特于1981年出版的《向原则告别》一书，可以说就是这种哲学倾向的某种极端化的体现。他的观点的片面性是显而易见的。然而具有讽刺意味的是，正是他的观念的这种惊世骇俗性（正像N.卢曼在别人都认为应弘扬责任伦理时却大唱反调，提出"责任"概念是陈旧的，既不合理亦不起作用那样），使得他在战后德国哲学史上赢得了一席之地。

开幕式当晚，哈贝马斯的公开讲演使大会很快就达到了最高潮。在热烈的掌声中哈贝马斯作了题为"理性在其呼声之多样性中的统一"的长篇发言。

哈贝马斯指出，"统一与多样"是一个古老的主题，形而上学从一开始就是以这个主题为前提的。形而上学要求把一切事物都归因为"一"；自柏拉图以来形而上学就以"万物统一"的学说的面目呈现于世，作为万物之本源和基础的"一"是理论探讨的中心课题。在柏罗丁以前，人们把这个"一"称为善的理念成始动者，在他之后，被称为至善、无条件者或绝对精神。近十年来，这个主题又获得了新的现实意义。有些人痛惜形而上学统一思想的丧失，他们尽心竭力，要么是想恢复康德以前的思想形态，要么是想超过康德返回到形而上学中去。另一些人则恰恰相反，他们认为正是主体和历史哲学的统一思想中的形而上学遗产对当代的危机负有责任。他们力主历史和生活形式的多样性，反对世界历史和生活世界的单一性；力主语言游戏和对话的多选择性，反对语言与交谈的同一性；力主丰富多彩的"关联"（Kontexte），反对清晰的、固定了的意义。应当指出的是，前一些人（姑且称为形而上学主义）把统一放在多样之前，后一些人（姑且称为关联主义）把多样放在统一之前，而实际上两者暗中是同伙。对这一问题的探讨使他得出了这样一个题目，那就是：理性的统一只有在其呼声的多样性中才能清晰可辨。

哈贝马斯的报告分为三个部分：①他回顾了形而上学统一思想的含义。②在谈到康德时，论述了来自客观的世界秩序的统一向作为抽象化的综合之主观能力的理性的转变。接着他指出，黑格尔、马克思、基尔凯郭尔都试图按照自己的方式以历史为工具，来理解被历史化了的世界的统一。③对此，实证主义和历史主义又以新的，而且是科学理论的转变做出了回答；这个新的转变，正像我们今天所看到的那样，为形形色色的关联主义（Kontextualismus）奠定了基础。但他们的立场又引起了新的异议。持异议者强调在语言这个媒介物中，存在着一种微弱的、短暂的理性统一；当然这种统一并不会为那种置特殊和个别于死地的普遍物的唯心主义之魔力所迷惑。"统一与多样"这个主题，每每总是以不同的方式，通过本体论、精神学和语言学的范例，向人们表现出来。

大家知道，具有相对主义色彩的关联主义是否定统一性、主张多样性的。哈贝马斯在这里所讲的针对关联主义的"新的异议"，实际上就是指他和阿佩尔的交往主义或商谈哲学。商谈哲学代表着新马克思主义阵营中的一种"语言学转向"，即认为应将作为语言交往之基础的语言中的真实性、正确性与真诚性三个有效性要求同时也看成是人们交往沟通行为的基础，人们正是在语言现象中的三个有效性要求上可以看到理性的统一。这就为他捍卫价值普遍主义，反对价值相对主义奠定了根基。这一基础是否牢固，从也已引起了许多别人对他的"新的异议"上看得出来，这里就不必详细讨论了。

围绕着大会主题，与会者分成了几个专题组进行了探讨。

在形而上学组里，传统哲学中的统一与多样的思想是人们讨论的重点。代表们探讨了统一与多样这个主题在柏拉图、亚里士多德、费希特、谢林、黑格尔以及雅斯贝尔斯、海德格尔哲学中的各种表现形式，并试图挖掘其在现实背景下的意义和新的价值。在这方面，马霍（Thomas H. Macho）的"有关一种'开明的多神论'的争论"一文就有一定的典型性（这里所讲的"多神论"不是宗教意义上的多神主义，而是借宗教里的这个名词，表示"多样性"之意）。

文章认为，当前学术界关于"开明的多神论"是否具有合法性的争论，绝不单纯是哲学内部的一个学术论战，它在目前形势下具有重要的现实意义，它使哲学的实践性重新被提了出来。在讨论这个问题的时候，我们有必要把所谓的"德国唯心主义最早的体系纲要"请到我们的生活现实中来。在这个"体系纲要"里黑格尔（或谢林）寥寥数笔所勾画的有关形而上学与伦理学、自由与国家、神话与理性和哲学、宗教与诗得到调和的远景，在一定程度上总是萦绕在我们的心头。这是因为，在这个"体系纲要"里已经大胆地设定了对当前最重要的争论（诸如医学伦理学、环境保护、民众的不顺从、新非理性主义、第三世界中的政治神学等问题）的克服。直到今天包含在那个经常被人们引用的句子里的要求才真正受到了重视，即"我们所需要的，是理性与心灵的一神论，想象力与艺术的多神论"。

在文化、社会哲学组里，与会者主要探讨了"文化的统一与生活方式的多样"以及"是否存在着一个文化的普遍体"的问题。

这里介绍一下波勃耶夫斯卡（Aldona Pobojewska）的发言："一种自然与多种文化，一种文化与多种自然。"报告人认为，近几年来我们可以看到一种正在发展着的倾向，那就是在解释文化的时候要追溯一下它的生物学上的前提。于是人们就要问：究竟什么是自然，什么是文化？它们两者到底有什么样的关系？

传统观点总是把自然看成是一种本来就有的、独立于意识的、只是在后来才被人们认识的现实，这个自然是唯一的，对这自然的研究是自然科学的任务，自然科学致力于把握这唯一的自然的真实图景。反之，文化是多种多样的，文化的丰富多彩是人类的需要和活动的多样性所造成的。对这些文化的研究是精神科学的任务。精神科学不仅展现了各种文化的图景，而且还展现了这些文化的各种各样的图景。可见，正是从这种传统观念里产生出了自然科学与精神科学的一般二元论。

然而还有一种（康德式的）传统，它把自然与文化并不视为相互分离的两个独立范畴，而是看作一个关系中的两个部分。自然并不是自然科学所观察和描绘的"自在之物"，而是一个为科学所构造起来的世界，一种人化现实。它构成了人的客观化的结果，就像其对立面——文化一样。于是就可以看出：我们只有一种文化，这就是人类存在的整体；

但我们拥有许多自然，就像人类历史上许许多多的自然的图景那样。按照这种观点，文化在逻辑上是先于自然的，因而就存在着一个有关生物学原则之外的文化的问题。总而言之，上述的这种传统认识论的任务和目的，就在于把自然作为文化的一种科学成果而非自在的客体来研究和探讨。

在科学理论组里，迈因策（K1aus Mainzer）以"平衡与平衡的破裂"为题，比较系统地阐述了当代自然科学中的统一性与多样性。他认为，当代自然科学有一种趋势：尽管各门学科都朝着纵深方向发展，但它们的理论却正在向一个统一的基本结构回归。物理学里的基本的力被归结为一个统一的原动力。化学试图借助量子力学来解释分子的结构。生物学试图把生命过程归结为生物化学和物理学的法则。按照数学的方法，科学中的这种统一的趋势，可以用平衡结构来描绘，而科学中的多样性则可以用平衡的破裂来说明。他还详尽地论述了数学的平衡概念、时间与空间的平衡、量力领域里的平衡、动力学中的平衡与平衡的破裂、分子的平衡与平衡的破裂、生物的平衡与平衡的破裂等问题。

迈因策的发言，似乎并没有多少哲学的色彩。当然，随着自然科学与哲学的分离，今天的哲学家们对于自然科学恐怕也主要是从科技伦理的角度才有些发言权。物质世界在何种程度上统一于何种规律或结构，这应由自然科学家来说话，请他们用科学事实来论证。今天的哲学早已丧失了昔日的那种凭借思辨的力量就敢于声称已经找到统一的自然规律，甚至是自然、社会、思维的统一规律的那种自信了。这对于自然科学的发展无疑是一件幸事。对于自然科学的研究成果，哲学家可以也应当尝试性地作出哲学式的概括与总结，但不应相反地首先设置一个哲学上的理论模式，并将自然科学作为论证这一模式的工具。

在宗教哲学、美学组里，令人感兴趣的是有关神话哲学的讨论。海德尔（Anton Grabner Heider）在谈到神话的结构和意义时指出：同以前相比，在今天，神话中的宇宙观和生活世界越来越引人注目，越来越多地得到了人们的肯定的评价。而非理性主义和反理性倾向的危险同对一种"新神话"的梦想是连在一起的。

所以人们就做出了各种各样的努力，来调和神话与理性，确切地说，调和神话的生活世界与科学的生活世界的矛盾。这样，迄今为止存在着的许许多多有关神话的总体性的理论就不再是不容置疑和不可超越的了。报告人分析了神话的社会学意义、社会心理学意义、个体心理学意义和结构主义的意义，指出，从宏观的角度来看，神话是一种浓缩着社会事件和过程的容器，它记载着社会人物的角色分配，显示着人际关系的各种范型；作为一部"伟大的生活记录"，它反映了人们的物质和精神需求，表达了人类的生活形式和经济形式。从微观角度来看，神话展现了个体的心灵体验，显露了具体的人的情感的深层结构。由此可见，只有把不同方位的观察综合在一起，我们才能更加接近神话中复杂迷离的生活世界。最后，报告人谈到了神话与理性的关系：即便是在神话里也包含着理性的结构，神话正朝着理性化的方向发展。理性很有可能替代不了神话（和宗教），因为它无法替代情感过程。因而，对神话的总体性的批判是完全不可能的。但为了推动神话和生活世界的人化过程，对神话进行部分的批评却是必要的。可惜，到目前为止，一种有关神话的全面广博的理论还未出现。

潘诺（Stravros Panou）则从另一个角度论述了神话的现实意义。他在题为"神话与超越"的发言中指出：神话属于人类创造性活动的阶段。从一开始神话就是超越（指统一）的表达方式，是人在其与自然的关系（指多样）中的超越之表达方式。神话总是把我们引导到我们自己的创造性的中心上来，总是为我们开辟新的视野，帮助我们超越自己的界限。它使人们意识到，人本质上是创造性的，也就是说人是受他所发现的未来支配的，而不是由他的过去——他所属的种类决定的。照此理解的神话就是一种对本质物的"回归",是对那自己创造自己、决不听命于既定的现实的人的回归。神话告诉我们,新的开端总是可能的,我们能够重新开始自己的生活。这就是神话的"召唤"中最有价值的东西。

语言哲学的讨论,大致说来是围绕着三个重点进行的:①带有唯名论和经验论传统哲学风格的有关"词(概念)的统一性与物(个体)的多样性"的问题。②各种各样的语言达到统一的途径。③真理与解释。

吕特(Rudolf Luethe)通过对"词的统一与物的多样"(这是他的发言题目)的分析,阐述了语言世界与现象世界之间的差异。他认为,人们通过抽象的方法,从现象世界多样性的具体物中提炼出具有统一性的语词,而这些语词就构成了语言世界并最终形成了思想领域。人们的认识是离不开语言的,因为认识只有作为被语言所概括的东西才能得到承认。但是,在语言世界与现象世界之间存在着一条不可逾越的鸿沟,这是因为在从感性的现象世界达到抽象的语言世界的道路上,大量的实质性的东西都遗失掉了。而这一现象是很难处理的。所以就造成了:以认识的语言性为依据的哲学研究,总是无法消除同现象世界的距离。报告人认为,合乎时代的哲学,就应当借鉴经典经验论的某些观念,来设法避免认识论中所出现的这种实质物的丧失。在他看来,这种传统观念就是:由于一切意识内容都有其感性起源,因而意识活动的一切产物也都应能够得以感性地再现。

各种各样的语言能否达到统一?依耐欣(Hans Ineichen)在题为"语言的多样——通过翻译和解释而达到的统一"的发言中,论述了这个问题。他说,语言是形形色色的,各个地区有自己的方言,各个专业有自己的术语,各个阶层都有自己的辞令。然而,只要语言可以相互翻译和理解,那么我们就能够谈到它们的统一。报告人进而否定了奎因从所谓的"彻底翻译的思想实验"中得出的结论,即人们可以想象有许许多多彼此隔绝的翻译模式,按照此种模式可以得出此种翻译,按照彼种模式可以得到彼种翻译，这样任何解释都是可能的，而这些解释又都是相互隔绝的，于是根本就谈不上理解的统一了。从奎因的观点里只能得出这样的结论：既然任何一个翻译模式都有权被选中而我们每次只能择一不能择他，那么我们对别人讲的话的意义的理解，当然就纯粹是偶然的了。而这显然有悖于事实。

在语言哲学讨论组里，关于"真理与解释"的问题，是人们探讨的热点。阿贝尔（Guenter Abel）"解释—逻辑与世界的多样"和恩斯卡特（Rainer Enskat）"真理在其关联之多样性里的统一"的发言，都有一定的代表性。这里我们介绍一下泼特帕（Maciej Potepa）的发言，他在"解释学中的统一与多样"一文中谈到了解释学与分析语言哲学等的分歧。他指出，海德格尔以后的解释学否决了向唯心主义思想的回复，按反思模式构造起来的自我意识已丧失了绝对真理的宝座。旧模式的崩溃具有解释学的后果，因为从此以后主体必须试图从相互的对话中寻觅出认识上的真理。然而解释学的兴起并不是旧模式崩溃的惟一结果，因为人们看到，分析语言哲学、语言行为学说和语言结构主义又对解释学提出了挑战。按照报告人的分析，我们可以这样来理解语言哲学与解释学的不同点：语言哲学把重点放在对话的语言上，试图借助于语言密码的模式，使在对话和对本文的解释中所使用的语词的意义得到统一。而解释学则强调对话者。它认为语词的本质性的统一只能说是一种理想性的无限物，这无限物是通过自己的无穷无尽的各个变体表现出来的，而绝不可能完整地呈现在我们的面前（施莱尔马赫）。换句话讲，对话中所使用的语词都是作为一个完全的意义整体出现的，但在任何一次谈话中人们又都不能完整地说出这个整体（伽达默尔）。报告人站在解释学的立场上对密码模式的语言学说进行了批评。他最后指出：并不是语言在讲话，而是单个的人在讲话。没有语言人们固然无法交谈和理解，但若是没有主体的效能，我们也就根本不会有意义和理解的可能性。

在伦理学组里，有一个共同的讨论题目：道德与道德学说中的统一与多样。从齐姆布利希（Fritz Zimbrich）题为"道德规范的真理性"的发言里，我们可以从一个侧面（道德规范问题）粗略地了解一下德国伦理学界关于这个题目的研究情况。报告人说，很明显，现有的道德规范是多种多样的，而且人们也认可许许多多完全相异，在应用中很少不发生冲突的规范彼此并列共存，各居其位。那么，这多样性的道德规范中有没有统一性呢？假如我们能够对它们各自的真理性进行揭示和证明，则对这个问题就可以得到一个肯定的答复。但是传统上有一种理论认为：①道德规范只是实践的，而非理论的；它们只会做出规定和提出要求，无法对实际事实做出解释。②它们各自偏袒一方，缺乏公正性。③它们是任意的，缺乏必然性。因此，在道德上不存在任何客观的真理，在道德规范的多样性中也根本就找不到任何统一的东西。这种传统理论导致了伦理学的怀疑主义、情感主义。所以，现在的情况是，要想驳斥怀疑主义、情感主义和捍卫道德规范的真理性，就必须证明道德规范不只是实践的，而且具有深刻的理论内容；证明它们是公正的、超党派的，证明它们具有严格的必然性。但这项工作是相当复杂和困难的。报告人介绍了哈贝马斯在这方面的努力，但他不赞同哈贝马斯的论证。

下面我们再介绍一下萨克瑟（Hans Sachsse）的"社会伦理学"。萨克瑟曾于1972年出版了《技术与责任》一书，从而成为最早将科学技术与责任概念联系在一起的德国学者。随后，1979年约纳斯则将责任概念提升为一项伦理原则。因而，萨克瑟应当说是责任伦理及科技伦理领域的先驱。他在发言中认为，传统伦理学都是针对个人、个体的，它的目标从宗教的意义上说是使人的灵魂得救，从世俗的意义上讲是让人具有善良和公正的意识。康德就是一位突出的"良知"伦理学的代表。照康德看来，世界上没有什么东西能比善良意志更好；"道德意志是善的"

这一点，并不取决于任何最深刻的洞察力是否认可。但当代世界已经证明，这种纯粹的良知伦理学是有欠缺的。善良的信念是一种必要的但并不是充足的条件。许多人心怀善意，却制造了大量的不幸，以至于导致了恐怖。所以说，人应当首先是对自己的行为后果负责。另一方面，在当代社会里，决策往往不是一个人制定的，而是由小组、团体、联盟，以至于国家共同作出的。于是就出现了这样的问题：在团体中会产生另一类或新的责任形式吗？答案显然是肯定的。从更高的组织形式里就会产生更多的可能性，因而就存在着更大的义务。报告人认为，在人类社会里，人们最需要的是冲破逻辑的限制而达到相互的和解。报告人最后说，在对自然界的技术上的征服方面，我们从自己的科学传统中的确获得了许多利益，因此我们对它不能全盘否定。但是，这种科学传统又确实忽视了人类的同情与理解。所以说我们目前面临的任务是，在理智与道德领域使人类更为深刻地相互理解得以实现，使从个体伦理学向现实的社会伦理学的转变得以实现。

同其他小组相比，政治和经济哲学组探讨的课题似乎更具有现实性。我们介绍两个发言。施密特-科瓦齐科（Wolfdietrich Schmied-Kowarzik）的报告题目是"人性的统一与其所面临的危害的多样"。他说，人来到世上并非大功告成，他必须首先自己把自己造就成人。他在向人转变的过程中所孜孜追求但又难以最终达到的目标就是人性。

向人转变的学习过程总是极为痛苦的：许多人都走上了邪路，从而制造了谋杀与战争，损害了充满希望的发展，淹没了百年多来人性的每一寸进步。向人转变的过程总是受到阻碍：由于他依赖于自己为了过上更好的经济生活所创造的组织，他就越来越强烈地受制于这种组织的发展规律。因而在价值规律的膨胀的强制下，他便牺牲掉了自己那份人人共有的向人转变的潜力。他为了使自己这位个体能够幸存下来，就不得不起着规律的附和者的作用。

但对于人类来讲，更为危险的是：她进入了人和一切尘世生活有可能自我毁灭的时代。这种可能性不只是来自于目前存在着的军备扩充；人类的自我毁灭已经通过工业膨胀所造成的生物界的毒化，正在不可阻挡地进行着。

只有对现状进行根本性的变革，只有依靠人类对其人性目标的自觉的反思，才能使人类得到拯救。

基于这些考虑，报告人提出：①他打算联系政治经济学的几个问题领域，来研究一种有着政治目的的历史哲学。②用一些显而易见的生态危机的具体事例，来论证建立一种对人与自然的关系重新进行探讨的自然哲学的必要性。③他要研究一门对实践有支配作用，以批判现状和推动人性的实现为己任的哲学。

默尔兰（Josef Meran）是德国经济伦理学界一位相当活跃的人物。他这次的发言题目是"经济的理性与合乎道德的贸易——哲学的经济伦理学之任务与问题"。他认为，道德在其历史进程中同经济的联系，可以按照这样或那样的原则分为不同的类型。有三种类型是应当区别开来的：①道德压迫经济的"压迫型"。根据这种类型，经济贸易无论是在思想、意志上，还是在行动上，都必须完全以道德命令为转移。经济应当是"正当的经济，即与世界的意义、人类的使命、社会的生活条件相适应的经济"。这种"压迫型"源于柏拉图的灵魂学说。在柏氏看来，"生活享受"属于灵魂的最低部分，以"审慎""自制"这样的抽象的道德形式表现出来的理性约束着经济的激情。柏拉图灵魂学说对经济生活的贬低，在欧洲文化史上的影响是难以估量的。②伦理为经济辩护的"辩护型"。这是对"压迫型"的反动。在"辩护型"看来，"压制人的激情，就等于禁止他是人"（霍尔巴赫）。作为"经验的结晶"的理性，倒是应以"判明和选定我们自己的幸福所必需的激情"为己任。在近代发生的经济从道德和宗教的羁绊下解脱出来的运动中，出现了对"利欲、贪财"等"恶行"的重新评价。从洛克、曼德维尔、亚当·斯密一直到哈耶克，他们的伦理观念都是为资本主义经济形式作辩护。"资本主义伦理学"的要旨就在于，相对说来使无害的（经济的）激情得到解放，从而排除和削弱危险的、毁灭性的（政治）激情。③"冷淡型"。这是在对前两种类型的抉择中产生出来的。它集中体现在康德以来的形式主义伦理学的基本特点之中。这种形式主义的伦理学既不主张道德绝对压制经济，也不赞同道德无批判地为经济生活辩护，它对于道德与经济的统一问题，对于将普遍的道德原则运用到"生活世界"中去的问题，表示冷淡。按照他的观点，似乎道德是一回事，经济是另一回事，关于"善好"的问题与关于"正当"的问题被严格地区分开来了。报告人认为，哈贝马斯就是这种伦理学的一位代表，在哈氏看来，哲学家的责任就在于奠立普遍化的基本的道德原则，但是这种基本原则作为论证的规则，并不预先确定任何能够作为准则的内容（程序伦理）。

报告人指出，这种形式主义的伦理学，由于其本身并不解释应如何将其原理付诸具体实践，因而它就丧失了自己本来的作为规范性原则所具有的任务。而恰恰是在具体的应用中，道德原则的性质才能不断地明了起来。与形式主义伦理学相对立，报告人提出了一种全新的伦理学，即"合乎时代的哲学的经济伦理学"。其特点是：首先，对我们公共和私人生活领域里所经历的日益发展的"经济化"过程的考察，构成了经济伦理学的新的出发点。经济的思想方式和活动方式不仅规定着经济这一有限的现实领域，而且在经济之外的领域里也发挥着作用。这样在今天，经济伦理学便具有一种示范性的意义，就像以前所谓的氏族、等级和国家的政治伦理学所表现的那样（将来可能是科学伦理学了）。其次，经济伦理学努力将其原则应用于具体实践。它的根本任务就在于，对经济和道德的动机与准则怎样才能达到协调一致作出解释。因而它假定，某种贸易活动由于从道德上来讲是正当的，所以从经济上讲也是合乎理性的。换句话说，这种贸易能够在使经济理性得到满足的同时，又使道德要求得以实现。

应邀参加本届大会的北京大学的张世英教授作了题为"西方哲学史上主体性原则的发展和中国哲学史上天人合一的理论"的发言，熊伟教授的报告题目是"海德格尔研究在中国"。

人们常说，哲学从某种意义上讲是对它所处的那个时代精神的一个总结。本届大会进行了有关统一与多样的讨论，从表面上看这是一个具有传统哲学意味的主题，但它实质上则体现了哲学家们对二十世纪中叶以来西方思想观念发展状况的一种反思。战后随着民主政治与自由经济体制的建立，自由主义、多元化的观念已经深植于每个人的精神世界。然而，随着生态危机的出现，人们逐渐体察到了不加限制的个人主义的弊端，体察到一种"久违了的"整体意识、集体共享的观念或许能够为人类提供一条摆脱困境的途径。正因为此，共同体主义的产生就不是偶然的了。历史似乎总是在统一性与多样性之间摇摆，如何在这当中捕捉到某种恰当的平衡，应当说是我们这个时代的人类必须面对的课题。如果通过这次大会能够引起人们在这方面的反思，那么大会的意义就远远不仅仅局限在哲学界了。

体味精神典藏

第二十三章
永恒不变的哲学

——读雅斯贝尔斯的《哲学的世界历史》

很难设想一位对哲学史缺乏深刻洞察的人能够成为卓有建树的哲学巨匠。不过,像雅斯贝尔斯那样不仅写下了一系列哲学史专著,而且还提出了具有独创精神的哲学史观的哲学家,在现代西方哲学的舞台上,的确又是鲜见的。

《哲学的世界历史》[①]作于1951年至1952年,作者去世后由桑纳(Hans Saner)整理出版。这是一部探讨哲学史的内容、原则和方法的专著。这部著作不仅第一次显露了雅斯贝尔斯在十年以后才系统阐述的"世界哲学"的基本概念,更重要的还在于它为后来问世的三卷本哲学史巨著《伟大的哲学家们》(*Die Grossen Philosophen*)奠定了理论基础。

正像雅斯贝尔斯本人所指出的那样,"哲学史的总的观点属于当时当地的哲学研究的形态。哲学史的观点随着哲学研究的运动而变化"[②]。雅斯贝尔斯的哲学史观是他的存在哲学的基本特征所决定的。《哲学的

---

① 雅斯贝尔斯(Karl Jaspers):《哲学的世界历史》(*Weltgeschichte der Philosophie*),Pieper出版社1982年版。

② 雅斯贝尔斯(Karl Jaspers):《哲学的世界历史》,Pieper出版社1982年版,第89页。

世界历史》集中体现了作者按照自己的哲学观点、要求来改造哲学史的内容、原则、方法的努力，反映了他试图超越时空界限，在存在哲学的基础上，把东方和西方、古代和现代的主要哲学思潮统一起来，联成一个前后一致的巨大整体的愿望。而之后问世的《伟大的哲学家们》，则是他根据在《哲学的世界历史》中建立起来的哲学史观写成的一部世界哲学史。关于雅斯贝尔斯的哲学史观，我们可以从他对哲学史内容的看法和他研究哲学史所遵循的原则这两个方面来理解。

一、哲学即哲学史

雅斯贝尔斯是以存在哲学的哲学观为出发点来展开他的哲学史观的。他认为："哲学是人们如何意识到世界和人自身的存在的方法，是人们如何根据这种意识在整体中生活的方法。"[1] 哲学不是科学，不是知识体系，而是一种使人们意识到其存在的内心活动。因此，哲学只能意会，不可言传，根本就不是学习的对象。那么，怎么研究哲学呢？雅斯贝尔斯接着便引出了哲学与哲学史的联系："只要哲学研究是存在哲学的研究，那么，它便是在掌握和探讨过去的存在思想的过程中发生的。"[2] 虽然有不少人（如笛卡尔）曾经把历史歪曲为错误之史，从而对研究古代哲学横加指责，但是他们的思想的每一分支都处于它的魔力之下。这是因为存在哲学所探讨的是人如何达到存在的方法，而关于人的存在怎样由潜在展现为现实这一点，实际上是贯通全部哲学史的一个永恒的主题，是"永恒不变的哲学"（philosophic perennis，或译为"哲学长生果"）；历史上相继呈示着自己特殊外衣的各种哲学形态（包括存在哲学）都不过是这同一个永恒不变的哲学的不同的表现形式；它像一

---

[1] 雅斯贝尔斯（Karl Jaspers）:《哲学的世界历史》，Pieper出版社1982年版，第20页。
[2] 雅斯贝尔斯（Karl Jaspers）:《哲学的世界历史》，Pieper出版社1982年版，第61页。

条无形的纽带，把无论是时间上还是空间上相距最遥远的人们都连接在一起了，把中国人与欧洲人，两千五百年前的思想大师与现代的哲学巨匠都连接在一起了。在这条纽带里，人们彼此都成了"同代人"，人们的思想也都变成了"同时代的思想"。所谓"同代人""同时代的思想"，就是指不同时代的人们都可以通过永恒不变的哲学而找到共同的语言，都可以（如果可能的话）实现思想的相互交流和理解。因此，所谓哲学史就是一行以展现这一永恒不变的哲学为自己历史使命的大哲学家们的序列，换句话说，就是永恒不变的哲学在不同时代展现自身的历史。每一时代的哲学，都不可能独占它；但作为它的一种表现，历史上出现的任何一个哲学形态都是自我完结的整体，都有其不可替代的存在权利和真实性。因此哲学史不同于科技史和政治史，它绝不是一个由低级到高级的发展过程，也没有一个达到自身完满的最终目标。

当然，这并不是哲学史的缺点，反倒可以说是它的一个优点，是它的自豪：要研究哲学，就必须研究哲学史，就必须考察哲学长生果这"永恒之物在过去的表现"，就必须从我们的前人身上"获得勇气"——因为我们遇到的许多问题，往往就是历史上出现过的问题，是先辈们有过答案的问题。反过来，研究哲学史，考察永恒不变的哲学在不同的时代的各种表现，这恰恰就是哲学研究本身。正像哲学研究意味着哲学体验那样，哲学史研究也并不是指把大量的传统文献掌握在手，按照既定的标准对它们进行选择、编排和评价，而是要求研究者亲自投身到哲学史这条总流中去，体验这一总流，把握住自己所体验到的东西、在自身引起激动的东西、变得明朗和具有本质性的东西。[1] 只有具备哲学体验的人才能在哲学史文献中获得要旨和真谛。

雅斯贝尔斯在表述了他对哲学史内容的看法之后，进而便提出了研

---

[1] 雅斯贝尔斯（Karl Jaspers）：《哲学的世界历史》，Pieper出版社1982年版，第57页。

究哲学史应当遵循的两个基本原则：

第一，"普遍性原则"。雅斯贝尔斯认为，永恒不变的哲学不仅是一切哲学产生、形成的基础，而且也是所有这些哲学形态能够相互联系在一起，构成一个普遍的统一整体的基础。这个普遍整体的存在，便决定着我们的哲学研究不可能仅仅局限在某一个时代、某一个地区，决定着我们不可能满足于一部西方哲学史，或者是一部东方哲学史，而应当像地理学家放眼宇宙，政治家放眼全球那样，打开一个无限广阔的视野，以无比深邃的目光，把握住具有全人类广泛性的世界哲学史的全貌。这个普遍的世界哲学史是可能的：因为哲学史就是伟大的哲学家的历史，伟大的哲学家的思想都是"本源性"的思想；虽然这些"本源性"的思想出现在不同的时代和地域（主要指欧洲、中国和印度），但它们并不是毫无联系地并列在一起的，这些"本源性"的思想在历史上曾经发生过相互接触、理解和交流，这一点就可以证明在它们中间存在着某种亲缘关系。[1] 普遍的世界哲学史也是极其重要的：因为只有历史的总体形态才能提供可以映现人的存在的一面完整的镜子。

第二，"鲜明性、简单性原则"。要描绘普遍的世界哲学史，就必须涉猎伟大的哲学家们的大量原著。哲学史的原始文献浩如烟海，任何个人都无法通过自己的研究来理解它们的全部，但是，人们却完全能够也应当以敏锐的眼光在浩繁的史料中寻觅出"本源性"的思想、能够胜任无限发展的东西，也就是在哲学史中具有本质意义的东西；进而以鲜明的笔调勾画出哲学发展的基本脉络，以简单的、浓缩的方法再现出永恒不变的哲学在各种哲学中的具体表现形态。显然，没有这种鲜明性、简单性原则，也就很难设想宏伟的世界哲学史的图景可以得到展示，很难设想"普遍性原则"能够贯彻和实现。

---

[1] 雅斯贝尔斯（Karl Jaspers）：《哲学的世界历史》，Pieper出版社1982年版，第72页。

二、哲学即人学

综上所述，雅斯贝尔斯哲学史观的特点，就在于它是通过"永恒不变的哲学"这一概念把存在主义的哲学主题变成了世界哲学史的唯一永恒的主题，把哲学即人学这一存在主义哲学观看作是一种世界范围的普遍和客观的历史现象，这显然不符合人类哲学发展史的真貌。然而应当指出的是，虽然在历史上哲学的重点总是随着时代的变迁而进行着转移，但是对人的研究和探索却一直都是古往今来恒常的、最重要的哲学主题，任何一个伟大的哲学家都没有也不可能回避它。哲学忘记了人就不再是哲学，这就像文学忘记了爱情、理想、幸福和光明就不再是文学一样。当然，人是一个由多种复杂因素构成的有机整体，这就决定了对人的认识必然包含着多层次的广泛的内容。在历史上，对人的研究的侧重点，总是随着时代而发生着变更。人具有理智，当人类控制自然的愿望仍严重地受到自身能力的限制，时代在召唤人们运用知识和智能来提高自己在自然界中的地位的时候，人的理性便赢得了最高的颂扬、鼓舞和荣誉；人的认识能力、认知结构便当然地变成了哲学研究的焦点——这是近代西方哲学的图景。近代哲学通过自己的研究成果有力地推动了科学技术的发展，激励着人们信心百倍地发挥出自身的潜力，彻底改变为自然界所奴役的历史地位。但是，科学技术的巨大发展和人们控制自然的能力的提高只是显示了人类理智的力量，却不能满足和替代人类的其他精神需要。因为人不仅具有理性，也富于情感和意志；不仅要求改造世界，也要求改变人际关系，实现人的自我更新。

在当代西方世界中，"经济巨人"与"精神侏儒"所形成的强烈反差，交通通信极为便利与人际情感联系极为困难所构成的尖锐矛盾，人们征服自然、物品丰足的欢歌笑语与人性异化、精神空虚的悲啼哀号所合成的刺耳旋律……这一系列似乎反常悖理的现象深刻地告诫人们：

人类理智的片面发展，并不能替代人的情感的丰富和意志的强化。哲学要想保持自身的尊严，就不能仅仅着眼于人类认知功能的研究，而应当把一部分视线投向人的丰富的内心世界，探索人的非理性的因素，帮助人们树立坚定不移的信仰，激发人们的高贵深厚的情感，修复人的伤残的心理，促进人的全面发展，给予现实生活中劳劳碌碌的人们以慰藉和希望。可以说，以人为中心展开哲学思维，这不仅是时代的产物，而且是哲学发展本身的要求。可以想见，当我们的哲学重新抖擞着时代的风骚，通过自己在探索人类精神生活的奥秘中取得的累累硕果，向社会一切领域、向人们的思想和行动发散着哲学所特有的强大渗透力，并引导着人们建立起全面的、完整的、优化的情感网络的时候，那么我们不仅不必担心西方发达资本主义社会的物质文明与精神文明严重失调的悲剧会在我国重演，而且还会欣慰地发现：我们正在为未来以群体智慧的合作为重要特征的和谐的、统一的、稳定和互补的人类整体的形成创造着某种必要前提。当然，在哲学开始对具体的、现实的人进行全面和深沉的哲学反思的时候，必然会意识到传统研究方法的缺憾与不足。正像实证主义思潮与自然科学发生着交汇，人本主义思潮与社会科学进行着融流（雅斯贝尔斯是从心理学的门槛迈进哲学的殿堂的）那样，我们对人的探索，也可以和应该借鉴吸收文学、心理学、社会学的研究手段、方法和成果。需要指出的是：既然人是理性与非理性诸复杂因素的统一体，既然哲学不仅要把人的理智而且还要把人的情感、信仰、直觉和内心体验等复杂的内容纳入自己的研究领域，那么，我们就不难理解，哲学史不仅应当包括人类对客观世界的认识史，包括人类对自身的理性力量和认知结构的认识史，而且也应当包括先哲们对构成人这个统一整体不可缺少的各种非理性的因素和成分的认识史。

其次，雅斯贝尔斯关于"哲学史仅仅意味着哲学研究本身"的见解，为人们在更高的程度上认识和评定哲学史的价值和意义提供了某种理论依据。雅斯贝尔斯指出，人们总是把哲学史看成是不同的哲学体系之间依次替代的演进系统，看成是真理由片面达到完整所经历过的一连串环节和一长排阶梯，看成是被克服了的人类错误所构成的序列。而哲学史研究的目的不过在于借助对人类走过的歧途的认识来更好地提防歧途（显然这是指黑格尔的观点）。于是，人们可以自豪地说，我们比柏拉图、康德更高；过去的思想家虽然都是巨人，但我们这些麻雀却是坐在巨人的头上因而能够比他们看得更远。雅斯贝尔斯认为，这是一种对哲学史的虚妄的态度。恰恰相反，应该把哲学史中的每一种哲学，都看成是具有完整性和不可替代的存在权利的无价之宝（这使我们联想到名垂千古的文学作品）。依我们所见，雅斯贝尔斯对哲学史的这种"谦逊"态度倒是很值得我们借鉴。历史上的哲学家与现实中的哲学家一样，提出过许多问题，解答过许多问题，也留下了许多问题。有些哲学曾经风靡一时，但不久便销声匿迹。有些哲学，其初生的闪光甚至未曾触动过任何一位同代人的神经，但后来却成了一个时代的灯塔。我们研究哲学史的目的，不只在于单纯地追溯"在我们这里达到了最高形态的人类认识"的历史轨迹，不只在于专心地描绘哲学通过自身的顽强进取所留下的曲折蜿蜒的征程，而更重要的是在于：看到先哲们早就提出过，而我们却已经遗忘或者未曾想到的那些在今天越发显示着无限的价值和生命力的永恒真理；看到那些在过去鲜为人知、默默无闻，而在今天可以大放异彩的珍宝；看到那些本是珠玑但一直都被我们当成瓦砾的东西；发现和培养那些隐藏在哲学史这片无边际的荒野之中，为历史的尘埃所覆盖的可获新生的萌芽。哲学史上不乏"历史的发现引起哲学的突变"的先例。历史和现实都可能成为哲学活动的源泉。对现实的深刻反思不能代替也不能排斥对历史的深刻反思，不能排斥人们在历史中为哲学的发展寻找新的生长点。

最后，雅斯贝尔斯提出的"普遍性"和"鲜明性、简单性"这两个互为一体的哲学史方法论基本原则，充分展示了作者勇于突破以往习以为常的研究方法和模式的创新精神。在全球的许多地方，都曾闪现过哲学智慧的火花，这些闪光点便决定着完整的哲学史的覆盖面。当然，西方哲学史和东方哲学史的分别研究绝非无关紧要，但是如果缺乏一个以世界为范围的宏观的、统一的综合，便难以形成一幅清楚的而不是模糊的、完整的而不是残缺的、正确的而不是歪曲的人类哲学发展图景，也就难以反映整个人类思维方式、情感方式的普遍特征，也不利于发现东西方文化融合的共同基础。当然，人们对哲学史全景的要求绝不会给那种习惯于烦琐注经式研究方法从而奢侈地空耗了自己大量宝贵精力的学究带来一丝的慰藉。恰恰相反，一幅鲜明、清晰、完整的人类哲学史全景，能够使人们更加深切地体会到哲学总是恒常地与人类最主要的问题联系在一起这个深刻的真理。同时也能给人们以某种启迪：哲学史家如果缺乏炽烈的时代责任感，不能适时适地扩展新的领域、选择新的课题，不能及时地从哲学史思想库中提取精醇的养料，来滋润现实的哲学园地，不能通过自己的哲学史研究的耕耘来创造应有的社会价值，那么，史学研究就会失去自身的生命力。

第二十四章
和平仅仅是没有战争吗？

——读贝克教授的《世界文化交汇中的创造性的和平》

1995年，德国经济界最流行的一个概念叫作"可持续发展"，是说发展经济应以在不妨害我们的后代满足其需求的前提下来满足我们当今的需求为原则。1995年，德国文化界最流行的一个概念叫作"包容"（Toleranz），这大概是因为只有在相互包容、理解和尊重的气氛下，近年来日益明显并且具有极大威胁的伊斯兰原教旨主义、天主教原教旨主义和反宗教的左派启蒙原教旨主义之间的所谓文化冲突，才能得到缓解。

近来有关和平问题的文化哲学之理论探讨，在德国一北一南共有两本论文集出现。北方的波罗的海科学院编辑的《康德与欧洲和平》（*Kant und der Frieden in Europa*，巴登—巴登1992年版）收录了德国、法国、独联体和东欧地区的学者以康德的和平理论为基础，从历史、政治和经济的角度研究冷战之后欧洲新秩序的文章。南方的班贝克大学的贝克（Heinrich Beck）教授与塞德尔基金会的施密尔伯（Gisela Schmirber）

博士合编的《世界文化交汇中的创造性的和平》① 收录的德国、奥地利、克罗地亚、肯尼亚、津巴布韦、巴林、印度、墨西哥、委内瑞拉、阿根廷等国学者的论文，则是探讨欧洲、亚洲、非洲和美洲的文化特征及其对世界和平的可能的贡献。

一、欧亚非对比

这种从文化的角度所理解和探讨的和平，在贝克教授看来，不是指那类通过暴力从外部实现和维持的"停火"或自我满足的"中立"状态，而是从内部产生并与人性相适应的创造性的和平。② 它以在世界各类文化的创造性的撞击、交汇中产生的一种崭新的人性（其中包括开放性与自由理念、整体意识与责任感）为前提，因为不同种族、不同文化背景的人民，都可以在这种新的人性中找到更为深刻和持久的自我认同。

创造性的和平意味着人类生活在一个活生生的、各种各样的生活形式相互认可与相互补充的统一体之中。这种统一体所呈现的既不是将多姿多彩的文化形态强行根除的绝对的一元主义，又不是任凭不同的文化系统毫无联系地并列杂陈在一起的绝对的多元主义，而是两端取中———一种"精神性的有机体"③。每一文化个体既能享有某种自我独特性，又能显示出一种要与别的文化个体交流从而得到充实的需求。就像众多不同的音符构成了一曲优美的乐章那样。

贝克具体分析了欧洲文化与亚非文化之间的区别，以及他所划分的这两大类文化对世界和平的可能的贡献："（从人种方面来看主要是由

---

① 贝克（Heinrich Beck）、施密尔伯（Gisela Schmirber）:《世界文化交汇中的创造性的和平》（ *Kreativer Friede durch Begegnung der Weltkulturen* ），Peter Lang出版社1995年版。

② 贝克（Heinrich Beck）、施密尔伯（Gisela Schmirber）:《世界文化交汇中的创造性的和平》，Peter Lang出版社1995年版，第17页。

③ 贝克（Heinrich Beck）、施密尔伯（Gisela Schmirber）:《世界文化交汇中的创造性的和平》，Peter Lang出版社1995年版，第18页。

'白人'所体现的）欧洲—西方文化的特点表现在它有这样一种特别的倾向：以直接的经验现实为出发点并按理性的方式同这种经验现实打交道。这里就蕴含着一种对于人类的和平发展不可或缺的能力，即对世界进行自然科学及技术意义上的改造，规划未来，依照令人可以理解的一些原则来调节社会生活。当然另一方面，这种文化本身也携带着一种生命的直接性受到损害、现实在分析中被解体摧毁及在抽象中被异化的危险，因为自然与人不是被视为'意义价值本身'，而仍然被看成是实现某些目的的'使用价值'。无疑地，就实现广泛的和平而言，这种文化内部确实还存在着一个困难的'文化上的漏洞'。与此相反，（从人种方面来看更多的是由'有色人种'所体现的）亚洲和非洲文化的特色在其与现实的直接关联，在其与自然、与人际、与神的统一及和谐：亚洲文化更多地体现在精神均衡之宁静，而非洲文化则更多地体现在生命力的周期性运动上。在它们这里不那么强调抽象—分离化了的'合理性'与'科学'，而是强调具体的逻辑和'智慧'。这样或许就可以说明，在实现一个和平的世界秩序方面，非—亚半球这边所提供的大概首先是一种基础性的完满的'统一之精神'，而西半球那边所提供的大概更多的是这种'统一之精神'的'合理的连接与建构。'"①

　　问题在于贝克又进一步提出每种文化形态的背后都有其所谓的"意识结构"作为根基。他以黑格尔正反合三段式、地理环境决定论及个体的发展是整体发展的缩影和再现的观点为骨架，构造出了一个人类意识结构从低到高的进化模式：亚非（地理特征：空旷辽远的大陆）文化的意识结构体现了人类意识结构发展的儿童期，其特点是对世界仅有神秘

---

① 贝克（Heinrich Beck）、施密尔伯（Gisela Schmirber）：《世界文化交汇中的创造性的和平》，Peter Lang出版社1995年版，第350-351页。

的感性直觉[①]，主客体不分，主体处于一种"无我"之状态。欧洲（湖海将大地分割成散片状，气候温和湿润）文化的意识结构是人类意识结构发展的青年期，其特点是对世界能进行概念的理性把握，主客体对立，主体通过对自然客体的区分、分析、统治和支配而产生自我意识，处于一种"固我"的状态。还有一种是作为前两类文化的意识结构之综合的所谓人类意识发展的成年期：以理性反思和负有责任感的方式回复到对世界的原始的感性直觉，从而进入一种"忘我"的意境。[②] 这一成年期，在贝克看来，到目前为止还没有出现。

二、判断的失误

笔者十分欣赏贝克教授在推动欧洲与亚非文化的交流，以实现其相互融合方面所表现出的热忱和努力，但从他作为本书之引言的对东西方文化之特征的提纲挈领式的归纳中，又深感这种文化交流之艰难。笔者觉得在对东西方文化或欧、亚非文化进行高度综合式的定性分析之时，最好应持极为谨慎小心的态度。在这里，任何论断若要有意义，都需以对各种文化形态的传统与发展作出单独的详尽探究为前提。而通过这样一种精细的考察则可发现：每一种文化形态都因其历史渊源而呈现出各自独特的风貌，同时各种文化就其深层的思维结构而言又有共属人类的相同的东西，只是表现形态与方式不同罢了，正如印度籍学者玛尔（Ram A. Mall）所言：哲学的基础性的思想绝不是某一种族独占的精神财富，哲学有多种起源与诞生地。认为哲学只对某一种语言或某个传统

---

① 贝克（Heinrich Beck）、施密尔伯（Gisela Schmirber）：《世界文化交汇中的创造性的和平》，Peter Lang 出版社1995年版，第25页。

② 贝克（Heinrich Beck）、施密尔伯（Gisela Schmirber）：《世界文化交汇中的创造性的和平》，Peter Lang 出版社1995年版，第26页。

有偏爱，这是一种自我造成的偏见。[1]

因此，合理可取的考察方式应是以横向观察的角度将世界上不同的文化类型依其各自地理位置的规定并行排列在一个平面上，对它们进行逐一详尽的分析，既追述其历史传统，又观察其现实表现，既探讨其独特的风貌，又研究其通过与其他文化的撞击、交流而发生的变化。通过这样一种横向的比较，在我们面前所展现的就绝不是一条不同文化依次连成的从低到高的逻辑联系或历史的演进轨迹。由此看来，对像世界文化的总体这样一个复杂事物的研究的任何有价值的结论，应是来自对各种文化形态的耐心细致的单独分析，而不是来自那种漂亮的跨洲跨洋式的思维与想象的纵向驰骋。

有趣的是，贝克有关文化的意识结构的论断，除了提供又一个以思辨的逻辑联系代替现实的历史联系的范例之外，本身并没有显示出他所津津乐道的所谓西方人注重详加分类、层层剖析的思维习惯，倒是折射出了另一种或许为西方人所固有的思考方式，这种思考方式或思维特点贝克自己在那篇作为本书引言的文化比较的论文中只字未提，但印度籍学者玛尔[2]以及奥地利学者瓦尔纳（Fritz G. Wallner）却都清楚地意识到了。瓦尔纳认为："欧洲文化是以一种等级模式为前提的。这一点不仅表现在社会，而且也体现在思维与世界观的所有形式上。"[3]

这种思维模式总是喜欢将不同的事物以各种各样的观察角度排列在一个由高到低的等级系统中，并一定要得出孰优孰劣的评判。评判的结果，人类被排列在植物、动物之上，成为宇宙的中心。欧洲被排列在其

---

① 贝克（Heinrich Beck）、施密尔伯（Gisela Schmirber）：《世界文化交汇中的创造性的和平》，Peter Lang出版社1995年版，第263页。

② 贝克（Heinrich Beck）、施密尔伯（Gisela Schmirber）：《世界文化交汇中的创造性的和平》，Peter Lang出版社1995年版，第270页。

③ 贝克（Heinrich Beck）、施密尔伯（Gisela Schmirber）：《世界文化交汇中的创造性的和平》，Peter Lang出版社1995年版，第73-74页。

他各洲之上，成为人类的中心。这样的等级观念导致了对己对人两种截然不同的态度：

对自己：由于某些欧洲人习惯于以自己为世界的中心，因而总是以自己的哲学、宗教、文化体系为最高准则来评价、说服甚至教训其他的文化。有人讲，欧洲曾经发生过两次文艺复兴运动。一次是在十四至十六世纪，以对希腊精神的再发现为特点。另一次则是十八至十九世纪，以对梵文、奥义书（印度《吠陀》经典的最后部分）和佛教的发现与研究为特征。前一次文艺复兴获得了巨大的成功，因为它赢得了几乎所有的语言学家、哲学家、神学家、文学家、艺术家及史学家的极大重视与热忱推动。后一次则不成功，因为复兴的对象不是欧洲的东西。在大部分欧洲人眼里，亚洲的事物只具有神秘性而不具有科学性，只是亚洲学学者的研究对象而不会引起知识分子总体的严肃探讨的兴趣。这是一种对外只讲输出，除了进口原料而不讲进口其他的态度。

对他人（或他物）：在等级观念的指导下，人们对己外的事物总是抱着一种征服、支配的态度，这在目前就导致了人与自然之间尖锐对立，自启蒙运动以来表现得更为明显。

三、心灵的和平

既然西方的等级观念与世界上的种种冲突多多少少都有些联系，这就不得不引起我们对另一种思维方式，即东方人的那种"万物并育而不相害，道并行而不相悖"（《中庸》）的传统的思维方式进行一番探讨，看看它是否真的应当处于西方人心目中的那样一种地位。印度籍学者玛尔是这样阐述东方的思维习惯的：东方思想，不仅相信自己道路的真理性，亦坚信也有其他道路通向幸福。[①] 因为亚洲人，特别是中国人都有这样一种信念，即任何一种事物，不论是植物、动物，还是人类或者神祇，在世界的整体秩序中都有其原始独特的地位，并以其固有的方式完成其发展过程。[②] 这就显示了事物与事物之间的那种原始的平等性与相互的亲缘关系，这就决定了宗教与宗教、文化与文化之间的对话应在彼此尊重的基础上进行，双方都没有说服和支配对方的意图。这样的对话应被视为一种精神上的训练："通过对话来实现自我培育、自我改造和自我约束"[③]；"在发现异己时也发现了我们自己，在理解异己时也学会了对自己更深的理解。"[④] 这种对话不是以一方胜利、另一方失败为终结，而是以彼此赢得理解为目标。它不仅是一种思维方式，而且也是一种生活方式。[⑤] 当所有的人在不失其自身独特性的前提下而能尊重、理解和接受他人的独特性，同时又无需非得对他人表示认同，则世界和平才有实现的可能。[⑥] 在东方人看来，这样一种尊重对方与自己并列共存、而不是试图统治和支配对方的态度，不仅是实现人与人之间之和平的前提条件，而且也是处理人与自然之关系的重要准则。

和平，是人类少数几件想要得到但不易得到的事物之一。如何实现世界和平，是一个需从历史条件、政治兴趣、经济利益、民族认同等各

[①] 贝克（Heinrich Beck）、施密尔伯（Gisela Schmirber）：《世界文化交汇中的创造性的和平》，Peter Lang 出版社 1995 年版，第 268 页。

[②] 贝克（Heinrich Beck）、施密尔伯（Gisela Schmirber）：《世界文化交汇中的创造性的和平》，Peter Lang 出版社 1995 年版，第 274 页。

[③] 贝克（Heinrich Beck）、施密尔伯（Gisela Schmirber）：《世界文化交汇中的创造性的和平》，Peter Lang 出版社 1995 年版，第 268 页。

[④] 贝克（Heinrich Beck）、施密尔伯（Gisela Schmirber）：《世界文化交汇中的创造性的和平》，Peter Lang 出版社 1995 年版，第 267 页。

[⑤] 贝克（Heinrich Beck）、施密尔伯（Gisela Schmirber）：《世界文化交汇中的创造性的和平》，Peter Lang 出版社 1995 年版，第 268 页。

[⑥] 贝克（Heinrich Beck）、施密尔伯（Gisela Schmirber）：《世界文化交汇中的创造性的和平》，Peter Lang 出版社 1995 年版，第 274 页。

个层面加以综合考察的复杂课题。然而从文化及思维方式的角度来研究，或许可以使我们对人类走向和平的能力获得更加深刻的了解。在此意义下的和平，就不单是指没有战争，而是指人与人之间、人与自然之间以及人们自身内心的那种和谐感、平衡感和安宁感。正如津巴布韦学者拉莫色（M.B.Ramose）所言："因为如果不涉及有时是体现在爱神与死神之间的搏斗中的'心灵'或精神上的和平，则和平这一观念实际上就不完整。"①

---

① 贝克（Heinrich Beck）、施密尔伯（Gisela Schmirber）：《世界文化交汇中的创造性的和平》，Peter Lang出版社1995年版，第184页。

第二十五章
黑格尔与非理性主义

——读格罗克纳的《黑格尔》

著名的当代德国新黑格尔主义哲学家格罗克纳（Hermann Glockner）所著的《黑格尔》（载于格罗克纳编辑的《黑格尔全集》第21—22卷，斯图加特版），是一部叙述青年黑格尔哲学发展历史的重要的专著。作者以黑格尔法兰克福时期所撰写的论文和《精神现象学》为主要依据，在对以前重要的黑格尔专家的研究成果进行总结概括的基础上，提出了这部著作的主题，那就是：清楚地叙述青年黑格尔哲学中的非理性主义（泛悲剧主义）的性质，并详尽地描绘黑格尔青年时期的泛悲剧主义世界观向泛逻辑主义世界观的决定性的转变过程。

这部著作的一个突出特征在于：它把黑格尔的个性和时代作为其哲学形成的必要前提，并对这两个方面进行了精深而又广博的、富有独创性的探索。从微观的角度来看，作者以黑格尔的禀赋、生活经历、爱憎和世界观为着眼点，细致入微和栩栩如生地刻画了黑格尔的个性及心理素质，试图从心理学的角度来揭示这位哲学巨匠诞生的内在动因。作者指出，为了理解黑格尔主义，固然无需把握这位哲学家生平的全部细节，但是对于像黑格尔这样的创体系的伟大哲学家，如果缺乏对其个性和成长经历的研究，则我们的结论就摆脱不了片面性。格罗克纳的这个正确论断，对于我们西方哲学史和现代外国哲学研究工作者来说，无疑具有某种启迪作用。的确，正像一位伟大的文学家的性格不可能不在其文学作品的风格上留下深刻的印记那样，一个哲学家的心理特质和个人经历也必然会对其哲学思想产生强烈的影响，这在像基尔凯郭尔那样的存在主义哲学家那里，表现得就更为明显了。格罗克纳不仅从微观的角度以细腻的笔调对青年黑格尔的个性进行了深入的探索，而且还从宏观的角度以磅礴的气势，展现了黑格尔所处时代的特征对其青年时期哲学思想的决定性影响。作者运用丰富的史料，叙述了歌德与黑格尔的友好关系，描绘了席勒泛悲剧主义对黑格尔的感染作用，再现了德国浪漫主义文学思潮对青年黑格尔的熏陶，探索了德意志文学与古典哲学之间的某种内在逻辑联系及文学巨星与哲学巨星相继升起的某种历史必然性。作者把黑格尔放在一个更加广阔而又深远的历史舞台上，使读者能够站在一个全新的高度俯视黑格尔哲学产生的时代背景，从而深化了对于黑格尔思想渊源的认识。作者关于黑格尔哲学是歌德的时代哲学的结论，不仅阐明了青年黑格尔哲学形成的外在动因，而且使这一哲学思潮得以与整个西方文化史的洪流汇集在一起，丰富了黑格尔研究的内容，从某种意义上说开辟了一个黑格尔研究的新方向。

格罗克纳认为，在青年黑格尔看来，康德、赖因霍尔德和费希特都是反思哲学家，他们使单纯的分析和综合的反思之知性原则绝对化，而忽略了非理性的东西，忽略了"爱的同情心"对"科学的客观性"的支持作用。当然这并不意味着青年黑格尔是一位极端的、片面的非理性主义者，因为他后来在《精神现象学》里马上又激烈地抨击了谢林蔑视理性的错误，他的非理性主义应该说绝不是对康德"知性之综合"原则的根本否定，而是对其"必要的补充"或"辩证的扬弃"。可见，青年黑格尔是本着"真理是一个全体"的基本信念，自觉地以把理性主义与非理性主义具体地结合起来为自己的使命的。格罗克纳认为这一使命也就是整个哲学的基本任务；人类哲学史的发展就是一个理性与非理性合一的深化过程。与此相适应，他自己写这部书的目的也是要把"非理性主义吸收到哲学中来"。

这里需要指出的是，格罗克纳那夸大青年黑格尔哲学中的非理性主义因素，把泛悲剧主义视为黑格尔哲学的"本质"和"永恒物"，并进而把非理性主义思潮置于哲学舞台的中心的基本观点，具有明显的主观武断的性质。从根本上否认了黑格尔的理性主义和辩证的思维方法在其思想中的主导地位，也完全违背了西方哲学史上的基本事实，这是我们所无法接受的。当然，我们并不否认，黑格尔哲学是他的时代的产物，青年黑格尔思想中深深地留有歌德浪漫主义思潮的印记，青年黑格尔哲学中的确存在着非理性主义的因素；我们也并不否认，格罗克纳对青年黑格尔非理性主义性质的分析，无疑是富有启发性和重要学术价值的。格罗克纳的《黑格尔》一书提出了一系列值得我们深思的问题：即便是在西方典型的理性主义大师黑格尔的头脑里，也曾发生过非理性主义思想的骚动，这仅仅是一种偶然的现象吗？在黑格尔主义形成和解体的过程中，非理性主义的因素难道就没有发生过某种影响吗？狄尔泰那曾激起了新的浪漫主义风暴和激情的生命哲学与青年黑格尔哲学中的非理性主义难道就没有一点联系吗？黑格尔泛逻辑主义思潮退出哲学的历史舞台之后，取而代之的是现代西方非理性主义哲学流派的风靡盛行，这一现象难道就没有一定的历史必然性吗？事实上，非理性主义者并不一定都是反科学、反理性的。众所周知，存在主义者雅斯贝尔斯就是一位笃信科学的哲学家。从某种意义上说，非理性主义者只不过是更加强调人类直觉、内心体验和情感等非理性的因素而已，而这些因素在人类认识中作为某种特定的认识功能、在人际关系中作为某种重要的联系纽带，都具有不容置疑的客观实在性。人不仅能够感知和思考，而且还具有别的认识能力和素质；人不仅富有理智和需要知识，而且也富于情感和需要信仰。仅仅用感性和理性认识来概括复杂的人类认识结构，仅仅用阶级关系来解释人与人之间错综纷繁的社会关系，这无疑是不够全面的。因此，对于当代西方哲学中的非理性主义思潮进行一番认真的研究和客观的评价，是马克思主义哲学所面临的一项具有现实意义的重要任务。

第二十六章
感受哈贝马斯

哈贝马斯教授夫妇抵达北京的第二天晚上，笔者同社科院其他同事一起参加了歌德学院举行的欢迎教授夫妇访华的宴会。宴会结束后，我们大家一起乘电梯下楼，出电梯后我们礼貌地请教授夫妇先走出楼道大厅，大厅外便是为他们准备好的专车。我们有意放慢了脚步，静静地目送着他们一步步远去的背影。哈贝马斯教授个子瘦高，脊背略微有些前倾，挽着夫人的手臂缓缓地向前走着。不知为什么，这一并无奇异之处的情形，竟成了与哈贝马斯教授夫妇接触以来令笔者印象最深的一幕。当时为了消除与教授之间的距离感，笔者凝视着他们的背影，竭力想象着哈贝马斯教授夫妇年轻时的形象，把这一形象同自己在德国时接触到的大学哲学系男女学生的形象重叠在一起，试图以此来追寻哈贝马斯从青年学子到退休教授这一经历的变化脉络，以便从中捕捉和体验到当时亟需赢得的某种熟悉与亲近感。

哈贝马斯曾在不同的场合表示，他对中国的一切的了解之不足，与我们中方对他本人及德国文化的了解之广泛与深入相比，形成了巨大的反差，他甚至因此而感到有些不大舒服。照理讲，在这次哈贝马斯访华的过程中，受到某种不确定之感侵扰的应当不是我们，而是哈贝马斯。

然而实际情况并不是这样。尽管自改革开放以来，我方接待来访的西方学者的数量之多已经难以精确统计，但只有这次哈贝马斯的到来才使我们第一次真实地体验到一种莫名的凝重之感，这种感受可以说贯穿在我们自前期准备到扫尾工作全部过程的每时每刻。

这种凝重之感的出现当然不是偶然的。单从年龄上讲，我们这些接待者就处于"劣势"，绝大部分人比哈贝马斯教授小到二十甚至是三十岁。这就造成了哈贝马斯与我们之间的一种自然的师生关系。从学术背景来看，我们多多少少都读过哈贝马斯的作品，但他似乎却用不着具备一种有关中国哲学与文化的前知识：西方哲学课程是中国大学哲学系的必修课，而在德国大学里，中国哲学课程却往往设在汉学系。这或许从某个侧面折射出了哲学与哲学之间、文化与文化之间关系与地位的某种不平衡、不对称的现状。自然，如果将哲学与文化的地域性看得很重，将上述的东西方哲学地位的不对称性看成是一种马上就必须采取措施予以改变的现象，那么，有关在哈贝马斯面前，我们应当以某种泱泱大国的气势来对应，好让他感受到另一种文化传统的分量的想法的产生，就不是一件不可思议的事情了。然而，我总觉得这应当说是一种十分偏狭的态度，因为它至少是混淆了学者与学者之间的交往，同国家与国家之间、政府与政府之间交往的本质界限。哈贝马斯从德国而来，但他并不代表德国，他只能代表他自己。反过来也是一样，我们这些人除了代表自己以外还能代表谁呢？我倒是觉得，哈贝马斯不代表谁，他只能代表他自己。而他可以无拘无束地阐述自己真实的学术观点，可以在自己的理论中不折不扣地贯彻自康德以来作为德国先验哲学之原点的"求真原则"，换言之，实践他自己所倡导的真实性、真诚性的要求，这一点不仅是他引以为豪的地方，而且也正是他在学术对话中享有的真正优势。就此而言，他的年龄比我们大也好，他的名字如雷贯耳也好，应当说就不是什么决定性的因素了。

哈贝马斯来华时自称对中国文化所知不足，离开中国时他的这种状态是否发生了根本性的变化，我们不得而知。然而可以肯定的是，他了解到了自己在中国的知名度。一位本身对中国所知不多且也从未来过中国宣传自己的哲学思想，能在中国人中引起如此巨大的兴趣，这一现象倒是很值得玩味。显然，他哈贝马斯是德国人还是法国人，是欧洲人还是美洲人，这一"来历"问题应当说已经无关紧要，他能够在中国引起普遍的关注，大概除了归因于他的学术观点自身的吸引力及竞争力这一点外，恐怕很难找到其他更令人信服的解释。理解到上述的理由，我们在倾听哈贝马斯的时候，也就根本无需囿于所谓文化传统与国籍而人为地营造出一种戒备心理，甚至随时准备以对抗的态势来回击他的观点——这种回击是为了回击而回击，没有其他意义。假如我们相反地换一个角度，以一位世界公民的角度，将他也视为世界公民中的另一位，从而不加偏见地关注这位学者真情实感的表露，于是我们能够体验和感受到的就只是思想，一种在国际上有影响力的、有着很强的自我解释力及生命力的鲜活的思想，而不是思想的出处。

哈贝马斯不代表德国，他只代表他自己。他恰恰也从未把文化共同体、种族、民族、国家等看得那么重要。当其他德国人强调爱国主义的时候，他主张的是宪法爱国主义，而不是作为民族的德意志的爱国主义。换言之，他爱国，更爱宪法，他所真正捍卫的是德国基本法中体现的人权、民主、自由的理念，从而与纳粹德国的所谓爱国主义以及认不清法西斯主义之危险的爱国主义严格划清了界限。这一立场，使他付出了代价。比他年轻的文学家施特劳斯（Botho Strauss）指责他通过强调德国人深重的负罪感而在煽动国人的"自我仇恨"；作家瓦尔策（Martin Walser）咒骂哈贝马斯将民族的耻辱当作自己达到某种目的的工具；青年一代哲学家的代表人物斯罗特戴克（Peter Sloterdijk）则嘲笑他试图将负罪感传给后一代，从而为自己的"超级道德"树起一座丰碑。当许多德国人显然只愿意向外国人自豪地介绍德国优秀的音乐、建筑、文学与哲学，而对"二战"的那段历史采取遮掩、回避的态度的时候，当许多德国人对以揭露纳粹罪行著称、被誉为民族的良心的著名作家格拉斯（Guenter Grass）荣获诺贝尔文学奖一事不屑一顾，而是将兴奋点投放在欢庆歌德二百五十周年诞辰，从而试图打造首都已迁到柏林的新的共和国的精神，重振德国国威、实现民族复兴的时候，哈贝马斯却敲响了反种族主义及纳粹主义的警钟。笔者认为他的所作所为，绝非有意的惊世骇俗、哗众取宠之举，而是根源于他所一贯信奉的自由主义传统，这种传统坚信人类进步的方向就是逐步消除民族共同体，造就启蒙主义的世界公民，强调对国家及民族的认同性的重视与个体选择自由及个体自主性的理念之间的根本对立性。

　　由于哈贝马斯把兴趣的重点不是放在种族、民族、国家及文化共同体上，而是放在对人性、人的价值、人的权利及人道主义的阐释上，因此他所遭遇的就不只是共同体主义的抨击，而且更要面临来自德国后现代派知识分子的挑战。在如何对待人道主义、启蒙运动、现代化运动的问题上，哈贝马斯的立场与德国后现代派知识分子（比如斯罗特戴克）的立场是完全不同的。后者所认同的是尼采、海德格尔的思想遗产，他们所关注和强调的是人性的阴暗面，看到了民众的惰性与贪婪，把现代化运动与文明进程理解为不过是一场人类的空前放任的狂潮，不过是一种狂野的欲望的肆虐。对人性的极度失望，尼采提出通过某种培育使野蛮之人转变成超人；而海德格尔则主张将人返回到对"存在"的思索上来，通过把人理解为存在的守护者和邻居，而将人约束在一种与存在相适应的关系中，从而使人获得一种极端的抑制；斯罗特戴克则鼓吹通过基因改良，使人类彻底摆脱野蛮状态，实现人的品性上的"优化"。与此针锋相对，哈贝马斯则继承了康德哲学对人的尊重，颂扬现代化与启蒙运动，颂扬人的解放与自由，强调关护人、尊重人、保护个人权益的人道主义原则以及民主、自由等价值观念作为人类宝贵的精神财富仍然是当代人的努力方向，对于这一原则与价值理念的贯彻，就像与这一理念有着密切联系的现代化运动一样，仍然是一项未竟的事业。就此而言，在德国后现代派知识分子眼里，哈贝马斯所思所讲全都是陈词滥调，是位时代的"落伍者"。然而哈贝马斯在中国讲这些，笔者相信是不会遇到如此指责的。显然，哈贝马斯式的人道主义的关怀与追求，在我们这个正步入现代化轨道的国度里，在众多的对传统的重整体轻个体的偏激的思维方式逐渐产生怀疑，对自主理念刚刚有了些感觉的中国人群中，不愁不会引起共鸣。

哈贝马斯是一位伦理学家，但他绝不是一位只满足于在故纸堆中纵横驰骋或只陶醉于概念分析之技巧的伦理学家，而是提出了民主时代的道德理论，为将民主原则应用到伦理学中去，作出了开拓性贡献的伦理学家。在笔者个人看来，哈贝马斯的这次访华，为我们就伦理学领域的课题进行讨论与对话，提供了一个很好的机会。

要想理解哈贝马斯，分析前现代社会与现代社会的本质区别，应当说是一个必不可少的前提。前现代社会是一种封闭的社会，它是靠传统习俗、宗教理念以及人身依附关系来维系社会的安定、保持社会的和谐的，因而伦理道德是一种自上而下强加给个体的外在约束，传统的价值观念就体现在自我牺牲、忘我、无我这些美德上。而现代化社会则是一个开放的、启蒙的社会，人人享有自由权利是这一时代最本质的特点，在这样一个为所有的人共享的法律上认可的民主文化的时代里，个体自由、个体化趋势被看成是一种值得称道的、不可避免的民主发展的结果。认可、尊重每个人的主体存在，认可、尊重他的自我决定的能力，是一切伦理讨论的前提、基础与出发点。因而道德、伦理在这样一个时代里就不再像前现代化社会时那样是自上而下规定的，而是来自人们的自我决定，来自人们自发的意愿，来自人们自身相互依存的需求。这样

一来，道德、伦理在现代化时代里，便拥有一种不同于前现代化时代的
崭新的特点。

既然道德、伦理规则来源于人们的约定，于是作为伦理学家的哈贝
马斯就没有像以前的哲学家那样提出过什么新的道德规范。他的任务不
是论证道德，而是研究论证的规则。就像经验—理论中先讨论演绎规
则那样。这一规则就是所有当事人都参与的交谈这样一种行为模式。商
谈伦理就是在这样一种行为模式中起作用的。而商谈伦理的目的就在
于，使人们通过理性的交谈，通过对论据的交流，通过对处于竞争状态
的不同的价值观念的权衡，最终对价值与道德规范达成协议。总而言
之，什么是正确的，什么是错误的，这均不是先天预设的，不是事先就
有答案的，而是讨论出来的，它取决于参与讨论的所有的人。这恰恰正
是作为一种生活方式的民主程序的特点。

然而商谈伦理作为一种伦理学理论，也并非完美、无懈可击。相反
地，它面临的几个难题暴露了它的有限性。如所谓不同的出发点之问
题、所谓"无统治的交谈"作为一种理想化的对话情境在现实中并不存
在的问题，等等。而最大的问题是：通过商谈伦理的运作所产生的共
识的公正性具有相对性的特点，在某种条件下未必能够经得起历史的检
验。他所倡导的"人道"的价值理念与同样也是他所主张的"民主"的
交谈及选举程序在某种特定的情况下往往会发生冲突，这一点正是共识
伦理或商谈伦理之学说所面临的最大的理论及实践难题。

哈贝马斯教授并不否认这一点。可惜由于场合的限制，我们没能就
这一问题进行更深入的讨论。在一次公开场合，我将这一难题简要地表
述为：商谈伦理应用的前提在于参与交谈者都必须是具备同等权能的
主体，即拥有理性判断能力、能够展示自主意志的行为主体，而当交谈
的内容涉及那些不可能参与讨论的第三者，如人类胚胎、胎儿、婴儿、
精神病患者、植物人和未来人时，那么这第三者的利益如何在交谈中得

到尊重与保障？哈贝马斯教授回答：在这种情况下，只有指望参与交谈的行为主体中出现上述第三者的代表，这些代表能够设身处地地为不能参与讨论的人着想，为这些不能到场者的利益辩护。

笔者感觉到，哈贝马斯是一位非常慎重的人，对于未经深思熟虑的问题，他决不轻易回答。哈贝马斯相信商谈伦理所涉及的只是规则，道德哲学家本身并不具备对道德真理的优先通道。在游览颐和园时，笔者曾就当前德国应用伦理学界争论激烈的治疗性克隆问题请教他的立场。通过治疗性克隆可以挽救无数需要器官移植的病人的生命，但每提取一次干细胞，就意味着要牺牲一个人类胚胎。在这种典型的伦理悖论面前，应当如何选择？哈贝马斯没有直接表明他的观点，而只是承认这确实是一个难题。在去颐和园的路上，哈贝马斯教授问北京还有没有人力车？正巧车外出现了专门为游客服务的旅游三轮车。教授一下子知道了答案。游完颐和园后，我们在大门口等待司机把汽车开来。正巧又碰上了三轮车，笔者开玩笑地询问教授夫妇是否愿意坐上一坐？教授夫妇都笑答不愿。笔者问是否因不忍心？哈贝马斯答是。笔者说，没有人乘坐，蹬车人不就都失业了？教授夫妇都笑了。哈，又是一个小"难题"。车子来了，教授夫妇缓步向汽车走去。高悬在佛香阁方向的一轮艳阳在他们的肩上抹了一层金色。

第二十七章
哲学境界

——读张世英教授的《进入澄明之境——哲学的新方向》

对于某一学科，或者某一知识集合体，试图通过一些基本的原理或概念构成的框架从总体上加以把握，从而使之在自己的知识结构体中赢得地位，这不论对于专业研究者，还是普通的读者，都是一种并非苛刻的需求。近几十年以来，西方现代哲学在我国一直就是人们感兴趣的对象，相关的学术论著经过长期的积累也已形成了相当可观的规模，特别是将纷繁杂陈、色彩斑斓的现代西方哲学流派大体上归纳为科学主义思潮与人本主义思潮两大体系，这样一种划分似乎也已经成了学术界的共识；然而能够满足前面提到的那样一种需求，也就是说，能够使人们站在传统西方哲学的制高点上，在对争奇竞秀、浮沉跌宕的现代潮流那种冷峻的宏观审视中，准确地领悟到现代西方哲学，特别是人本主义思潮之基本特征的论著却并不多见，而张教授的新著《进入澄明之境——哲学的新方向》①当数其中一部难得的力作。当然这一评价，正如我们后面可以看到的那样，远没有涉及这一著作意义的全部。

---

① 张世英:《进入澄明之境——哲学的新方向》，商务印书馆1999年版。

作者首先描绘了现代西方哲学对传统西方哲学的反叛与超越的历程，而这一点正是人们把握现代西方哲学，特别是人本主义思潮之本质特征的关键。众所周知，以柏拉图至黑格尔为代表的西方传统形而上学的最高兴趣，在于运用思维的透析力纵向深切到具体的感性事物背后的抽象的共相、本质和规律，进而营造出一个与前者相适应的普遍范畴与概念所构成的宇宙整体。这种哲学的消极作用在于它非但对现实的感性事物、人的生活世界持拒斥和否定的态度，而且还虚构出一幅由所谓永恒的本质规律的网络构成的决定论的世界图景，在这图景中人们欣赏自然多样性的激情与改变自身命运的自由意念，也就是说一切有生机的能够表现精神价值的东西都早已荡然无存。

作者认为以尼采、海德格尔、伽达默尔为代表的现代西方哲学的特点恰恰就在于摒弃了传统形而上学对现实世界的否定态度，把哲学的视点从抽象虚幻的概念世界重新转向可以触摸的人的生活的现实空间，它所追寻的不再是枯燥苍白的普遍物，而是运用丰富的想象力横向直抵真实在场的现实事物之背后作为其背景及根底的未出场的东西、隐蔽的东西，进而使显现物与隐蔽物结合在一起以达相互融合的整体，直至进入体味万物一体、万有相通的澄明之境。由此看来，作者所揭示的哲学的这一转向，即从传统形而上学对普遍性的本质概念的追求转变为现代哲学对现实事物间的结合与融通的关切，不能不说是为人们打开扑朔迷离的现代西方哲学之宫殿，提供了一枚弥足珍贵的钥匙。尤其值得指出的是，在笔者看来，作者所描绘的艺术观上由传统的模仿说向现代的显隐说的转变，历史观上由传统的历史还原论到现代的古今融合论的转变，不仅仅是作者构建的代表着新方向的哲学系统中的重要组成部分，而且更重要的还在于它们反过来又从不同角度、以不容否认的客观事实为作为本书之灵魂的"哲学之转向"这一中心命题，提供了令人信服的理据。

不仅如此，以作者所勾画的西方哲学内容上的从抽象到现实，方法论上的从纵向到横向的转变为出发点，并结合对重视想象和现实的中国古代哲学的分析描述，作者进而提出并着重探讨了诸如显现与隐蔽、在场与不在场、相同与相通、古与今、思维与想象、思与诗、理解与误解、超越与限制、中心与周边、有与无、言与无言等一系列代表着哲学新方向的哲学范畴。这显示出作者在此已不仅仅局限于纯粹西方哲学的研究，也不仅仅局限于对中西哲学的深层次的比较，而是在打通东西方哲学并对两者的精髓融会贯通的基础上，创立了一个自己的包含着存在论、认识论、历史观、艺术观、审美观和道德观在内的圆融的哲学系统。这一哲学系统的最高任务，在作者看来，就是扬弃西方传统哲学主客二分的思维模式，使人们能够意识到每一物、每一人均是宇宙整体普遍联系之网上的一个交叉点，它集全宇宙普遍作用与影响于一身；意识到任何部分均与整体相通、各种事物都相互而通，从而把握作为世界的真正本质的相通性，把握万有相通的宇宙整体。

从表面上看，这似乎又恢复了中国传统的天人合一的理论。但众所周知，中国古代哲学大体上都是从道德的角度（儒家自不待言，道家的庄子在此也是大谈天德）来理解天人合一的，很少有认识论的意义；而作者的天人合一观，或更准确地讲万物一体观则融入了西方认识论的成果，因为作者强调要把握万物一体固然需要通过超理性的内在体验，但这种内在体验并非意味着抛弃知识，而是超越了知识，通过作为最高原则的"无"，通过不可言说者来领悟万有相通之整体的能力。就此而言，作者的万物一体观与中国传统的天人合一理论相比，无疑意味着已跃升到了一个崭新的思想层次。

应当指出的是，张著的特色除了在于运用哲人特有的思维的透析力向读者提供了研究现代西方哲学的独特的视角，并创立了一个中西融合的极具深度的哲学系统之外，还在于展现了一个使哲学所独有的终极关怀得以充分彰显的高妙深邃的哲学境界。这一被作者称为无底深渊、主客体融合、物我两忘及万有相通的境界，不仅是世界本真状态的真实的写照，而且也是人类审美意识、道德责任情感的深刻的根源。只有在对这一无底深渊的高妙境界的追求中，人们才能意识到自己与这一无限的宇宙整体的关联，体味到人生的真正寓所不是任何有限事物所能界定，因而应当经常以一种超越主客关系的无限整体的观点来看待有限的存在，不断地去除由物化及机械化的生存环境给人造成的冷漠与粗俗，从而达到一种民胞物与、廓然而大公的精神状态，达到对人类灵性及精神价值的深刻感悟，最后自觉到自己的终极的灵魂归宿并通过对这一最高的哲学式的境界的拥有而赢得自己真正永恒的精神家园。揭示这一哲学式的境界，在笔者看来，当是本书最大的魅力与价值之所在。

第二十八章
回归自我的思想家园

——我读张世英先生

1987年笔者同罗桔芬同学一起考入北大外哲所，成为张世英先生的第一批博士生。报考张先生的理由十分简单：仰慕他的通贯学识、精深理路和澄澈语句。三十年后的今天，若问还有什么新的觉解体悟的话，当然就要加上一句：钦佩他的精神追求、情感维系与价值依归。

二十世纪八十年代标志着张先生学术生涯的分水岭。之前，黑格尔由于作为马克思主义三个理论来源之一，而成为我国西方哲学研究仅有的合法对象，康德等则难获受到自由讨论的资格。此时张先生对黑格尔的研究当然一直都深深地刻有与"理论来源"的关联的印记。二十世纪八十年代之后，张先生对黑格尔的关注则在一种宽松的氛围里转而集中锁定在"主体性"和"自由本性"两大理念上。[①] 从某种意义上可以说，这被张先生归结为"西方传统的思维方式"的两大理念，遂成为他以后钻研述造、精微阐释、对比中西、提炼价值、凝聚情怀的学术焦点。

---

① 王蓉蓉：《张世英与中国黑格尔哲学研究》，载《巴迪乌论张世英（外二篇）》，三联书店2016年版，第99页。

依凭黑格尔《精神现象学》史诗般的宏观概览，通过张先生剔精抉微的笔触，西方式主体性的自我实现的历程得到了全景性的展演：从求知阶段开始，自我成为主体，作为主体的自我在随后的发展进程中一步步地克服其对立面，以达到主客体的统一，并积较小的主客对立统一达到较大的统一，以致完成了最大的主客体统———绝对主体，它是自我的最高及最终的实现与化身。①毫无疑问，西方式的主体性概念提振了人的精神，战胜了自然客体，催生了科学技术，促进了物质文明，推动了人类发展。但另一方面，通过不断吞噬对立面而膨胀了自身，以致成为一种百战百胜的战将的主体，也盛极而衰并且逐渐濒于为西方现代思潮所摈弃的境地。

对"自由本性"的探索，是张先生在中西思想文化对比的宏观背景下运思的。他通过对西方哲学史起承转合的逻辑经脉钩玄提要，描绘了意志自由的概念从奥古斯丁，经基督教，再到笛卡尔的变迁与发展理路，揭示了西方自由思想起源于上帝的恩典，却又受到封建教会的压制，直到近代借助于人类对自然必然性的征服、主宰和驾驭，终得以确立的艰难历程。②值得注意的是，在叙述笛卡尔之后，先前深得张先生重视的黑格尔的自由的思想，在这里却并没有加以提及，更未能作为西方自由思想重要发展脉络而得到延伸性的阐释。张先生的这样一种处理方式上的微妙变量，给人留下了相当大的深思空间。

张先生在谈到中国文化发展之时区分了两条线索：一条是融自我于社会伦常关系或宇宙自然整体的旧传统，另一条是以杨朱的"贵己"、道教的"我命在我不在天"、玄学审美境界中的个性解放为代表的自我觉醒、突显个体性的思想脉络。其实，如果以自由概念为焦点，西方文

① 张世英：《觉醒的历程：中华精神现象学大纲》，中华书局2013年版，第154-155页。
② 张世英：《觉醒的历程：中华精神现象学大纲》，中华书局2013年版，第163页。

化发展何尝不也是伸展着两条相互区别的致思线索：一条是以伊壁鸠鲁的自由观念，基督教的意志自由学说，启蒙运动时代洛克、康德的自由理论建构起来的自由思想传统，正是这一传统才体现了人类对自由本质的本真理解。另一条则是始于柏拉图、亚里士多德，在斯宾诺莎、黑格尔哲学中达到顶峰的所谓传统理性主义哲学世界观。这一世界观的代表人物如黑格尔当然也谈论自由，但区分了两种自由：一种是所谓抽象的、独立于他者的、纯粹关涉自身的自由，它体现为为所欲为的破坏性力量。另一种则是具体的自由，即对他人及自身之必然性的一种洞察觉解，自由作为具体事物，就必须与必然性密不可分，而这种必然性要归溯为绝对精神、客观理性，并进而具体外化为国家的法律及制度上。这便赫然呈示出一种所谓决定论的自由。

　　这种绝对论的自由观看似辩证中允，实则贻害无穷。这种自由观的致命之处在于，把必然约束作为自由之存在的前提条件，其实质结果便是彻底阉割了自由这一概念的精髓。因为所谓自由本来就是指并未事先规定好的意愿的自我确立，是通过自我决定而做自己的主人。人的意志如果先在地取决于某种外部的原因，就根本谈不上自由，故自由只有作为必然性的反面才是可以想象。这里需要区分两个层次的问题：人享有自由，就意味着行为主体可以不受任何外在因素影响地决断，这种自我决断的主体权利是人之所以为人并享有人的尊严之关键所在。因而把人作为人来看待，并且把尊重人的自由作为人际交往和社会建制的最根本和最首要的原则，这是第一层次的问题。而人的自我抉择究竟是对的因而受到褒扬，还是错的因而受到谴责，是给自己和国家带来荣耀还是灾难，是否合乎社会通例、公序良俗，是否有益于行为主体本身的预期目标，这完全是第二层次的问题。而传统理性哲学自由观的要害恰恰就在于，将两个层面的问题完全搅和在一起，并且用宇宙理性整体所蕴含的必然约束来窒息行为主体所有的自由自主的努力。所以，黑格尔哲学中虽确也有自由的理念，但这种理念能够给人提供的拥有击透纸背式力度的思想启迪，肯定是非常有限的。这或许就可以解释为什么张先生在对西方自由思想的历史文脉进行穷源溯流式的掘发检视之时，对黑格尔做了一种"遗漏式"的处理的缘由之所在吧。

纵观张先生学术思想发展历史，他长期倚靠的是传统的思想文化宏观背景，其特征在他看来是缺乏自我主体性以及独立自我的观念；同时他早期依凭的是养分颇为贫乏的黑格尔自由思想的资源，这样一种历史所造成的思想纵深度显然是十分有限的。张先生说，在中华思想文化史上，个体性的自我为争取独立自主奋发自拔的进程至今尚未结束，真正实现突破那种融自我于社会伦常关系或宇宙自然之整体的旧传统，乃鸦片战争以后之事。从龚自珍将"我"视为一切的主宰，到魏源对"万物一体"说不足以"制国用""苏民困"的批判；从梁启超学习笛卡尔、康德思想，鼓吹"非我随物、乃物随我"，到孙中山的心物二元论以及"精神战胜物质"之学说；而"五四运动"才构成中国历史上一次真正意义的个性解放运动，但这也是仅仅召唤了一点西方先进的个体性自我观，而这种中国式的文艺复兴在张先生看来着实来得太晚，中国式的个体自我解放之途实在是过于长久！

但这样一种体认与觉解，就足以证明张先生已经达到的精神深度。在追寻自由理念这样一条漫长的道路上，我们看到了张先生自己不仅是一位观察者、总结者，而且更是一位践行者、奋争者。

第二十九章
张世英先生在社科院讲授"审美的自由境界"

2020年由于新冠感染疫情，笔者第一次没能在春节去拜访张世英先生。我们诸位弟子与张先生的联系，就是通过一个"向张先生学习"微信群，"龙城主人"就是张先生。这段时间，我们还在筹划一个集子，准备作为老人百岁生日礼物献给老人家。但是，张先生就在教师节这一天，永远离开了我们。闻耗愕然，痛彻心扉！哲人陨落，天地同悲！

二十世纪八十年代，研究西方哲学，黑格尔几乎是唯一的目标。虽然笔者年轻时，受在大学教马克思主义哲学原理的母亲的影响，对哲学有一些初步的感觉，但是非常枯燥的文字表述还是常常令笔者望而却步。而黑格尔的著作恰恰非常艰深。后来在众多阐释黑格尔的论著中，笔者有幸发现了张先生的书，他能够把黑格尔的晦涩难懂的逻辑学、精神现象学，讲得非常清楚明白，这不仅引发了笔者当时对黑格尔的兴趣，甚至坚定了笔者往后对哲学进行深入学习的信心。接着，笔者又发现张先生不仅写得清楚，而且讲得也明白。笔者记得从大学老师那里借来一本武汉师范学院油印的小册子，是张先生在那里的一次讲座的讲稿，那真是出口成章，记下便是一篇可以发表的文字。思路明了，逻辑清晰，这是张先生著述吸引人的一个重大特点。这无疑也对我造成深刻而巨大的影响。笔者现在也一直告诫自己在社科院指导的学生，写东西要像砌墙一样，一块一块地垒，一层一层地码，尽力做到严丝合缝、无缝对接。这是做学问的基础。重视德语学习，也是张先生对弟子们的严格要求。他自己以身作则，1982年，张先生61岁，出版译著菲舍尔的《青年黑格尔哲学思想》一书。推算一下，他学德文和用德文，肯定是55岁之后。这毫无疑问是对一位学者毅力的一种巨大考验。

笔者在张先生身边学习了一年半，那时张先生非常忙，他出差或出国时，我有几次晚上就住在他中关园的家里帮他看家。当时，笔者除了研修博士生的必修课，特别是在北大德语中心强化德语能力之外，还参与了张先生主编的《黑格尔辞典》及《德国哲学》杂志的一些工作，笔者从德文翻译的克罗纳以及格罗克纳的相关文献，还发表在张先生主编的《新黑格尔主义论著选辑》上。后来笔者就经国家教委联合培养计划赴德留学了。回国后笔者虽然进入社科院哲学所工作，但与张先生的密切交往却从未中断。诸弟子独自或结伴去看望张先生，从中关园到天通苑再到龙城花园，在张先生家里我们时而无拘无束地谈天说地，时而敛声屏息地倾听着老人家的谆谆教诲，回家时常是带着张先生亲笔题名的新著。

张先生非常关心笔者在社科院的工作情况，经常谈及哲学所的文人趣事。笔者每次去看望张先生，都要带一本哲学所编辑的《中国哲学年鉴》，作为让老人家了解哲学界前沿动向的一个窗口。社科院哲学所，集中了整整几代黑格尔及德国古典哲学研究的重要人才。哲学所里，梁志学老师与张先生的交往最令笔者印象深刻。几次庆贺张先生著作出版的重大活动，梁老师都参加了。想当年，笔者在德国的导师慕尼黑大学劳特（Reinhard Lauth）教授领导了一个费希特研究国际联盟，梁老师则是中国代表，负责费希特文集的翻译工作。译事之苦，非常人能够想象。从黑格尔到费希特的著作，梁老师秉持着一种达到极致的工匠精神，句句打磨，字字锤炼，为社会奉献出一部部翻译精品，遇到难句或者与夫人沈真教授合作参考俄文、英文译本，或者直接与劳特教授通信联系寻求解答。翻译之外，梁老师同时潜心研究康德、费希特的哲学伦理学思想，对体现启蒙文化的崇尚意志自由、追求客观真理的德国古典哲学精义进行了极为精准的刻画与阐释，也为我国西方哲学的学科建构做出了不可磨灭的贡献。

社科院哲学所与北大哲学系都是国内哲学研究的重镇。尽管从北大来社科院工作的学人很多，但我总是感觉两个单位的学术交往远远不够，便萌生盛邀张先生来所里讲座的想法，不料他马上就答应了。2011年11月23日，张先生来到哲学所，作了题为"怎么才能成为一个'审美的人'——自我实现的历程"的学术演讲。这年5月，我们刚刚庆贺了他的九十岁大寿，老人家精神矍铄，中气十足，一如既往地思路清晰，语言精练。

这次讲座吸引了大批听众，上至八十下到二十多岁的整整四代学生济济一堂，论坛气氛非常温馨。在场的我非常感慨：有多少代的学子通过对黑格尔艰深晦涩文本的剔精抉微的阐释，被引导到德国古典哲学乃至整个西方哲学的通途上，张先生构成了一座闪闪发光的灯塔。多少人借助张先生的钻研述造、精微阐释、中西融汇、价值提炼、情怀凝聚，而能够贴近一个蕴涵着存在论、认识论、历史观、艺术观、审美观和道德观在内的圆融的极具深度的哲学系统，能够进入一种民胞物与、廓然而大公、万物一体、万有相通并令哲学所独有的终极关怀得以充分彰显的高妙深邃的澄明之境。张先生的著作，启迪了无数人的心智。能够亲耳聆听张先生的教诲，是一件多么幸运的事情。

这次演讲，张先生围绕着"人之最高理想，不是道德之人，而是审美之人"这一主题，以自由概念为牵引，以主客关系为支点，以中西文化对比为铺垫，阐释了人由食色欲望到求知需求、再到道德意识，最终直至审美体验所展示的自我实现的漫长的发展历程。张先生精辟地指出，能够区分善恶，意味着自我将自己视为命运的主人。但道德不应是原始的自然情感，而是一种理性的选择。当然，仅仅实现了理性的选择，还无法达到最高的自由。而只有审美意识才真正超越了功用等外在之物的束缚，使人生进入一种至高无上的境界。只有与万物为一体，才能达至求知、道德及审美三者合一的最高层次。张先生的真知灼见及大师风范给在场师生留下了巨大的震撼和极为深刻的印象。

听众中，有八十一岁的侯鸿勋教授。侯教授早年留学苏联莫斯科大学，在黑格尔和孟德斯鸠研究领域硕果累累。演讲结束后，侯教授当场赠送给张先生三个气格浑雄的大字——"真善美"，这三个字可以说是对张先生本次讲座内容最精当的概括。

听众中，有八十岁的梁志学教授。没有想到六年以后，梁志学老师就因病离世。他去世之前一个多月，笔者和同事去他家看望。当时他呼吸困难，用手指了指抽屉，让我们翻出他的病情诊断。他对一切都非常清楚，说回忆录已经完成，似乎所有的事情都已交代明白。可是去年（2016年）夏天他还给我们表演深蹲姿势，让我们赞叹他的身体一直非常之好。眼前的情景令我们震惊不已。随后他跟我们聊起二十世纪八十年代末在德国一起参观达豪集中营的往事。梁老师在各个方面都不愧是我们社科院后学的楷模。肩负着学者的使命和对国家命运的责任，梁老师善于将理论的深刻理解与对现实的敏锐洞察结合在一起，敢于站出来对社会的不公和学界的弊端进行无情地揭露和抨击。其铮铮傲骨为所有年轻同仁所敬仰。梁老师一直表现出一种乐观的精神，尽管他对病情了如指掌。但似乎没有被病患所绊，时时刻刻悉心地守护着他仍然能够执掌着的自由的精神世界，在这个无拘无束的世界里，他享受着自己的随心所欲，闪现着自己的尊严之光。

回到张先生的讲座。这次演讲整整持续了两个多小时。我记得，张先生的讲桌上，只有一张纸，上面只有几行字。其高识深论，早已了然于胸。他把博观而约取，厚积而薄发的本领发挥得淋漓尽致，充分展现了一位哲学巨擘的英姿风采。

由于张先生有些听力问题，讲座没有准备提问环节，考虑到张先生的生活规律，我们也没有安排晚宴。

在护送张先生回家之后，笔者也行驶在返回的路上。望着满天的星光，回味着张先生的讲座，不禁心潮澎湃，感慨万千。在笔者面前，一直都是张先生的形象和声音，他的思之深刻，见之深远，仁之深厚。张先生之哲思，无远弗届，对我影响至甚者，当属对自由理念的演绎。

基于中西思想文化对比的宏观背景而对"自由本性"的探索，倡导自我主体性、呼唤人的自由本质的显现，构成了张先生对中华精神文化反思中最为紧迫的思想旨趣和最为深刻的理论关切。张先生顽强地秉持精神觉解，坚守人性理想，在追求自由之真谛、回归自我的思想家园的漫漫长路上倾注精益、栉风沐雨、持续奋争，用绵密周至、精辟透彻的学术著述来见证其体大思精的精神刻度。

这一切映射出张先生引领时代的价值取向和高蹈卓拔的人格特质。张先生通过对人类灵性及精神价值的深刻感悟，自觉到自己终极的灵魂归宿并通过对一种最高的哲学式的境界的拥有而赢得了真正永恒的精神家园。张先生长久的学术积淀以及鸿篇巨制里所蕴涵着的高识深论、超迈见解，为自己塑造出了一个杰出哲学家和伟大思想家的身影。

2017年10月初，笔者把作为对《觉醒的历程：中华精神现象学大纲》一书的阅读感受文章"回归自我的思想家园——我读张世英先生"发给他，请他指教。这些年笔者一直思考自由理念在伦理学中的地位的问题，笔者甚至在准备写一本《自由伦理学》的专著。笔者认为我们长期以来深受自由仅仅是对必然性的认识这一观念的误导，这不仅使我们无法认知和把握自由的本质精髓，无法体味精神自由实乃人的尊严之所在这一真谛，无法理解刑讯逼供无论能给社会带来多大的益处，也为全球法律共同体所严禁这一现实；而且我们的伦理学长期以来就缺乏自由所提供的奠基与前提条件，从而呈现出漂浮无根以及仅仅满足于呼吁倡导，却厌恶论证说理这样一种非常态。这些问题亟需从理论上得到根本性的清理。

2017年10月27日，张先生在微信中回答了，没有想到这也是我们师生之间最后一次文字交流。他写道："我早在很多文章中批评了所谓认识必然就是自由的片面性。人离不开万物之整体。但作为有思想自由之本质的人，不是万物之简单总和，而是大于和高于此总和。万物之必然总是一加一等于二，而有了人之自由思想之参与，就会是一加一大于二，此乃人的自由及其创造性之所在，故非必然决定自由，而是自由决定必然。孟子曰万物皆备于我。我更认为我大于和高于万物。高和大就在人的思想之自由本质。思想自由可以思到反逻辑，此乃德里达之言。我更认为胡思乱想亦是人之思想自由。外物可以改变我的身体，甚至杀我的头，但杀不了我的自由思想。……我不反对外事外物对我的思想形成有很大作用，但一旦形成之后，此思想就自由驰骋。思想自由的本质就在不受决定。"

后 记

我自1978年入大学学习哲学以来,至今已有四十多年的历史。这本书真实地记录了我这几十年来学术发展的轨迹,反映了我从德国古典哲学到伦理学,特别是应用伦理学研究的兴趣变迁。四十多年可以清晰地划分为前二十与后二十年的差异。前二十年由于受历史时代的限制,我的研究重点一直都在西方哲学史,特别是德国古典哲学,尤其是黑格尔哲学上。因为那时康德的思想无法得到像今天这样的学术重视。在西方哲学史研究中,中世纪作为唯名论与唯实论之争论中心点的"共相"概念,引起我极大的重视。因为我认为它集本体论与认识论的意涵于一身,起到了一个上连古代哲学下接近代哲学的关节点的作用。"试论共相"一文发表在《国内哲学动态》1985年11期上,这是我对这个问题研究的沉淀与总结。研究德国古典哲学,我专注于以黑格尔为顶峰的传统理性主义的理论体系、哲学心态和社会后果的集中研究,其中,黑格尔的"Begriff"(应译成"总念")概念与中世纪的共相概念极为相似,同时也构成了其集本体论与认识论及历史观于一身的哲学体系的核心范畴。从本体论角度看,Begriff作为每一具体事物的类、本质或规律,真实地存在于客观事物之中,成为支配和决定其存灭的决定性力量。从认识论角度看,作为存在于每一具体事物的类、本质或规律的Begriff,同时也是作为人类认识形式的概念、范畴而存在于人的意识之中,成为人们认识和把握事物之类、本质或规律的方法与途径。从历史观的角度看，这个世界本质上就是一种被称为客观精神或绝对精神的实体，人类是这一客观精神发展到最高阶段的表现，人类通过概念、范畴对客观事物的类、本质和规律的认识，就是客观精神自己对自己的认识，就是客观精神从潜在过渡到了现实与自觉。这一客观精神的自我展开、展现和发展，是一种必然的过程，受制于一种决定性的力量。人类历史就是这一客观精神终极的自我觉醒。可见，黑格尔的总念学说是一种完备的世界观和价值观。它强调自然、社会与人类发展的规律性与必然性，轻视世间一切事物发生的偶然性、随机性。它强调总体、大全，轻视个别。强调普遍、一般，轻视具体、特殊。它强调永恒、中心，轻视短暂、边缘。这样一种世界观与价值观对于作为具体的个体之人，显然是十分不利的。在作为大全、总体的客观精神面前，个体之人是微不足道、有生有灭的。其作用就是成为客观精神实现自身价值的手段与工具。从伦理学的角度看，黑格尔的价值立场显然是反启蒙、反理性主义的，是逆历史潮流而动的。正是这一点，使我感觉到黑格尔的哲学恐怕无法成为我继续钻研的学术对象。

对黑格尔哲学世界观的批判性反思，一直贯穿于我在北京师范大学追随杨寿堪教授攻读硕士学位和在北京大学外国哲学研究所追随张世英教授攻读博士学位时期的始终。这期间，我分别发表了以硕士论文为主体的《论黑格尔的总念》（发表时注明杨寿堪、甘绍平撰，载于《康德黑格尔研究》1986年第2辑）以及作为对黑格尔为代表的传统理性主义哲学世界观及其思维模式的全面总结的论文《传统理性及其哲学心态》（《天津师大学报》1989年第3期）。此外，还发表了《读格罗克纳的〈黑格尔〉》（《博览群书》1986年第4期），《永恒不变的哲学——读雅斯贝尔斯的〈哲学的世界历史〉》（《读书》1987年第9期），《第十四届德国哲学大会简况》（《德国哲学》1989年总第6辑）。

1989年，受国家教委"博士生联合培养项目"资助，我来到德国慕

尼黑大学哲学系，在劳特教授的指导下继续攻博。劳特教授关于精神
自由的思想构成了我一生受用不尽的学术养料。与此同时，我的学术
兴趣也实现了从关注黑格尔的决定论世界观到探究康德、费希特自由
意志思想的一次转移。博士论文的主题就确定为站在费希特立场上来
批判黑格尔的绝对主义客观理性哲学世界观。这期间，我发表了《应当
之哲学——当代德国先验哲学慕尼黑学派》（[台北]《哲学杂志》1993年
总第4期）；《艰难的抉择——当代德国哲学界的困境》（[台北]《哲学杂
志》1993年总第6期）；《和平仅仅是没有战争吗？——读〈世界文化交
汇中的创造性的和平〉》（《德国哲学论丛》1998年1996—1997年号）；
《文化交汇与普遍价值》（《哲学杂志》1998年总第25期）；《无需论证的
情感——兼议1995年夏德国的那场文化论争》（《德国哲学论丛》1999年
1998年号）；《未来摆脱过去，从而避免过去摆脱未来？》（《伦理智慧》，
中国发展出版社2000年版）。

　　1994年，我通过答辩，获得德国慕尼黑大学博士学位，出版了德文
专著《客观理性哲学——理论与思维方式》（*Die Philosophie der objektiven
Vernunft*，*Theorie und Denkart*. München：ARS UNA Verlag. 1994）、
《中国哲学：最重要的哲学家、著作、学派和概念》（*Die Chinesische
Philosophie*：*Die wichtigsten Philosophen*，*Werke*，*Schulen und Begriffe*.
Darmstadt：Primus Verlag 1997），本著2011年由北京外文出版社出版修订
版。我还出版了《传统理性哲学的终结》（[台北]唐山出版社1996年版）。

　　我在德国读博期间，接触到大量最新的学术文献，我发现最令人印
象深刻、最有趣味的还是价值观方面的内容。与价值观内容最接近的便
是伦理学。比如当时我就经常想这个问题：伦理与法规都属于人们设
定的行为规范。但伦理规范与交通规范、社会习俗有所不同。伦理规范
具有普遍适用性的要求。而交通规范、社会习俗则是有国际差异的。比
如依照交规有的国家靠右行驶，有的则靠左。比如着衣：公共场合应

穿衣得体，但在慕尼黑的英式公园的天体运动场所，穿着衣服就是对在场裸体人的不尊重。可见，像不伤害、公正处事、适时驰援等伦理规范更具有普遍适用性，而违背道德规范的后果则要远远重于违背并不具备那么强普适性的交通规范、社会习俗的后果。这样的问题真的很有意思。

这期间，正是西方应用伦理学兴盛的时期。大量的应用伦理学的论著得到出版，大量的学术活动得以组织，大量的研究项目得到推进。与枯燥乏味的黑格尔哲学相较，应用伦理学所涉及的都是与现实生活密切相关的社会问题，所激发的都是自主、尊严、权利、正义等核心的价值理念，因而更能够引发我的研究热情与兴趣。这就导致我的专业方向从德国哲学向伦理学的重大转折。

1997年，我来到中国社会科学院哲学所，主动要求进入伦理学研究室。所领导告诉我，正好成立了应用伦理研究中心，这对于我是一个再合适不过的学术平台。我们知道，在二十世纪，从世界的范围来看，应用伦理学作为一个独立的学科的发展，仅仅具有短短30余年的历史。正当国际学术界应用伦理学的独立的研究机构如雨后春笋般地出现的时候，我们中国社科院应用伦理研究中心的诞生，作为对这一世界性潮流的一种回应，无疑具有一种重要的意义，因为它是出现在中国这个伦理学拥有特殊重要地位的国度里。

与读硕士、博士学位期间基本上是独自打拼、孤军奋战相比，应用伦理研究中心使我有机会融入一个朝气蓬勃的研究团队。我们共同编印了7期《中国社会科学院应用伦理研究中心通讯》（至2001年）；出版了七卷大型学术年刊《中国应用伦理学》（2002年以后），之后与西南大学任丑教授合作，改成《应用伦理研究》，该刊物从某种角度使全国的应用伦理学的研究成果得到了及时准确的反映，因而成为研究和诠释中国应用伦理学发展历史的重要资料源。自2000年起，由本中心组织的全国应用伦理学研讨会已成功举办十一届，在热烈的讨论、激烈的论辩中，我们不仅体验到学术思想的丰富与精彩，也强烈地感受到中国社会改革开放以来价值理念的巨大变迁，感受到应用伦理学对于带动伦理学本身的理论创新所具有的深厚潜力。我们的研讨会，已经成为国内应用伦理学界重要的学术活动之一。2004年6月，本中心创办的"中国应用伦理学网"在国际互联网上正式开通，为全国应用伦理学的学术研究、信息交流、资料收集提供了一个开放、融通的平台。从2004年起，本中心联合北京的兄弟院校共同发起了"北京应用伦理学论坛"，该论坛使北京地区的应用伦理学学术力量得到了强有力的整合，为我们对应用伦理学领域的一些专门的研究课题进行深入、细致的探讨，开辟了一个全新的途径。我们同日本伦理研究所以及美国、德国，中国香港、台湾地区的学术同仁的密切交往，不仅使我们拥有了更加宽阔的世界性的学术视野，而且更能使海外能听到发自我们的声音，看到我们做出的贡献。我们主编的《应用伦理学教程》，作为研究生的应用伦理学教材，产生了广泛的影响，目前已经出版第二版。

在应用伦理学研讨会里，2004年的宜昌会议最令人印象深刻。因为其主题是性伦理。我在会议结束时，做了如下的总结："我们中国社会科学院应用伦理研究中心在与湖北大学哲学所商定本届大会的主题时，胸中就存有一种无可名状的疑虑。在向同行通报本次会议的内容时，人家异样的神情使我们在心里马上就涌起一种难以掩饰的不安。这是我们在主办历届应用伦理学研讨会时所从未体验过的。原因大家都心知肚明。性问题何曾登上过哲学思辨的神圣殿堂？即便是侥幸挤了进来，坚不可摧的中国伦理学堡垒早已带着统一的答案而严阵以待。然而通过两天的研讨会，使我们对上述这些似乎又有了新的体认。首先，我们这个主题并没有选错。我们在研讨中穿透了哲学通常由枯燥的、晦涩的、不知所云的概念、词句所编织的外衣，告别了哲学对现实问题的残酷的冷漠，直刺到了我们社会躯体中最脆弱的那根神经。其次，性伦理问题的讨论与争辩似乎是一个检验器，它折射出社会的宽容与开放程度，映现了伦理学界观念上的多姿多彩。于是，今天的研讨会的成果并不在于达成某项共识，而在于在一个特定的平台上开启了一个过程，一个反思的、批判的、争鸣的过程，这个过程对于中国伦理学发展的意义，自不待言。这次研讨会使我们感到已经触及到应用伦理学中雷区与困惑非常多的一个领域。两天的时间是绝不可能容纳如此庞大的问题群的讨论的。美国与欧洲性伦理学的争论已有三十年，至今都没有停止，从而造成了各国各地在立法上的巨大差距。而我们的讨论还仅仅是一个开始，当然这是一个高起点的开始。我认为，无论我们的观念差距有多大，我们都不会否定如下一点：以人为本、尊重人的自主意志、不伤害他人的原则是我们在探讨性伦理问题时最基本的应对态度与观念基础。我们最重要的理念差距在于：究竟什么算是伤害？谁受到了伤害？伤害的程度到底有多大？这是值得我们以及整个社会公众继续深入权衡、思索与研讨的课题。"

这期间，我发表了《生命伦理——从生命的价值评估谈起》（[台北]《现代化与实践伦理学术研讨会论文集》1998年9月）；《德国应用伦理学的兴起》（《道德与文明》1998年第2期）；《扶贫济困的伦理探讨及法律定位》（《河北学刊》2000年第3期）；《德国应用伦理学近况》（《世界哲学》2007年第6期）；《应用伦理学的概念界定》和《应用伦理学的基本准则》（《应用伦理学教程》，中国社会科学出版社2008年版）；《瑞士特色的伦理学问题》（《世界哲学》2010年6期）2002年，我的专著《应用伦理学前沿问题研究》由江西人民出版社出版，2019年贵州大学出版社出版了第2版。

与此同时，中国社会价值观念的变迁也构成了我关注研究的对象。我发表了《中国社会价值观发展之展望》（《当代中国社会的伦理与价值》，李鹏程、甘绍平、孙晶等编，世界知识出版社2002年版）；《历程·方向·境界——读张世英新著〈进入澄明之境〉》(《北京大学学报》1999年第5期）；《感受哈贝马斯》(《哈贝马斯在华讲演集》，人民出版社2002年版）；《国家治理中的核心价值》(《天涯学刊》第四辑，商务印书馆2017年）；《人权与企业》(Journal of International Business Ethics. Vol.5，No.1，2012）；《人权如何得到确证——台湾华梵大学"人权的哲学反省"学术研讨会印象》(《哲学动态》2006年第6期）；《雷锋的道德关切与陌生人的社会》(《党政干部学刊》2012年8期）；《回归自我的思想家园》(《应用伦理研究》2017年第1期，总第2期）。2009年，我的《人权伦理学》由中国发展出版社出版。2015年，《伦理学的当代建构》，由中国发展出版社出版。

由此可见，应用伦理以及价值基准问题，构成了我回国之后学术探讨的核心内容，而这两方面的内容在我看来是彼此密切地联系在一起的。因为我一直认为，一方面，在当今的中国伦理学界，没有任何一个话题能够像应用伦理学那样引起了如此强烈的关注与讨论，因为它构成了哲学领域一个新的学科生长点和一门发展最为迅速、最具生命力的新兴学科。而另一方面，在中国谈论应用伦理学，人们关注的焦点并不仅仅在于它对伦理学学科发展的理论意义上，而是在于它对中国社会价值观念的变革所起的推动作用上。也就是说，人们要问：在政治、经济、文化与价值观念正经历着一个全面的现代化转型的中国社会，应用伦理学的勃兴究竟意味着什么？它所传递的究竟是一种什么样的信息？值得指出的是，应用伦理学作为一种新生事物，不仅是因为它在价值取向与基本范畴的内涵上，在道德权衡模式与道德法则的生成方式上拥有着与传统伦理学不同的特点，而且更重要的是因为，应用伦理学的出发点、应用伦理学所处的时代是全新的：应用伦理学是以突出民主原则为特征的社会的产物，是民主社会的文化发明，是民主社会的道德理论。在民主的时代，解决利益冲突的惟一方式应当是和平的商谈。而民主商谈形成共识的过程，也就是道德得以产生的过程。

于是，应用伦理学的出现，使我们刷新了对道德的生成方式的传统理解，即道德准则与规范的产生不再是沿着自上而下的进路，而相反地是自下而上。所有外在于当事人的所谓道德有效性的根基都是非法的，任何一种人类所无法支配的道德规范之主管都是虚构的；所有的道德约束力均归溯为个体与个体之间的自愿协约，道德是当事人建构的结果，当事人本身拥有作为道德的创造者的地位。

这样通过应用伦理学人们也就刷新了对道德本身的理解，或者，应用伦理学体现出一种民主时代崭新的道德观：道德不是人们头脑中的先验存在，也不是哲圣们的独特规定，而是人们在为某一伦理悖论寻求解答方案的论证活动中建构出来的。道德所提供的本质上讲不是对个体及社会的一种约束，而是一种保护。而这种保护性的价值导向又是建立在民主社会对共识的尊重、对人类利益的关注以及对这种利益的多样性和差异性的包容之基础上的。总之，只有把应用伦理与新的时代联系在一起，将应用伦理学放在民主社会这一历史背景下加以审视，才可能以更宏观的视角，更深刻地理解和把握应用伦理学的本质特征以及它的出现给道德哲学带来的根本性变革。

应用伦理学事业是一项长期的国际性的事业，也是一项十分艰巨的事业。然而，我们从不怀疑坚持这个研究方向对哲学、伦理学的发展所能带来的作用是多么的巨大。应当说，由此而来的一种独特的使命感一直就伴随着我们应用伦理研究中心这个研究团队的成长，也成为这个学术共同体从小到大、从弱到强，直至成为在国内具有一定品牌效应，在国际具有一定影响的学术队伍这样一种发展的动力。

这些年我做了一些为大家服务的工作。我觉得我们这个研究集体之所以能够取得一定成绩，毫无疑问应该归功于我们拥有一种归属感。我在伦理学研究室里，所龄不是最长的。我刚来社科院时，给我印象最深的是写作格子间，里面似乎只能摆放一个桌子。不知道我们还有没有格子间的照片。我们的大楼矗立在这里，为几辈的学者提供了一个展现身影的舞台。我刚进这个集体，就十分好奇这里曾经发生过的一切，也确定这将是我学术生活最后的归属。我想所有来到社科院的人，一开始也都是怀有这种归属感的，而这个集体领导的一个重要任务是守护这种归属感、强化这种归属感，而这种归属感对于每个人个性的自我发展不会有任何负面影响。我们最近有两件事情很有意义，一是撰写所志，二是撰写伦理学研究七十年。

撰写所志，使我们有机会追溯我们研究团队的历史过往。我刚来研究室时，就感叹我们没有什么资料来了解过去这个研究室曾经发生的一切。我手头只有1996—2005年的所志。那里有我们研究室许多老前辈熟悉的名字，以及他们的学术业绩，可惜描绘得比较简单，也没有任何图像。后来我们趁着中国社会科学院应用伦理研究中心成立十周年的机会，发动大家提供照片，撰写资料，编辑了第一本画册。记得我们一起去王府井的照相馆合了一张影。大家都兴奋不已。在中心成立二十周年时，我们又编辑了第二本，于是研究室二十年的历史，在任的研究人员，在读的研究生、博士后，访问学者的学术活动，就这样系统地、鲜活地、有图有真相地记录了下来。以后，所有来我们研究室的学生、学者、访客，都可以得到两本高级铜版纸的画册，我们二十年来举办的共十一届全国应用伦理学会议，六届全国人权与伦理学论坛，有关应用伦理研究的连续出版物的情况，就栩栩如生地展现在大家面前，成为人们了解我们研究室的一个重要文本及鲜活窗口。我们与所有曾经在研究室工作的同事，都尽力保持密切的学术联系。对于所有与我们有关联的同仁，研究室仍然是大家无法忘却的共同场所。

能够激发归属感的可能还有集体承担学术任务。学术研究当然主要是依靠个人的深度钻研，潜心探索。所以我们不会刻意制造合作项目。但也不会全然排斥集体合作的学术研究。我们曾经做过多次全国性的社会调研，比如作为交办课题的"高校德育教育"，接受任务以后我们在一起制定计划，分头联系，一起出京调研，一起撰写调研报告。我们的研究生教科书《应用伦理学教程》也是跨研究室集体攻关的成果。我们把伦理学研究七十年的撰写也作为一次集体合作的机会，在议题拟定、内容设置、事件勾画、人物介绍、成果选取等方面，几次开会共同讨论，详细研究。我们的讨论，不仅涉及内容主题，而且也涉及如何博观约取、见微知著，如何谋篇布局、构筑精理，如何厘定脉络、条缕畅达等写作技巧。在这过程中，老同志所展现的广泛的阅历、丰富的经验、厚实的功底，对年轻同仁起到了明显的传帮带的作用。合作课题研究有一个好处：使我们大家拥有一个共同的话题。在我们把注意力集中在一个焦点的时候，大家各自的研究背景、累积的学识智慧、独特的观察视角、珍贵的思想火花也就展现出来了。当我们拥有一个共同的任务的时候，我们的责任感，尽量避免错误、不拖大家的后腿的潜力也就激发出来了。大家分担的合作课题作为一种特殊质量的精神联系，其存在对于丰富学术感受、增进研究体验、深化同仁情谊，乃至对于团队归属感的培育，不可能没有积极的作用。我们绝大部分的时间是待在家里，不仅严谨专注的思索、参透彻悟的闪念能够使我们无法忘怀，而团队里有趣的相聚也能留下深刻的记忆。我们希望我们的集体这间屋子，一直保持着某种归属性，一直都是一个大家觉得值得一来的地方、一个有意思的地方，一个不容易遗忘的地方。

最后我想借此机会，对我在理论及应用伦理学研究中所推崇的"权利为本""自由为先""个体为要""契约为重"的基本伦理理念做一番阐释。

首先，我说说所谓"权利为本"。权利为本的观点贯穿在《应用伦理学前沿问题研究》和《人权伦理学》这两部著作的始终。为什么要提出权利为本呢？并非我早有预案或准备，而是因为我在刚进入伦理学界的时候，就发现了一种提法在伦理学界比较盛行，那就是"伦理学研究的是义务，而法学才研究权利"。在这样一种观点的影响下，对道德权利问题的研究在伦理学界就比较鲜见，我们研究室的余涌教授的《道德权利研究》应该说是一部具有开拓性意义的专著。因为我们中国伦理学界基本上都是强调义务的。我们传统的中国伦理学讲父有慈的义务，子有孝的义务，君有仁的义务，臣有忠的义务。这样的伦理学的出发点是一种对社会秩序的维护，但是没有特别顾及当事人本身的需求。在古代这一点应该是可以理解的。因为整体的幸存得到保障，就特别需要维护一种稳定的秩序。个体的任务就在于各就其位、各司其职；为了整体的幸存，个体在某些情况下还需要做出自我牺牲。

所以，前现代化社会的伦理体系就是一种义务的体系。义务的源泉或根据，就在于维护我们整体的幸存。从这样一种维护整体幸存的需要中，引出了个体的义务。可是随着社会的发展和科技的进步，以前的这个幸存问题在现代社会就不再是人类头等大事了，这样，义务本位的伦理学就需要得到改变。整体幸存问题带来的压力的去除，使我们有机会思考个体的人的需求问题，我们发现人不同于一般动物，就在于人是权利的主体。这个时候，义务不是不存在了，而是有了一个新的来源，那就是权利。应当从权利中引出义务的要求，这就体现了伦理学的一种新的致思逻辑。人首先是权利的主体，其次才是义务的主体。在不谈及权利的情况下，谈义务就是无本之言。为什么要谈权利呢？因为与义务相对应的应该是权利，而不是秩序或幸存上的需求。

为了深入把握义务与权利的关系，有必要对权利概念本身加以探讨。什么叫权利？权利简单来讲是一种必须得到保障的需求。人首先是需求的主体。他的需求必须得到满足，他才能够存活。需求有各种各样，有重要与次要之别。有些需求无论如何都必须得到满足，而有些则需要看是否有实现的条件。那些必须采取措施得到满足、得到保障的要求或需求，就是权利。谁来保障呢？国家、集体，还有他人。

你有权利需要得到保障，那么他人呢，就有保障你的权利的义务。反过来，他人自己也有权利需求，则你呢，也就有保障他人权利的义务。这就是所谓从权利中推出义务的逻辑。我们可以看到，从权利中推出的义务不是外在强加的，而是从维护自己权利的需求中引导出来的。你维护自己的权利的需求多么强烈，则你履行自己维护他人权利的义务就多么坚定。你自己权利需求的存在，就保障了对他人的义务。正是你权利需求的确实性，为对他人的义务的履行提供了必然性与稳定性的根基。

以前义务的逻辑起点是整体或秩序，是共同体的幸存的需求。而今天，义务的逻辑起点是自己的权利。这样，伦理学确实仍然是义务的体系，但此时的义务来自于权利。义务体系奠立于权利体系的基础之上。这就是所谓权利本位的基本含义。

我们回到开头的问题，法律和道德本来是同根同源的。法律是最基本的道德，是必须以司法制裁机制得以保障的道德。既然最基本的道德都讲权利，那一般的道德为什么不讲？正是这些有关权利问题的探索，一方面集中体现在《应用伦理学前沿问题研究》一书中，另一方面也激发了我开始深入研究人权问题，所以就有后来的《人权伦理学》这部作品。

其次，是"自由为先"。自由这一概念很重要，但在我国伦理学界却一直没有获得与其重要性相匹配的研究。因为以前不重视自由的原因在于我们不重视权利。而探索自由恰恰是深入研究权利本位的一个必然结果。我们知道，人类拥有需求，需求是多种多样的，那些必须得到保障的需求就是权利。但是即便是在作为必须得到保障的需求的权利中，仍然还是有轻重缓急之别。洛克早就列出了最重要的三大权利：财产、生命、自由。财产为生命和自由提供保障，没有住房生命就无法延续，没有收入行动自由也就无从谈起。生命则是一切自由之基础与前提。但是，与生命相比，自由对于人类是一种更加重要的权利。在拥有生命上，人与其他动物并没有差别。但拥有自由则是人之为人的本质特征。就此而言，没有自由地活着，是苟活。这种生存对于许多人来讲毫无意义与价值。所以就有为自由之故，一切皆可抛的说法。从国际与国内法律规制的情况来看，自由权也是高于生命权的。紧急情况下，警察为了自卫或者保护他人，可以击毙犯罪嫌疑人，取其性命；但在任何情况下，都不得为了无论多大的益处而对犯罪嫌疑人进行刑讯逼供，也就是剥夺其意志自由。法律上讲的自由的阶位高于生命的阶位。

前面我们说过，义务体系来自权利体系，道德义务来自道德权利。而自由有别于财产、生命，属于人的最根本的特征，自由的权利代表着最重要的权利，这样我们就可以说所有的道德义务都来自自由的道德权利，因此自由是道德的基础与出发点，一切义务、责任都出自人的自主性的自由。

自由是道德的基础和出发点，一切被称为道德的行为都必定首先是自由的行为。但自由本身并不对道德提供百分之百的担保。所谓自由，就是至少可以在两者或三者之间择一。于是自由选择的结果可以是道德，也可能是不道德。不道德的选择，当事人当然要对此负责。但从理性的角度来讲，人们一般会做出道德的选择。

前面讲过，人之所以履行道德义务，出发点是为了维护自己的权利。正是从维护自己权益的需求中，推出对他人应负的道德义务。同样的道理，人之所以守法尚德，目的也是对自己整体和长远利益的维护。不守德的作为或许会给当事人带来一点暂时的蝇头小利，而守德从长远、整体上来看则是符合当事人根本利益的。

道德和利益并不矛盾。道德，从根本上是为了当事人的利益而产生并续存的。就此而言，道德并不是痛苦、为难之事，而是自然而然、令人欣慰的事情。这样从自由选择到履行道德，就在对自身整体与长远利益的维护这一点的担保下，形成了一种逻辑上的必然性。

我的《伦理学的当代建构》就是以自由为原点的，我并没有以对何为道德、伦理的概念解析为出发点，而是以对自由的认知为基础。随后，我又专门比较系统地研究自由问题，出版了《自由伦理学》。

再次，是"个体为要"。前面我们说过，道德固然呈现为一种义务系统，但义务系统却又来自于权利系统。权利中有主次之别，最重要的最根本的权利就是自由。自由，泛泛来讲，是指人类的自由。但实际上人都是活生生的、具体的、现实的。换言之，自由权利的载体是个体之人。

伦理学重视个体之人，这与哲学的观察方式不同。哲学把握整体、普遍、一般，而轻视它们的对立面，也就是具体、特殊、个别。哲学的这种观察方式对于物是对的，但对于人则不行。因为物在人的眼里是可重复可替代的，而人不同，他来到世上是惟一的，不可重复，拥有着不容取代的价值。"二战"期间有一个关于无名战士的墓碑，上书"对于这个世界失去了一个士兵，而对于这个士兵则失去了整个世界"。

由于个体之人的惟一性特征，人在生命价值上便是平等的，不能够因为种族、性别、年龄、贡献、能力、地位等而有所差别。在医疗资源有限的情况下，谁应该优先获得救助服务？标准不在于人的地位上的差异性，不是外在于医学方面的因素，而是在于医学上的判断：紧迫性与效果预期。即便是罪犯也有生命的权利，不能为了救助一位贡献巨大的诺贝尔奖获得者，而从罪犯身上提取急需的器官。我们要破除古典的功利主义有关为了大多数人可以牺牲少数人的观念。人与人之间在生命上没有可比性，不得为了救多数人而主动杀死一位或个别少数人。

个体意识的崛起是一种历史的产物。当人们被束缚在集体农耕的土地上进行协同生产的时候，很难会有个体意识。人们被嵌定在家庭、家族、村落之中，履行自己被规定的义务，受制于传统的礼教伦理观念的约束。只有到了大规模的工业化的时代，个体才有可能走出家庭村落，来到全新的陌生人社会；在巨大的流动性中把握自己的同一性，在无依无靠中寻求自己的权利，在无数的选择中体验自己的个体自由。在陌生人的环境下，很容易就会产生我是个体的意识，找工作靠的是个体的本事，找伴侣靠的是个体的意愿，找住处找到的是自己的独门独院。只有在独处中才能够第一次深刻体会自己隐私、内在的心灵秘密以及精神上的无限自由。

　　个体在现代化时代的崛起，不仅造就了尊重个体的意识，而且也刷新了人们对国家共同体的理解。人们有机会运用社会契约论，来实现对个体与国家之间关系认知的重构。国家无疑是一种强力机制，但其产生出现完全是为了适应个体自身权利保护的需求。国家存在的目的在于通过对法律秩序的维护来实现对个体利益的捍卫。因此，并非个人是为了国家，而是国家是为了个体。一个国家是否强大，要看其中最弱势的个体的地位与处境。人们是通过契约建构国家的，如果国家暴力异化成为压制个体的工具，则人们就可以解除社会契约，从而否定这个暴政国家的合法性。

　　当然，个体为要并不意味着个体的极端自私自利。个体与共同体之间一般而言是利益一致、和谐共生的，但两者在利益方面也会出现矛盾冲突的情形。如果只是涉及普通的利益纠纷，个体为了顾全大局当然应该做出必要的让步乃至牺牲，而共同体就要对之做出应有的补偿。但当矛盾事关人的生命利益以及精神上的自主性的时候，个体为要的原则就要发挥效力了。个体的生命不能被迫做出牺牲，个体的自由意志在任何情况下都不应当屈服于某种强权，人的尊严就体现在他在任何情境下都享有一种最低限度的抵抗的权利。

最后，是"契约为重"。"权利为本""自由为先""个体为要"都属于价值层面的事物，而"契约为重"则属于道德建构方式的内容。"契约为重"指的是"权利为本""自由为先""个体为要"原则所带来的道德的建构方式的必然特色。古代东西方都强调德性论。在德性论看来，道德关乎人品本身，道德直接通向要做怎样的人的问题，人应具备哪些德性的问题。在熟人社会有限的范围里，德性的确是道德发挥作用的有效载体。谁要是缺德，就会被标识为坏人，受到周围人群的谴责与排斥。因此，人应该尚德守法，自觉培植自己的德性，做一个好人。

但是到了广博的陌生人社会，人际联系的松散弱化使做一个好人的压力大大减轻，大家没有什么机会头顶好人或坏人的标签示人，周围的注视与议论几乎也可以忽略不计，不守德者无需面临即刻有效的制裁的威胁。

于是，在陌生人社会，无论是道德的生成，还是制裁的机制都发生了巨变，就是说，现在不是道德消失了，而是要以新的方式得以建构。每一个人出于对自己基本权益的维护之需，逻辑上都会要求行事要有规则，例如排队、靠右（或左）行驶、守时、无欺等，于是大家自主自愿地乐于与他人一起通过契约订立一种道德的行为规范并且自觉遵守之，便是一件自然不过的事情。最重要的行为规范就是互不伤害、公正处事、必要时施以援手。显然，恪守这些行为规范对于所有的当事人都是有益无害的。

如果有人破规犯错并被发现，那么他的这种失范行为就会受到契约道德共同体的惩罚。请注意，遭到惩处的不是这个人，而是他做的这件事，人们既无需揣测他犯错的动机也无需给他贴上坏人的标签，而是让他听到人们宣告与他的道德契约发生破裂并让其品尝被契约道德共同体排斥的后果。他就会感受到自己主动放弃了在社会安身立命中非常有益的东西。这就呈现出契约道德制裁机制的作用。在契约道德的共同体里，所有的人逻辑上都会主动释出守规的善意（因为这种契约道德共同体毕竟是大家要求建构的），同时对他人也会抱有后者亦会守规的心理预期和信任感。这种预期和信任感并非建构在他人是好人的估计的基础上的，而是由相应的实实在在的制裁机制得以支撑并提供保障的。契约道德比德性论强有力的地方，就在于对于有德之人，我们可以期望却根本无法指望。而契约则提供了人际交往实际的机会与平台，其中人们可以彼此互动，用建构道德保护彼此权益，用遵守道德维护彼此信任，用制裁威慑来保障道德践行。

契约道德既体现了行为主体的自主意志，呈现了道德来自自由的原理，也凸显了道德自身得以有效保障的机制，避免了道德成为空洞的呼吁和苍白的说教以及个体修身养性的私事，而是由前期激发启动和后期制裁机制支撑起来的规范系统。契约道德体现了道德伦理在宏大的陌生人社会的应有特征。

在我看来，"权利为本""自由为先""个体为要""契约为重"作为国际社会普遍认同的价值范式，体现了现代文明的道德诉求与伦理精髓，在现代社会中呈现出无限强大的生命力与竞争力。

（本后记由发表在王中江主编的《哲学中国》第三辑"成海鹰访甘绍平"访谈录改写而成，特向成海鹰教授表示感谢。）

作者

2023 年 8 月 29 日于北京